城市游憩公共空间演化研究

吴国清 著

科学出版社

北 京

内 容 简 介

在城市更新发展大背景下,游憩公共空间日益成为全域旅游建设关注的重点。本书着力于探寻城市游憩公共空间更新迭代机理与演化规律,尝试提炼和总结城市游憩公共空间主要提供机制与方式,并从供给侧视角遴选公园绿地、商业(购物)中心、特色街区、工业遗产"活化"再利用等专题,甄别和剖析发展"阻力""痛点",推演城市游憩公共空间更新策略与实践路径,旨在加速促进高品质城市游憩公共空间再生。

本书撰写力求理论研究与实践相结合,注重图文并茂,遵循知识的前沿性与案例的典型性等原则,可作为高等院校旅游(休闲)管理及相关专业的教材或教学参考书籍,对旅游(休闲)行业管理、旅游(休闲)企业管理人员也具有较高的理论参考和实践示范价值。

图书在版编目(CIP)数据

城市游憩公共空间演化研究/吴国清著. —北京:科学出版社,2023.8

ISBN 978-7-03-071586-9

Ⅰ.①城… Ⅱ.①吴… Ⅲ.①城市空间-演化-研究-世界
Ⅳ.①TU984.11

中国版本图书馆 CIP 数据核字(2022)第 029326 号

责任编辑:王丹妮/责任校对:贾娜娜
责任印制:张 伟/封面设计:有道设计

科学出版社 出版
北京东黄城根北街 16 号
邮政编码:100717
http://www.sciencep.com

北京建宏印刷有限公司 印刷
科学出版社发行 各地新华书店经销

*
2023 年 8 第 一 版 开本:720×1000 1/16
2024 年 1 月第二次印刷 印张:17 1/2
字数:350 000

定价:198.00 元
(如有印装质量问题,我社负责调换)

前　言

城市是人类社会发展的必然。伴随着时代的动荡更迭、人类文明的进步、社会生产力的发展，人口和经济不断向着城市集聚，城市从无到有，由小变大……大城市、特大城市、超大城市、全球化城市等已成为国家（地区）人口和经济的重要载体和集中体现。根据联合国的报告，2009 年全球城市人口首次超过农村人口。作为世界人口大国，中国在 2011 年末全国城镇人口占总人口的比重首次超过50%，这标志着中国正式进入城市型社会发展阶段。城市游憩公共空间以其较好的空间可达性及产业集聚化、功能多元化、服务全域化、公益性等特征，不仅是城市游憩资源配置和城市游憩活动在空间上的重要组织形式，也是市民（游客）开展游憩活动最易接近且高频使用的空间场所。正如 2010 年上海世界博览会（简称世博会）的主题"城市，让生活更美好"一样，人们追求"诗意栖居"的初衷始终未变，特别是随着深度城市化，当城市步入后工业时代消费型社会发展阶段时，为了满足市民（游客）常态化的游憩活动需求，重塑"宜居—宜业—宜游—宜商—宜乐—宜文"、生动丰富的新型游憩公共空间已成为城市更新（urban renewal）大背景下全域旅游建设关注的重点。

目前，中国正处于社会转型发展和城市化的高速增长期，特别是经济比较发达的东部沿海地区的城市，不仅城市人口快速增长（如长三角核心区域的上海、江苏和浙江，2019 年的城镇化率都已超过 70%）且城市空间不断向外扩张和蔓延，同时旧城（中心城区）改造也在积极推进之中。在席卷全球的消费文化裹挟下，各种类型大大小小的不同城市都在被动或主动地加速融入全球城市体系和全球化景观的建构之中，尤其是在大城市、特大城市和超大城市人口的高度集聚，市民闲暇时间增多、游憩需求日益增长的背景下，作为市民（游客）主要活动场所和游憩活动的重要载体，城市游憩公共空间以其自内向外的吸引力和辐射力，逐步集聚周边的游憩资源，形成产业集群发展，进而带动城市与经济产业、生态、文化等多业态融合协同增长。因此，城市游憩公共空间更新迭代与有效供给等吸引了社会各界广泛研究。

本书着力于从动态和静态的视角揭示城市游憩公共空间更新迭代趋势及演化发展规律，即在探寻城市游憩公共空间动态变革轨迹的同时，从城市更新不同的切面（供给侧观察视角），截取多个典型的城市游憩公共空间进行静态扫描，甄别和剖析其发展"阻力"与"痛点"所在。本书重点探讨城市游憩公共空间选划，借助地理信息系统（geographic information system，GIS）空间分析技术、分形理论等，对城市游憩公共空间进行（分级/分类）解构；尝试提炼总结城市游憩公共空间主要提供机制与方式；基于供给模式的不同，遴选公园绿地、商业（购物）中心、特色街区、工业遗产"活化"再利用等，专题推演城市游憩公共空间更新机理，模拟演绎城市游憩公共空间优化策略与实践路径，旨在加速促进高品质城市游憩公共空间再生。同时，选取中国最大的经济中心城市和正在崛起为全球城市的上海为案例样本区域，无疑对国内其他城市也具有理论研究价值和实践示范借鉴作用。

本书依托互联网（中国知网——学术期刊、万方数据——中国学位论文电子数据库、德国 SpringerLink、Elsevier 等信息检索平台）收集相关文献资料，探索"城市游憩公共空间"相关研究发展情况。案例样本区域主要资料来源为相关年度的《上海统计年鉴》《上海市国民经济和社会发展统计公报》《上海市旅游业改革发展"十三五"规划》《上海市商业网点布局规划（2014—2020 年）》《上海工业遗产实录》和上海市第三次全国文物普查的成果等，以及上海市政府各相关部门网站等。2017～2019 年，重点考察上海各大公园绿地、商业综合体（购物中心），并选择衡山路复兴路历史文化风貌区（简称衡复风貌区）、黄浦江两岸 45 千米核心滨江岸线、上海新天地和田子坊等典型城市游憩公共空间，从游憩者感知视角开展了多次实地现场问卷调查与深入访谈等。

本书是在国家社会科学基金项目（城市更新背景下游憩公共空间提供机制与方式研究，16BGL116）研究报告基础上，由吴国清、吴瑶共同整理撰写而成。该基金项目由上海师范大学吴国清教授主持完成，参与人员有季学峰、贺海娇、张乐、李端阳、曾俊婷、沈欢欢、石岩飞、黄丽琴、王昱民、曾媛、潘东燕、吴艳秋、冷少妃、杨明明、陈龙飞、陈丹丹、高婷等。

本书撰写过程中，得到上海师范大学旅游学院的关心和帮助，同时还得到上海高校高峰高原学科建设计划的支持，在此致以诚挚的谢意！

本书得以正式出版，感谢科学出版社编辑的大力支持和帮助！

本书撰写过程中参考并引用了很多国内外相关学者的研究成果，在此也对所有文献的作者表示衷心的感谢！

拘囿于作者的理论素养、知识积累和研究思维惯性，以及选择实证案例样本数量不足，特别是研究对象本身始终处于动态发展变化之中，相关研究结论可能存在疏漏或有待商榷及进一步推敲、修改和完善之处，敬请各位专家学者批评指正！

作　者
2022 年 11 月

目　　录

第一章 绪 论

城市化（urbanization）进程的提升加速引发城市空间环境与人类行为方式的深刻变革。随着当代城市发展动力由生产驱动转向消费驱动，不同城市之间竞争焦点已由为适应市场（企业）的生产需求兴建高效率大规模的生产空间，转向创新营造特色消费空间以满足各类消费需求。相关统计数据显示，随着我国社会经济的快速发展和城市化进程的加速及全域旅游建设的推进、居民生活水平的提高[2020年，全国常住人口城镇化率 63.89%[①]，人均国内生产总值（gross domestic product，GDP）72 447 元，城镇居民人均可支配收入 43 834 元[②]]，我国公民的年休假日（休息日和法定节假日）已达到 115 天，约占全年 1/3 的时间，游憩活动已然成为当代城市人的一种日常生活方式。当城市旅游消费步入全面升级发展阶段后，由于"旅游+"具有开放性和包容性（以城市游憩/休闲为核心形成文化、生态、健康、商务、娱乐、交通等诸多业态有机融合协同发展），特别是在当代消费逻辑的驱动下，城市空间已经成为可观赏、可游玩和可体验的消费品，即城市空间发展趋向游憩化，关于城市游憩空间更新/演化问题逐步引起社会各界的广泛关注和反思。

当旅游流从单一的景点过渡到具备游憩环境的城市片区，游憩成为城市居民常态化生活需求的同时，也成为城市不可或缺的组成部分和重要功能。虽然早在1933 年《雅典宪章》就明确提出游憩、居住、工作和交通是城市的四项基本功能，但是游憩在城市总体规划中一直处于被忽视的位置，在土地使用过程中长期处于边缘化状态，使得有关游憩需求与供给之间不平衡的矛盾愈加突出并亟待解决。从全球化维度看，在人口流动的大城市化和都市圈化，使得大城市人口急剧增加、城市规模"摊大饼"式快速扩张的背景下，没有节制地攫取和消费愈演愈烈，城市对土地资源的超常规利用、城市建成区无序蔓延、老城区环境品质下降及生态空间秩序混乱、交通拥堵、城市热岛效应等诸多城市问题频发，城市游憩空间总量不足、空间分布失衡等现象凸显。很多城市传统风貌/城市街区肌理已湮灭在"大拆大建""拆旧建新"等大规模高强度的旧城改造/城中村改造之中。如何从千城一面的现象中突围进一步提高城镇化质量？充分挖掘城市存量公共空间潜能并复

---

① 第七次全国人口普查公报。

② 《中华人民共和国 2020 年国民经济和社会发展统计公报》，2021 年 2 月 28 日发布。

合叠加游憩服务功能，即重塑生动丰富的游憩公共空间已成为城市更新大背景下全域旅游建设的着力点。

第一节　城市游憩公共空间变革维度

城市社会经济发展及全域旅游的推进，促使游憩公共空间建设成为城市化发展与城市更新进程中最具特色、最活跃、最有竞争力的城市空间单元类型之一。而城市游憩公共空间在某种程度上也可以说是衡量城市社会文明和居民生活质量的重要表征。城市游憩公共空间的规划及建设始终伴随着城市的发展，在工业文明席卷城市化浪潮逐步渗透全球的过程中，即随着城市化进程加快和城市建成区面积不断扩张，被社会各界共同关注的老城区更新、文化创意产业发展、社区再生等问题蕴含在当代城市空间更新及城市游憩公共空间迭代发展中，处于演变进程中的一座座城市堪称是一个个复杂且庞大的有机体系统持续动态运行、更新着。加拿大著名学者简·雅各布斯认为，城市多样性体现的正是有序复杂性，大都市应该提供人们只有在旅行中才能得到的东西。城市游憩公共空间不仅是联结城市居民消费与城市经济供给侧的最前沿，且城市游憩公共空间本身也是供给侧的重要组成。因此，在城市更新进程中，聚焦游憩公共空间资源要素整合，推演城市游憩公共空间主要提供机制与方式，探索城市游憩公共空间演化规律及优化路径，加速促进新型城市游憩公共空间再生，无疑极具理论研究及实践价值。

一、破解城市化与城市更新难点问题

城市是"城"+"市"的组合词，"城"原是指为了防卫用城墙等围起来的地域，"市"则是指进行商品交易的场所。城市的形成，无论多么复杂，就城市的起源及演变来说，主要有两种形式，即因"城"而"市"和因"市"而"城"。城市的崛起，综合来看是人类社会经济发展到一定阶段后的产物，随着人口繁盛特别是工商业兴盛和社会分工的产生而发展，也是人类聚集群居生活的高级形式。从城市综合经济实力和世界城市发展的历史来看，随着人类社会生产力的发展，尤其是工业革命之后，城市化进程大大加快，人们不断聚集涌向新的工业中心。因而，城市化也是指人口向城市地区集聚和乡村地区逐步转变为城市地区的过程。作为现代化的必经之路，城市化是内需潜力和城市发展动能之所在。城市化水平与社会经济发展水平总体上成正比。

纵观全球城市发展史,现代城市化目前已经历经多次浪潮的洗礼[①]。就世界级城市的发展演变规律来看,当城市化率超过60%时,城市化会从追求高速发展转向重视高质量发展。截至2018年,世界经济发达国家基本都已经完成城市化,其城市化水平大多在75%以上(例如,2017年美国城市化率82.06%、英国城市化率83.14%、法国城市化率80.18%、德国城市化率77.26%、日本城市化率91.54%)。与世界经济发达国家不同,我国城市化起步较晚(1978年,我国城市化率仅为17.9%),自改革开放以后,我国开始真正意义上的城市化。相关统计数据显示,1978~2020年,我国城镇化以年均提高1个百分点的增长速度持续推进(图1-1),其中1998~2003年的城镇化速度最快,年平均增长率超过2%,堪称世界少有的城市化奇迹。综合比较,我国城市化发展仅用40余年就走过西方发达国家200多年渐进式的城市化进程,其超常规、跨越式的直线上升型的城市化特征令世界瞩目。

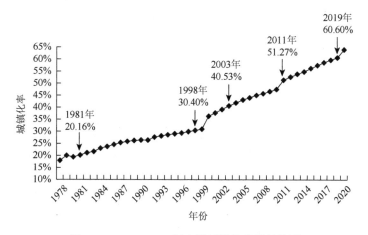

图1-1 1978~2020年中国城镇化率增长情况

资料来源:相关年度的中国国民经济和社会发展统计公报

随着新型城镇化战略的实施,中国的城市人口飞速增长。根据发达国家的城市化经验(城市化率在30%~70%是快速城市化的时期)综合判断,中国2019年以后还处于城市化的高速增长期,城镇人口仍会持续大规模增长。虽然由于不同地区之间社会经济发展不平衡,城市化存在明显的地区差异,但无疑城市化仍是

---

① 城市化三阶段论:城市化水平低于30%为低速增长阶段、城市化水平在30%~70%进入快速发展时期、城市化水平高于70%为城市化稳定阶段。城市化六阶段论:10%以下为城市化的史前阶段、10%以上为城市化的起步阶段、20%以上为城市化的加速发展阶段、50%以上为城市化的基本实现阶段、60%以上为城市化的高度发达阶段、80%以上为城市化的自我完善阶段。

中国未来一段时期内经济增长最大的动力所在。以上海①为龙头的长三角城市群为例，江苏、浙江两省 2010～2019 年的城镇化率基本保持高于同期全国平均水平10%左右，区域城镇化已达到较高水平并仍保持比较快速的增长态势（图 1-2）。无论是从城市常住人口（2020 年，上海、江苏、浙江的城镇化率已分别高达 88.3%、70.6%、70.0%），还是城市空间形态等标准来看，长三角核心区域整体上已经步入成熟的城市化社会。

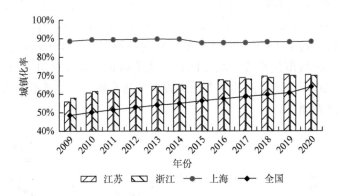

图 1-2　2009～2020 年江浙沪和全国城镇化率变化情况

资料来源：相关年度全国和江浙沪二省一市相关年度的统计公报及统计年鉴等

城市化打破了原有的资源平衡，突破了原有的运行规则，在城市规模快速扩张甚至无序蔓延发展大背景下，特别是人们对城市化发展理念、文化认同及城市环境承载力等认识不足、准备不够，使得城市化过程本身就存在着诸多风险。工业文明曾经带来经济的高速增长，但也使生态环境遭到严重破坏。同时，快速城市化摊薄了管控力量，也减缓、阻碍甚至逆转了城市化进程，进而造成各种社会经济矛盾和政治民生问题。可以说，正在经历快速城市化的城市面临着种种问题，诸如随着庞大的人口流入与流出导致中心城区日夜人口密度差距显著、高度集聚发展的产业业态格局、严重超载超负荷运转拥堵不堪的城市交通路网、高层建筑林立引发城市热岛效应，以及雾霾等极端天气给城市生态环境"雪上加霜"等，这些是很多城市的共同烦恼，特别是城乡建设空间的无序蔓延和生态空间的不断被侵占等很多亟待化解的城市问题已成为严重影响和威胁城市可持续发展的城市风险。

城市发展是一个不断自我更新改造、追求完善的过程。自城市诞生之日起，城市更新就作为城市自我调节的机制存在于城市演进迭代之中。20 世纪后期，国外很多发达的大城市，由于城市经济结构重组，特别是由制造业基地转变为

① 2009～2020 上海的城镇化率位于 87.6%～89.6%，基本保持相对平稳的直线型小幅波动发展态势，按城市发展六阶段化论，已处于城市化的自我完善阶段。

第三产业基地和消费场所的大城市，其中心城区承受着复杂的经济、社会及物质环境、生态环境和财政问题等压力，普遍出现逆中心化或郊区化的趋势，直接导致中心城区大范围的衰退。例如，西方发达国家后工业时期对旧制造业中心的城市后工业化转型，即城市产业转型升级并对工业遗产"活化"再利用，基于重新创造富有发展潜力的中心城区，吸引资本投资建设（改造或新建）城市游憩公共空间，以改善地区环境和持续恶化的城市形象，防止中心城区不断衰败，提升中心城区功能品质，城市复兴运动随之兴起并加速城市空间解构与重塑。

就城市本质来说，城市为居民提供的应是一种"诗意栖居"的文明生活方式，正如 2010 年上海世博会主题"城市，让生活更美好"一样，为了满足快速城市化进程中居民游客对游憩公共空间的迫切需求，城市更新并非简单地对旧城区进行大面积推倒式拆除和重建，而是应"以人为本"，从尊重城市自身发展历史和发展轨迹出发，通过重新定义与保留改造城市老旧建筑功能及延续修补城市肌理，让城市重新焕发活力，真正实现城市"诗意栖居"。对于城市空间的改造，无论是被称为城市更新还是城市复兴，再城市化还是有机成长、有机缝合，或者都市再开发、地域保全、景观保全，或者文物保育等，都只是不同地区或不同阶段对其理解上的差异。当然，包括城市游憩公共空间建设（改造或新建）在内的中国特色的城市更新在丰富实践中也有了许多不同于该词初义的内涵。

二、持续满足市民游憩消费需求增长

城市是一个人群、钱财和物质流动交汇之地，无论是现代城市还是千年甚至五千年之前的古代城市，城市始终是经济力量、社会力量、环境力量等具象化的显现。数量庞大的不同人群因为城市提供的物质流通和贸易机会等聚集，而各色人群的壮大又使得城市得以持续扩张和维持生存，可以说城市越大越会吸引到更多寻找机会的人群聚集。在城市化进程中，越来越多的人也在城市中过上了更便捷、更舒适的生活。以中国第一大经济城市——上海市为例，"城市，让生活更美好"，2010 年世博会给上海这座城市留下深刻的启示和影响，美好生活不仅是物质消费，而且还应有精神与价值的追求。城市游憩公共空间是否能满足居民需求，城市更新进程中怎样实现城市游憩公共空间与城市形态、功能等有机耦合，如何全面提升城市游憩公共空间品质及促使高品质游憩公共空间再生等，已成为考量上海城市可持续发展的重要指标和关键所在。

当今世界正处于急剧变化状态，技术的飞驰，信息的泛滥，物质化、社会的浮躁，特别是新一轮科技革命和产业变革，"脱实向虚"所带来的焦虑感，身处社会转型期和互联网时代的城市居民游憩需求日益增长，为了缓解快节奏城市工作及生活压力，每到节假日居民们如潮水般涌向各类游憩活动场所，这使得很多城市游憩公共空间拥挤不堪。虽然早在2016年2月国家旅游局启动首批262家国家全域旅游示范区创建工作，国务院办公厅于2019年8月正式印发《关于进一步激发文化和旅游消费潜力的意见》……随着各大城市积极踊跃参与全域旅游创建，以及自助游、自驾游等个性化旅游出行方式等引发旅游市场结构的特色化、品质化、多样化等深刻变革，新消费革命和人工智能、5G及大数据等现代科技发展带来的新技术应用，促使虚拟场景体验式消费新业态模式加速发展等，在体验消费、时尚消费、品质消费、符号消费等众多消费理念及消费方式越来越多样化的情况下，城市游憩公共空间如何创新才能应对及满足飞速发展的时代消费潮流？

1961年，简·雅各布斯发表《美国大城市的死与生》，她认为，城市是人类聚居的产物，成千上万的人聚集在城市里，而这些人的兴趣、能力、需求、财富甚至口味又都千差万别。无论从经济角度，还是从社会角度来看，城市都需要尽可能错综复杂并且相互支持功用的多样性，来满足人们的生活需求。因此，多样性是城市的天性。城市的多样性丰富了人类的生活，满足了人们多样化的个性发展需求。基于城市更新大背景下，在建构城市多样性的过程中，起决定作用的是规划设计师还是政府部门、企业、商家、社会机构、居民或是游客？每一个群体乃至每一个人的诉求体现了不同的利益，原住民、新移民、租客、商户的本质需求是有所差异的。打造（新建或改造）城市游憩公共空间，满足消费者的常态化游憩需求是第一位的。需要做深入、细致的调查研究，广泛听取社区居民意见，在真正透彻掌握好社情民意的基础上，通过对居民游憩活动的时间、空间行为特征等的刻画与描述，准确找到一个最大公约数，让城市游憩公共空间更新成为居民共治的起点和交流情感所在，并创造尽可能丰富的体验感、参与感、获得感等，才能真正解决游憩公共空间缺乏不能满足居民游憩活动需求的"痛点"。

从农业时代到工业时代，再从工业时代到后工业时代，特别是在从工业型城市向后工业型城市和消费型城市转变的社会需求和相关政策措施实施下，即去工业化（deindustrialization）背景下文化导向的城市更新，使得城市政府职能由军事、商贸等行政管理，逐步转向组织生产经营，再到服务消费的转变。在全球可持续发展理念和人本主义思想的影响下，城市发展更加强调综合设计和整体对策引导，城市更新更加强调居住环境的改善、城市老建筑的"活化"/可持续利用、城市文脉的传承、城市记忆的留存及深刻感受城市"沧海桑田"变化等。城市开发由以"生产性空间"为主导转向重视打造"生活性空间"，随着游憩（休闲）消费类生活空间占比的增加，相关城市空间规划更加注重打造兼具综合性、健康性、文化性和体验性的城市空间。

　　城市游憩水平的高低在某种程度上可以说是衡量城市社会文明和居民生活质量的标尺。城市游憩公共空间不仅是由人创造的具有旅游休闲功能的外部环境，也是供城市居民共同享有的休息、娱乐、游憩的公共物品和服务，同时还是政府、企业追求各自价值目标实现的重要空间。2013 年，国务院发布的《国民旅游休闲纲要（2013—2020 年）》提出了旅游休闲产业的指导思想、发展目标、主要任务和措施及组织实施等，其中把保障国民旅游休闲时间、改善国民旅游休闲环境放在了主要任务和措施的首要位置。游憩功能的强化已经成为城市更新与城市发展定位的一个重要方向，城市游憩公共空间规划建设与高品质发展也已成为城市发展的主要任务之一，即城市游憩公共空间建设在满足市民（游客）休闲、社交、娱乐等活动，强化参与体验感的同时，应融入绿色生态、主题文化等元素，力求赋予城市公共空间更多的内涵。

　　随着城市社会经济的发展和居民文化素养的提升，选择游憩作为一种生活方式与生活情趣早已成为城市居民比较普遍的消费行为方式。以城市居民休闲消费能力较强的上海为例，2005 年上海本地客源仅占上海国内旅游总人数的24.49%，2019 年相应比例已超过半数达到 52.45%（图 1-3），上海本地居民无疑是上海旅游第一大客源（2019 年，上海本地旅游者数量达到 18 954.1 万人次，按常住人口测算，人均本地出游 7.8 次/年）。因此，探讨和研判城市游憩公共空间（人们感受文明、融于自然、理解文化、陶冶性情的一种综合性的文化生境）业态变化、主要提供机制和模式、演化发展趋势/更新规律等就显得极为重要和迫切，不仅是满足社会公众游憩活动需求，同时也是政府制定政策法规的重要参考依据。

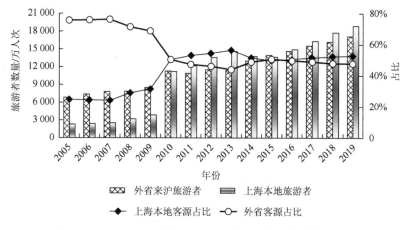

图 1-3　2005～2019 年上海本地客源与外省来沪旅游者情况

三、消费社会产业转型"破圈"求变

在市场经济原则下，城市空间成为消费关系再生产的场所。特别是在后工业时代，消费已经成为人类社会发展（经济增长最基础、最稳定、最持久）的驱动力。空间作为商品有着其自身独特的价值和使用价值。由于不同的空间承载着不同的景观、场景、物质，以及代表着特定的文化积淀和历史遗迹，它是独特的，是具有使用价值的，也是促成被消费的原因。伴随着资本的全球扩张与流动，面对城市空间的商品化、同质化，如何选择与重构城市公共空间？20 世纪 70 年代以后，"空间转向"（spatial turn）为城市空间研究提供了新的观察视角和理论范式，在西方空间批判理论中，无论是列斐伏尔提出的由资本的"抽象空间"向日常生活的"差异空间"的转换、福柯的"异托邦"、哈维的"叛逆的城市"与"希望的空间"，还是索亚的"第三空间"，从某种意义上讲，都是探求超越资本支配下物化的生存空间的可能与路径。

当今世界，全球化已经成为城市空间建构的基本尺度，"全球化进程引发了城市的变革""城市已经成为全球化过程的空间表达"[①]。全球化的不断深入发展加速城市的扩展与重构，伴随着中心城区土地与房地产的资本化、市场化，城市空间中的生产与消费走向空间本身的生产与消费，城市空间由生产生活场所转换为消费空间。"国家在城市规划中的撤出与市场作用的日益增强，导致了一个在世界各地被复制的日益增长的城市商业化的过程。"[①]全球化本质上是以资本与市场为内核的消费空间的扩张与原则的普遍化，即全球化是资本与市场原则的普遍化，也是消费空间的地方化与普遍生长。全球化对城市空间的操控集中展现为标准化的消费空间形成，以及消费空间对城市空间的操控。全球化的深度和广度不断扩大，更加推进了消费空间的全球扩展与蔓延。

消费空间（构筑一种商品化的生活世界）"不是在被动地消费城市，而是在主动地介入城市"[①]，不断重塑着城市空间、重构着城市结构与组织形式。消费空间的地方化重塑了城市，建构了当代人的生活图景（样态）与生存体验。全球化进程不断加速与中国市场经济的深入发展，诱导了中国更为激烈的城市更新与消费空间的变革，资本全球化塑造的消费空间及商品化生活世界的扩展过程难以遏制。一方面，消费空间能够生产文化、再现意义、传递符号，诸如购物节、旅游节等节日文化吸引全民主动参与狂欢，品牌文化、时尚文化等也在引领生活方式和价值观念，加强诱导性消费，推进商品消费向服务消费、体验消费转变，营造一种生活秩序、生活习惯与生活方式；另一方面，消费空间也

---

① 迈尔斯 S. 2013. 消费空间. 孙民乐译. 南京：江苏教育出版社：40，58，68.

在重塑地方文化,不断破坏与消解地方文化传统,无论是街头文化、民间艺术,还是宗教文化均被用于营造商业文化氛围,居民传统生活习惯被破坏,城市地方感逐渐丧失,城市集体记忆遭到重构。"在都市里,存在着一个正在涌现的物质世界,这个世界到处充满着流动和不稳定性。"[①]

城市作为消费空间的物理载体也随之经历着一场空间形态的深刻变革,各种消费空间在城市中蓬勃兴起,消费空间的生产与扩张成为当代城市空间生产的重要内容。综合来看,在资本与市场主导的全球化时代,城市更新中"去地方化"与"再地方化"的辩证统一,推进城市历史与文化传统的复兴,既要"融入现代元素",又要"延续城市历史文脉",注重城市传统文化的修复与生活意义的建构,留住"乡愁",即增强城市记忆与认同的功能,营造"地方感",打造地方性文化特色,通过积极的城市更新与推进日常生活空间回归与再现,抵制消费空间的无序蔓延,探索营建既具有统一性又具有多样性的消费空间与日常生活空间的融合发展路径。

空间消费的逻辑已然发生转变——从"空间中的消费"转向"消费空间"。城市空间是资本生产和消费活动的产物和生产过程,两者相互冲突,交织演进。空间是多方利益主体博弈的产物,是多种社会关系相互角逐的场所。随着资本投资领域由工业部门→城市建成空间→城市福利(医疗、教育等)逐渐变迁,空间成为资本累积、化解危机和创造剩余价值的场域。自工业时代进入后工业消费时代,第三产业增加值占 GDP 比重迅速增长(图 1-4),随着倡导"市场之手"和不受限

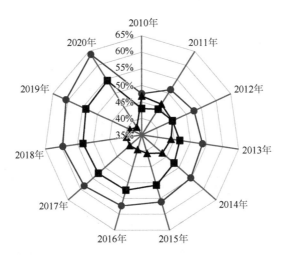

图 1-4 2010~2020 年中国城镇化率与第二产业、第三产业增加值占比变化情况

---

① 厄里 J. 2009. 全球复杂性. 李冠福译. 北京:北京师范大学出版社:41.

制的资本流动的兴起,城市发展进入更加灵活的"弹性积累"模式,资本与权力结合成为紧密的"增长联盟"(growth coalition),共谋城市空间生产以实现资本的永续循环与增长。

四、构建全球城市与世界旅游目的地

作为中国经济总量最大的城市①,上海也是我国常住人口和城区人口规模最大的城市。2018 年 1 月,上海市政府正式对外发布《上海市城市总体规划(2017—2035 年)》,明确提出上海的城市愿景:建设成为卓越的全球城市——成为令人向往的创新之城、人文之城、生态之城。当前,全球城市旅游竞争激烈。上海旅游业自 1997 年确立"都市旅游"定位后快速增长,旅游产业增加值保持持续增长态势(图 1-5),已成长为上海市战略性支柱产业。随着上海全域旅游建设的推进,为了更好地适应和满足城市居民消费升级及大众旅游时代的发展新要求,着力培育出更多的个性化、差异化的高品质游憩活动产品,积极打造和拓建城景一体、产业融合、主客共享、"宜居—宜业—宜游—宜文"的城市公共空间,进一步提高市民(游客)的满意度、获得感、幸福感,2018 年 8 月 30 日,上海市人民政府制定并正式印发《关于促进上海旅游高品质发展加快建成世界著名旅游城市的若干意见》(沪府发〔2018〕33 号)。

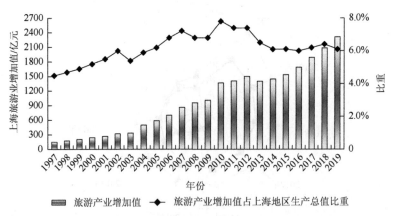

图 1-5　1997～2019 年上海旅游产业增加值及占上海地区生产总值比重变化情况

从国际趋势看,纽约、伦敦等全球城市正着重培育文化软实力,文化已成

① 2019 年,上海地区生产总值规模达到 3.8 万亿元,位列全国城市第一,且上海拥有大量的跨国企业,有上海证券交易所等金融机构,总部经济、研发创新等十分突出。

为加强城市核心竞争力的重要维度和推动城市形态演进与经济社会发展的核心机制,富有城市精神的城市文化凝聚力主要得益于城市各类文化设施(包括文化遗产等)。目前,上海已步入以智能、高效且可持续发展为特征的城市更新4.0阶段①。在某种程度上,城市更新已然成为上海城市发展的内在动力和可持续发展的主要方式。在未来以存量开发为主的内涵式增长的城市更新趋势下,上海应以全球视野长远谋划,围绕资源环境紧约束条件下建设"全球城市"的目标,土地利用方式由增量规模扩张向存量效益提升转变,即基于更高的土地利用效率,依托城市丰富的文化、健身、商业、绿化、娱乐、餐饮、农业等资源打造具有主题特色和复合功能并充分考虑社区居民广泛参与的游憩公共空间,同时提供旅游公共服务功能等,重点是激发都市活力,改善人居环境,更加注重城市历史文化传承。

上海也是国家历史文化名城之一,增强具有上海城市特色的文化凝聚力,不仅是提升上海城市品质内涵,加快旅游高质量发展内生动力的培育,也是大众旅游时代全域旅游建设的必然选择。适应后工业化发展要求,基于上海新一轮城市更新,着力于打造更具吸引力的、彰显全球魅力的世界旅游目的地,上海应正确处理好历史文化街区保护与旅游开发的关系,梳理城市地标建筑、优秀历史建筑等资源,探索建设一批可演绎上海历史文化的景观街区,深度挖掘并改造近代工业遗存集聚文化创意的产业,如重塑彰显海派文化的南京路步行街,以及上海新天地、田子坊等特色街区,使得"梧桐树下老洋房"建筑可阅读、"老弄堂里石库门"街区适合漫步,并成为市民(游客)深度感知上海城市历史文化的新空间载体。

与古老城市相对自由发展的城市肌理相比,现代城市往往被理性规划、有序建设得极简,城市中各个功能区的分区也十分清晰。城市整体形态样貌是政府、社区居民、文物保护机构、建筑师、工程师、开发商一起完成的一项巨型合作,也是近年来城市管理者广泛探索和鼓励多元主体(包括社会公众、多领域专业人士等)共同参与、共建共享的成果。虽然游憩者(市民、游客)理解的游憩公共空间涵盖公园绿地、城市广场等,城市管理者、建设者和开发商重视打造游憩商务区、特色街区等,依托历史风貌、旧厂房(仓库)工业遗存等,尝试通过旧区改造、工业用地转型提供文化创意空间……探寻上海城市游憩公共空间变迁轨迹,无论是变大的公园绿地、城市广场,高品质小规模渐进式的历史街区保护,还是黄浦江两岸滨江空间由"工业锈带"转型"生活秀带"建成"城市会客厅"

① 城市更新4.0的特征是智能、高效且可持续发展,以积极推动城市的现代经济发展。其主要途径是:改造闲置的国有企业资产,继而更有效地利用;将物业改造成绿色建筑或绿色社区,改善城市环境并提高宜居性;通过城市更新,保留历史建筑,保护城市文化;运用最新科技,打造智慧城市;满足不断增长的城市保障性住房需求。

等，都是近年来上海实现动态、可持续的有机更新，以及提升公共空间品质和对城市游憩公共空间的再理解、再探索。

追本溯源，城市也是各种力量角逐的舞台。当今世界正处于大发展、大变革、大调整时期，随着人工智能、5G、在线经济等领域的科技创新，城市发展的内生动力也在不断进行调整与变化之中。世界多极化、经济全球化、社会信息化、文化多样化深入发展，在世界经济增速减缓、全球创新链和产业链重构的背景下，上海也面临着日益严重的环境资源紧约束、城市中心区人口持续增长、交通拥堵及城市功能转型等发展要求，尤其是建成区还存在着城市能级不高、活力不足、公共空间和服务设施仍有较大缺口、城市慢行系统便利化程度不高、城市历史文化街区保护力度不够等诸多亟待解决的问题，重构城市公共空间及加大游憩公共空间供给是一种扎实、有效的解决途径。

综合来看，全球经济一体化进程中存在大量的城市公共治理问题，而城市公共问题的解决又有赖于城市公共产品的有效提供，打造更多亲民便民利民、"宜居—宜业—宜游—宜文"的新型游憩公共空间。在城市更新背景下，城市游憩公共空间供给有其特有的逻辑，谋求创新城市游憩公共空间提供机制和方式问题的科学解决之道，即通过对各种制度（政策）、机制的安排来综合协调和整合配置城市游憩资源，提供多种不同形式、不同层级与类型的城市游憩公共空间，不仅能够为城市游憩公共空间有效供给奠定理论依据与决策参考，有助于实现城市游憩公共空间供给的公平与高效，也是实现城市公共空间有机协调增长及可持续发展的客观需要和必然要求。因此，开展城市游憩公共空间演化、提供机制与方式、更新对策与实施路径等研究具有重要学术价值与应用价值。

第二节　城市游憩公共空间概念辨析

我国城市建设目前已开始从"增量开发"转向"存量更新"。随着"游憩"成为城市居民日常生活方式和休闲消费的主要内容，社会各界有关城市游憩空间、城市公共空间、城市游憩公共空间等概念的使用频次越来越广泛和频繁。由于文化背景、所处历史时期及研究目的、研究对象、研究角度等不同，学者对相关概念内涵的理解、认知上存在差异，目前尚无公认一致的定义。在经济全球化、产业转型升级及城市更新深度发展大背景下，为了尽快缓解城市游憩公共空间供给不足与居民游憩需求激增之间的矛盾，近年来城市公共空间更新改造日趋游憩化，新类型、新模式的城市游憩公共空间不断涌现，既是游憩公共空间与城市融合协同发展的新机遇，也是新挑战。因此，从多元视角探讨城市游憩公共空间演化规律、研判其提供机制的有效性和局限性、探索其更新模式与优化实施路径等，以更精准满足市民（游客）游憩体验的多样化、个性化，增强市民（游客）的满足感、获得感，只有先厘清相关概念的内涵外延、属性特征、基本类型、分类标准等，才能科学预测和调控优化其演变发展路径，更好地推动城市游憩公共空间高质量发展。

一、城市更新

何谓城市更新？1958 年，在荷兰召开的城市更新研讨会上第一次对"城市更新"的理论概念进行阐述：生活在城市的人，对于自己所居住的建筑物、周围的环境或出行、购物、娱乐及其他的生活有各种不同的期望与不满，修理改造自己所居住房屋，改善街道、公园、绿地和不良住宅区环境等，以形成舒适的生活环境和美丽的市容，包括所有这些内容的城市建设等都是城市更新。城市更新是一种城市的振兴策略，通过对城市建筑的修缮或拆除，重新利用土地资源，更新城市功能，推动城市进一步繁荣发展。从对建筑或者说是从对城市保护与发展的角度来看，城市更新内涵主要包括改造、改建或者涵盖开发（redevelopment）及整治（rehabilitation）、保护（conservation）等。作为存量规划时代城市治理的重要路径，以盘活存量用地空间、保障公共利益及强调人居环境改善等为目标的城市更新，不仅是城市发展的战略选择和城市发展的综合过程，也是优化城市空间资源配置、实现土地价值，以及促进资本循环的有效途径。

城市更新意味着城市物质空间的再生，还涉及对城市空间资源的再分配。随着人类社会经济发展及对城市更新认知的提高，城市更新的理念、内涵等也随之不断地变化与完善充实。20 世纪 80 年代以后，国外大规模城市更新进入暂停阶段，取而代之的是严谨的、由浅入深的、以社区邻里更新为核心的小规模再开发阶段。20 世纪 90 年代以后，随着可持续发展理念深化，西方经济发达国家和地区（特别是在其进入后工业化时代）的城市更新逐步趋向集约式发展，而且在其城市更新进程中，也从最初的追求物质环境的渐进式改造，转向持续追求自然和人造环境之间的动态平衡。以作为公共利益代表的社区为例，其在城市更新过程中拥有话语权且影响力日渐增强，国内外城市更新实践经验也表明，小尺度、渐进式的社区更新成为多方呼吁并实践的可持续或参与式模式。

休闲（游憩）成为后工业化社会人们的一种生活方式和城市发展的重要动力。例如，在休闲游憩导向下，美国曼哈顿岛 SOHO 区、英国伦敦泰晤士河地区，已由原来的工业制造业集聚区转向发展美食购物、遗址保护、休闲旅游、文化创意产业等综合服务业。城市更新涉及相关利益主体众多，在游憩导向下的城市更新中，强调空间内设施的混合配置，如游憩、商业或办公、酒店与非家庭性居住相结合等，游憩公共空间供给是多元利益博弈的结果。

不同类型的游憩公共空间建设（新建或改造）目标导向有所差异，如历史文化风貌区更新改造，受到保留保护等多方面压力，要求保留历史建筑、街巷空间肌理等；工业棕地、旧工业区活化再利用，受到产业功能定位影响和限制，其目标导向是产业激活及公共设施补缺等。在滨水空间的更新改造中，游憩早已经被视为城市滨水区更新的催化剂，通常还被赋予生态修复及水岸经济活化等功能使命，第二次世界大战后国际上很多城市滨水区已经转型为以商业、游憩和旅游业为主的区域，如西班牙巴塞罗那、法国马赛、德国汉堡、荷兰鹿特丹等欧洲港口城市滨水区的成功再生等。

城市更新主要是指对城市建成区空间形态和功能开展持续改善的建设活动。回溯上海城市更新发展的历史脉络可以发现，早在 2010 年上海世博会之前，上海就已经基本完成对整个城市空间架构的酝酿，由"点"到"线""面"的更新改造逐步铺开。2015 年 5 月，上海市人民政府印发《上海市城市更新实施办法》（沪府发〔2015〕20 号）。为了规范城市更新活动，建立科学、有序的城市更新实施机制，上海市规划和国土资源管理局 2017 年 11 月制定《上海市城市更新规划土地实施细则》。2021 年 8 月 25 日，上海市第十五届人民代表大会常务委员会第三十四次会议表决通过《上海市城市更新条例》，明确城市更新遵循规划引领、统筹推进，政府推动、市场运作，数字赋能、绿色低碳，民生优先、共建共享的原则。

城市更新规划应建立在人们对城市情感和心理感受的基础上，其基本原则之一是场所营造。城市作为人类聚居生活的一种聚落形式，也可以说是一个共享公共空间，具有多元化和包容性等特征，而追求多样化的畅通交流、诗意栖居等人本价值是城市居民的必然需求。场所作为城市中最活跃的要素，不仅是城市物质形态与人类活动重叠的产物，也是对城市主体最有意义的空间。空间是指有边界的或者是不同事物之间具有联系内涵的有意义的虚体，只有当它被赋予从文化或区域环境中提炼出来的文脉意义时才成为场所。

场所文脉理论本质在于对物质空间人文特色的深刻理解，主张强化城市设计与现存条件之间的相互匹配，在体现人性化设计的同时，要求处理好公共空间与人的关系，即以系统性为前提，以功能化、场景化等为手段，注重体现历史传统和地方感，寻求人与环境有机共存的深层设计理论。场所文脉理论运用于城市设计中，一方面可以避免历史文脉的丧失，另一方面能够提高游憩环境质量。在尊重所在地区原有的场所精神，保留其特有的历史风貌和文化氛围（文脉）的基础上，通过城市更新创造出一种良好的空间环境，进而传递出场所特有的精神内涵，使市民获得归属感和认同感。

二、城市公共空间

空间作为一种具体的抽象，既是社会活动的结果，又是社会活动的手段，空间也是政治的，充斥着各种意识形态。城市空间不仅是承载城市生态、生产、生活等物理功能的场所，也是形塑城市能级、品质、气质、品格的载体。公共空间指有实体形态可以供人们日常生活与休闲娱乐活动的空间形式，既可以是商业广场、步行街、公园、林荫道等室外空间，也可以是位于商业（购物）中心、咖啡馆、博物馆、会展中心、火车站等室内公开社交场所。城市公共空间是指对社会公众开放，并满足市民日常生活及社会活动的开放场所，一般包括公园绿地、街道社区、城市广场等。城市公共空间有狭义和广义的两种界定：狭义上，仅指城市居民日常社会生活公共使用的城市广场、街道和居住社区的户外公共场地等室外及室内空间；广义上，可以扩大到包括城市中心城区的商业街区、城市绿地、滨水空间等所有公共设施用地的空间。

城市公共空间对改善城市生态环境品质、维系城市活力、促进居民身心健康及培育市民认同感具有重要作用，是城市人居环境最基本和最重要的组成元素，它不仅是地理学（法学、建筑学、城市社会学）的一个基本概念，同时由于进入空间的人及其在空间内广泛参与活动和开展交流与互动，即承载城市公共生活，为城市不同群体共享的社会公共活动场所，也是丰富多样社会生活实践性的反映。作为面向社会公众开放的空间，它是一个不限于经济或社会条件，任何人都有权进入的地方，如不用缴费或购票进入，或进入者不会因背景受到歧视等，包括公园绿地、城市广场、街道、居住社区户外场地、体育场地等室外空间和室内空间（政府机关、学校、图书馆、商业场所、办公空间、餐饮娱乐场所、酒店民宿等），同时对城市景观塑造、城市形象提升、生态环境保护及城市交通、城市防灾等具有重要影响。

在经济全球化发展进程中，世界城市体系及各等级规模的城市内部空间都在发生着巨大的重组、转型，具体表现为西方国家 20 世纪 50～60 年代大规模的城市更新运动、后工业时期对旧工业制造业中心城市进行的城市的后工业化、后工业城市转型，以及对全球产业经济的服务化、创意文化转型等。我国各大城市在其产业经济快速转型过程中的旧城改造、城中村改造，以及产业升级过程中对衰败的工业遗产类、生产型空间的活化、再利用等，引发了城市空间的解构与重构，并对城市空间结构演化趋向具有深刻的影响。伴随着日益严重的社会分化和衰退的中心城区，在多元和民主的市民社会思想意识扩展中，有关城市公共空间等新涌现出的概念受到学术界关注，开始成为城市学相关学科探讨各类城市问题及其建成环境、社会关系的平台。

城市公共空间本质属性是一种特殊的公共物品，具有开放性、可达性、大众性、功能性等特性。虽然早在 1484 年，意大利的建筑师阿尔伯蒂认为：城镇的建造不应单纯考虑人的安全需要，还要建造花园等满足人们娱乐休闲需要的公共空间。到了 20 世纪 60 年代，以简·雅各布斯为代表的反功能主义，积极倡导在城市空间中要发展公共空间，并认为在城市开发和社区建设中，公共空间是促进良好的社会交往形成及城市活力恢复的关键重点要素之一。20 世纪 70 年代开始，城市公共空间开始被人们逐渐认识，重视保留并保持历史街区特色、复兴滨水游憩公共空间等。总体上看，城市公共空间一直承担着整合、沟通整个城市的多元化汇集和恢复城市活力等功能，即由于城市公共空间可以容纳丰富多元的城市生活，因而促成城市学等相关学科领域开始着重探讨城市公共空间的建设与发展研究。

三、城市游憩空间

　　游憩有恢复更新的意思，指在闲暇时间里，为了恢复体力和精力所进行的活动，能让人身心放松、心情自由愉悦并获得满足的体验，含有修养和娱乐双层含义。游憩空间泛指人们消遣、游玩、社交的场所，或者是指为满足人类精神需求和游憩活动要求的空间，又或是指为一切游憩活动（消遣、游览、观赏、娱乐及社交等活动），提供所需场所的城市空间，再或者说是开展游憩活动时要求的必需的场地和空间。总体上，它意味着一组特别的可观察的土地利用现象，是城市发展不可或缺的部分，同时通过打造游憩空间能够进一步激发城市活力，对于市民的娱乐、锻炼、交往、旅游等都有重要作用及影响。

　　从游憩者（市民、游客）的视角来看，游憩空间可以被定义为：游憩者依靠步行或其他交通工具开展游憩活动所必需的物质空间（包括公园绿地、城市广场、滨水空间等开敞的公共空间，以及其相关附属的实体建筑物、必要的服务设施）。游憩空间范围一般很广，包括占地面积（体量）大的城市广场、博物馆、展览馆、街巷（弄堂）等，面积小的也可以是公园绿地中的一个活动广场，都能够称为游憩空间，即城市内的商业、娱乐建筑和城市中的自然景观、广场、公园等均属于游憩空间的范畴。换个角度也可以说，只要是能够为人们提供游憩服务的公共休闲娱乐场所都可以称为游憩空间，公园绿地、特色街区（历史文化风貌区）等是城市中最基本也是最常见的游憩空间类型。

　　城市游憩空间可以说是城市空间中重要的有机组成部分，与市民生活息息相关，对城市居民的心理和生活都有着重要影响，呈现出高度通达性和人文关怀，是日常使用最频繁、使用人群最普遍的空间类型之一。在市域范围内，游憩空间与公共空间的分布存在着交叉与重叠，游憩空间和公共空间的品质包括数量都深刻影响着城市空间发展。根据空间占地面积范围大小来划分，游憩空间由小到大可分为：家庭游憩空间→社区游憩空间→城市（公共）游憩空间→区域游憩空间等。随着城市消费业态趋于体验化或娱乐化或主题化，为顺应后工业化时代发展和消费的需求变化，多种游憩活动、游憩设施要素等不断融入城市空间，进而形成一个趋于全覆盖的，具有等级化、系统化、网络化特征的城市游憩空间体系。作为市民日常近距离休闲放松、社交娱乐的理想活动场所，关于城市游憩空间概念的使用频次越发频繁、使用范围更加广泛。

20世纪70年代开始，随着以旅游、游憩与商业服务为主的各种设施（购物、饮食、娱乐、文化、交往、健身等）集聚的城市休闲空间的兴起，国外一些学者在城市中央商务区（central business district，CBD）概念基础上先后提出游憩商业区（recreational business district，RBD）、中央活动区（central activties zone，CAZ）及中心旅游区（central tourist district，CTD）、中心游憩区（central recreation district）等概念，并由此引发一系列城市游憩空间相关专题研究。例如，斯蒂芬·史密斯以区位、旅行为两根主线（理论经纬），并从不同层次加以构织，形成了独树一帜的游憩地理学理论体系。此外，皮尔斯（Pearce）深入探讨城市中不同地区、不同等级、不同类型的接待服务设施、旅游吸引物空间分布特点，以及其影响因素等，还以巴黎为样本开展实证研究分析。中国关于游憩空间的相关研究，大多集中体现在游憩空间设计、规划、空间结构、策略、特征、游憩质量等方面。

四、城市游憩公共空间

作为重要的一种城市空间类型，随着城市空间大规模向外拓展及城市内部功能空间的重组，学术界关于城市游憩公共空间概念的解读，目前仍然没有形成一致的认知。由于主要研究内容或视角等方面的不同，学者提出了不同的看法：游憩者可进入的，位于城市或者城市近郊的开放空间、建筑物及设施，主要具有休息、交往、观光、旅游、娱乐、锻炼、购物等游憩功能。或者认为是游憩景观空间体系，是由城市游憩物质空间、城市游憩行为空间耦合而成的。由城市游憩物质空间（外在表象和载体）和城市游憩社会-经济空间（内在机制和动力）耦合而成的空间体系，它是复杂空间体系，由城市物质空间（游憩场所和设施组成的）、城市游憩者行为空间、城市资本与权力空间（政府和经济组织形成的）等构成。

城市游憩公共空间是城市发展到较高阶段的产物，是城市产业转型升级、城市空间扩张、城市更新与功能提升，以及城市居民游憩方式变化等合力作用的结果。无论是从城市更新进程来看，还是从游憩空间供给角度分析，游憩公共空间都是城市公共空间的重要有机组成。从公共、空间角度分析，它是一种特殊的公共物品，由政府、市场（资本）企业等主体提供，由不同软硬件、流动要素构成，以满足不同类型游憩者多样化游憩需求的新形态城市公共空间（以游憩功能为主导，改变的只是公共性程度和外在物质形态，本质属性仍然是一种特殊的公共物品）。作为大众休闲时代居民惯常性游憩活动场所，它是城市公共空间基本体系的重要内容，其规划、布局和服务水平是衡量城市社会文明的重要表征，也体现出居民生活水平质量的高低。同时，由于城市游憩公共空间能够为市民（游客）的游憩活动提供必需的设施、服务、环境等，因此它属于城市公共服务范畴。

综合比较，本书对城市游憩公共空间定义如下：在城市范围内，依托城市商业、旅游、文化、休闲娱乐、体育健身等现代服务产业集聚发展而形成的城市地标性公共开放空间，以其较高等级、丰富的游憩资源为核心吸引物，可以为游憩者（市民、游客）提供日常游憩活动场所，包括所必需的设施、服务和环境等。简而言之就是在城市化发展和城市更新进程中具有游憩功能、开放式的城市公共空间（图1-6），依托较为富集的游憩资源，是在城市全力开展全域旅游创建过程中，基于城市游憩空间供给不足，而市民闲暇时间增多及游憩需求增长背景下产生与发展，是一个具有公益性特征和多功能属性的公共开放式区域，也是旅游功能区在城市更新进程中的一种表现形式，即以满足市民（游客）不同的日常游憩活动需求为主要功能，能够极大地提升市民（游客）的获得感和幸福感。

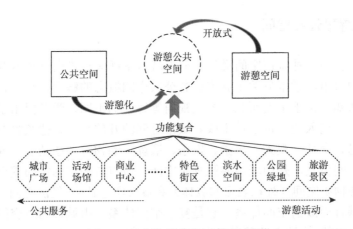

图 1-6　城市游憩公共空间概念解读

目前，中国正处于城市化快速推进的发展阶段，也处于社会转型发展的重要时期，城市建成区在呈现"地毯式"由内向外扩张和蔓延的同时积极推进旧城改造。在消费文化逻辑驱动下，城市的发展加速融入全球城市体系、全球化景观的建构之中，城市人口的高度集聚，特别是在城市居民闲暇时间增多、游憩需求增大的背景下，作为游憩者的主要活动场所和开展游憩活动的重要载体，城市游憩公共空间具有自内向外的辐射力，依托较高等级的旅游吸引物，聚集周边游憩资源，以其良好的可达性及产业集聚化、功能多元化、服务全域化、公益性等特征，促使单体游憩公共空间集聚成复合型游憩公共空间，进而有效推动城市与产业融合发展，不仅成为城市游憩资源配置和城市游憩活动在城市空间上的组织形式，也成为市民和游客共享的城市公共开放空间的重要组成部分。

（一）相关概念比较

与城市游憩公共空间相关的概念（或者称研究对象）有很多（表1-1）。例如，有RBD，也有旅游商务区（tourism business district，TBD）、CBD，以及CAZ、CTD和环城游憩带（recreation belt around metropolis，ReBAM）、旅游度假区、开放式景区、旅游综合体等，区别主要体现在地理区位、资源依托、主要业态、服务对象等方面。

表1-1　城市游憩公共空间相关的部分概念比较

概念名称	地理区位	资源依托	主要业态	服务对象
CBD	城市或区域的核心地段	城市中最集中分布的高档零售业，有最密集的人流、信息流，交通可达性最高	以高端零售业为主的商贸	全体消费者
RBD	特色街区，不一定位于中心城区	以游憩与商业服务为主的特色旅游产品集聚区	以特色纪念品、地方小吃等为主的旅游业	旅游者、游憩者
CAZ	城市中心区	具备了CBD和RBD双重资源特征，同时增加居住和生活要素	旅游、休闲、文化等各类产业（除商务以外）高度融合	旅游者、消费者、居住者，多元化服务对象
ReBAM	城市周边地区	土地资源丰富的城市郊区，且交通十分便利	观光、休闲、度假、娱乐、康体、运动、教育等相关业态	本地市民为主，旅游者为辅
旅游综合体	旅游产业主导的城市区域	旅游休闲资源富集，旅游产业齐全、发展复合化	以旅游休闲功能为主导，旅游要素高度集聚融合发展	旅游者、游憩者

城市游憩公共空间与相关的研究对象、概念的区别与联系：①城市游憩公共空间依托的游憩资源等级比较高，涉及公园绿地、城市广场、特色街区、商业（购物）中心、滨水（公共）空间、旅游景区、活动场馆等城市空间的单体（一种）或者是它们（多种类型）的组合，空间分布较为广泛。②城市游憩公共空间的主导业态，或者是以旅游业为主，或者是其他产业居于主导地位，甚至所依托的是游憩公共空间之外的相关城市旅游服务，即更多的是依靠城市发展水平，以及业态发展要求提供相关的便捷旅游休闲服务。③城市游憩公共空间具有生态、商务、休闲、娱乐、健身、旅游、文化等多元功能属性，总体上为具备游憩功能的城市交通中心、文化中心、商业（购物）中心等。④城市游憩公

共空间服务对象十分广泛（RBD、TBD、CBD、旅游综合体等属于旅游休闲活动区），其主要服务对象为城市本地居民和旅游者，从旅游角度划分包含所有旅游休闲对象。

（二）基本特征

城市游憩公共空间是游憩者（市民、游客）开展游憩活动的重要空间场所或载体，往往以"面"状的空间区域来体现，以较高等级的自然和人文景观及周到的公共服务等旅游吸引物为核心，集聚周边丰富的游憩资源，是城市旅游全域化发展的重要抓手，能够有效推动城市更新、城市游憩与城市产业、生态、文化等融合发展和协同增长。城市游憩公共空间除了具有公共物品在消费中的非竞争性、非排他性等本质属性，即具有明显的社会公共服务属性（为政府主导游憩公共空间更新改造提供平台），同时还具有功能复合性、类型关联性及布局多样性、提供主体多元化、公共性和私有化统一、包容性等基本特征，总体呈现开放、共享公益、愉悦等特性，因此可以选择更加灵活的供给方式。

1. 产业集聚化

从经济维度上考量，城市游憩公共空间是具备商贸业、旅游业、娱乐休闲业及文化等现代服务产业集聚发展特征的空间场所或区域，从城市游憩公共空间产业集聚发展的内在驱动力来看，可以划分为两种主要类型。

第一种，以旅游业发展为主导的，空间过程表现为旅游城市化。旅游业居于区域主导产业地位的同时兼具发展休闲娱乐业、商贸业、文化产业等现代服务业特点，具体表现为：①不同产业之间，多以横向联系为主，除了旅游业要素居于主导地位之外，还涵盖了大量关联产业，包括金融业、商贸业、文化产业、广告咨询、中介服务及公共管理等。②产业集聚发展的内生动力源于消费者日常游憩活动需求，而非政府手段的前置性划定作用（处于相对较弱的地位），即产业集聚发展需求的主体，已由游憩者（市民、游客）扩大，向消费者延伸。③产业集聚发展的空间布局，已突破主要依托旅游景区的格局，逐步扩展增加商业、居住甚至工业等用地并形成综合性城市区域。④虽然产业集聚最早始于旅游业相关要素，但在其旅游城市化过程中，已开始大量向商贸业、金融业、娱乐休闲业、文化产业、中介咨询服务、公共管理等产业延伸，并发展成为具有现代服务业集聚特征的特色游憩公共空间。

第二种，以城市发展为主导的，空间过程表现为城市旅游化。区域发展最早是以零售商业为主导地位，随着城市更新趋向游憩化，进而在产业集聚发展过程中不断增加兼具游憩功能的文化产业、游乐休闲业等产业，具体表现为：①不同产业之间的联系形态多样化，依托区域主导产业已形成零售商业、房地产业、文化创意产业和交通运输业等产业之间的广泛联系。②产业集聚发展内生需求者，已由消费者向游憩者延伸。③产业集聚发展的空间布局，已由主要依托城市商业（购物）中心、文化创意产业园区、城市交通枢纽等，逐步拓展增加城市公园绿地、活动场馆、文化娱乐设施等生态休闲文化用地，并发展形成具备游憩特征的"文商旅"融合发展的城市游憩公共空间。

2. 功能复合性

功能复合性是由其构成要素的多样性决定的。作为一个活跃的开放区域，城市游憩公共空间是全域旅游发展的重要落脚点，从类型上看既有空间单体，也发展出新的空间综合体，主导业态是旅游同时兼顾其他产业，如商业，从满足城市居民（游客）社会基本生活需要的游憩交往功能，发展到商务、娱乐、休闲、文化导向功能，游憩公共空间多样化的功能群组，多要素的糅合，又赋予城市公共空间多种活力。就游憩公共空间生产与提供来说，作为一种特殊的公共物品，它同时具有公共物品的 2 个本质属性，即非竞争性、非排他性。随着市场机制的引入，城市游憩公共空间公共性程度也发生深刻的变革：从高度公共性，到私有化的出现，以及私有化、符号化、消费性进一步渗透兼并，公共性受到弱化。在注重"以人为本"的城市更新进程中，游憩公共空间建设（新建或改造）应最大限度地合理优化配置各类游憩资源及提高有效供给效率，即空间复合利用以实现与城市生态/环境空间、生产/消费空间、生活/服务空间融合发展和协同成长。

3. 服务全域化

城市游憩公共空间是由不同的城市空间基本要素构成的一个有机整体，且不同构成要素之间，是相互作用和相互依赖的。就其空间分布而言，良好的可达性是城市游憩公共空间的基本特征，既允许不同的客流群体进入，也允许进行多种社会活动，充分体现城市的人性化及"以人为本"。从游憩公共空间生产与提供的主体角度来看，已从最早的政府完全主导生产供给，后引入市场机制以市场化企业作为主体，再发展到更多社会第三方组织参与生产供给。在城市旅游全域化创建进程中，为了满足市民（游客）多方位持续增长的消费（游憩体验）诉求，城市各个行业积极主动投入建设，政府不同管理部门联合齐抓共管，城市全体居民（游客）共同参与服务。市民与游客共享的城市游憩公共空间建设，在某种程度上可以消除游客与市民之间的对立和矛盾，每一位市民（游客）既是游憩服务的提供者，也是游憩服务的享有者；既是游憩公共空间的建设管理者，也是游憩公共空间的消费使用者。

第三节　城市游憩公共空间研究概况

随着世界经济发展和全球城市化进程的不断深化,城市的游憩价值愈发凸显,即在城市更新中游憩功能日益受到重视。20 世纪 30 年代,国外开始对游憩空间进行系统的研究;20 世纪 50~60 年代,与城市游憩公共空间相关的问题研究,逐渐在国际上引起广泛的关注,并在城市化发展及城市更新进程中得到不断的践行,学者的探索也获得了丰富的理论和实践经验。比较而言,国内相关研究起步较晚,20 世纪 80 年代以后,面对城市发展的时代新诉求,城市开放空间的概念被引入国内城市规划中;中国首个城市公共开放空间规划(《深圳经济特区公共开放空间系统规划》),2005 年开始编制并实施……虽然国内相关学术研究历程不长,从 1990 年开始有相关论文发表,但一直紧跟国际前沿,不仅在理论研究方面取得长足进步,而且已逐步搭建并形成了有中国城市特色的研发框架体系。

一、国内外相关研究述评

梳理与剖析国内外城市游憩公共空间相关领域的学术成果,有助于更精准探寻城市游憩公共空间研究脉络,基于城市语境重新审视游憩公共空间价值,挖掘出更多游憩公共空间更新迭代现象背后的机制及动因。在中国知网检索库中,以游憩空间、游憩公共空间、公共游憩空间为主题词进行检索,检索类型限定为"学术期刊",检索时间范围为"1999~2020 年",共检索到 471 篇中文文献,经人工筛选,剔除报刊信息等不相关文献,共纳入 189 篇有效文献。在国内有关游憩空间研究关键词共现图谱中共包含 348 个节点,508 条连接,密度为0.0084。其中最大的关键词节点为游憩空间,城市游憩空间和风景园林作为其 2 个核心分支进一步拓展了研究范围(表 1-2)。国内对于游憩空间的研究重点在于空间开发和优化策略上,城市游憩空间核心分支多涉及游憩空间结构、游憩空间内的吸引物及旅游者在游憩空间的游憩行为等,而风景园林以生态游憩空间为主,探讨工业废弃地如何转化为有效的游憩空间及发展模式等。

表 1-2　国内研究热点关键词共现网络中心度排序

序号	关键词	中心度	共现频次/次	年份
1	游憩空间	0.57	70	2003
2	城市游憩空间	0.39	21	2003

序号	关键词	中心度	共现频次/次	年份
3	风景园林	0.29	7	2003
4	公共游憩空间	0.07	7	2006
5	城市生态游憩空间	0.03	5	2014

在 CiteSpace 可视化软件的文献关键词分析的基础上，再结合相关文献检索分析结果，城市游憩公共空间研究主要内容（表 1-3）包括类型划分、空间结构与布局、综合评价、规划设计、时空演变及机理、空间意象、可达性、游憩设施和游憩消费及行为特征、提供机制等，相关研究呈现出"三多化"趋势，即研究内容多样化、研究方法多元化、研究尺度多维化。

表 1-3　城市游憩公共空间主要研究主题和内容

研究主题	研究内容
类型划分	依据研究目标，采取不同分类标准，如按主要服务对象、游憩活动性质、旅游资源属性、空间形态、服务范围、地理区位及复合属性等标准分类
空间结构与布局	基本构成要素、分布规律与成因、空间格局与特征、理想结构模式等
综合评价	游憩品质测评、游憩环境及服务质量综合评价、游憩价值评估等
规划设计	空间选址、游憩用地管理、空间布局影响因素、优化配置开发策略等
时空演变及机理	形成机制、演变驱动力、演化趋势、演变规律、演化模式等
空间意象	居民（市民）旅游意象、游客感知意象等
可达性	可达性分析、可达性与居民行为特征等
游憩设施和游憩消费及行为特征	游憩空间构成要素整合、游憩设施系统与布局、游憩消费模式、游憩者行为特征的代际演变等
提供机制	政府在游憩公共空间供给中角色的变化、不同类型游憩公共空间单体的提供模式、管理体制问题等

我国学者关于城市游憩公共空间研究呈现阶段化特点，研究成果也显示出不同等级结构特征。特别是自进入 21 世纪以后，城市游憩公共空间相关研究文献数量不断增加，研究成果也日益丰富。在中国休闲旅游持续增长的大背景下，学术界对城市游憩公共空间研究的关注度不断增强，学者在各类期刊杂志上发表的文献量快速增长。为进一步明晰城市游憩公共空间研究的演进历程，以相关发表文献数量的年际变化率为依据，可以将中国近 20 年城市游憩公共空间研究划分为三个阶段。

（1）起步期（1999～2005 年）。相关研究文献的数量虽然不多，但主要研究成果多具有开创意义，为城市游憩公共空间后期研究打下坚实的基础。早期研究主要集中在城市游憩公共空间概念界定、类型划分、特征分析，以及相关城市游憩公共空间的结构及其优化研究等本质属性方面，最早研究起步于介绍国外城市游憩规划、西方城市游憩空间的规划设计原则与理论模式等，后又被引入国内城市游憩空间结构研究，学者提出单核、多核、带状、网络和综合模式，以及 ReBAM 模式、商业游憩区等不同的结构模式。

（2）发展期（2006~2015 年）。随着中国城市经济的快速发展（尤其是东部沿海地区的城市），游憩（休闲）已经成为市民（游客）日常生活消费的常态，游憩者旺盛的游憩活动空间、设施和环境需求，使得相关指导游憩空间规划设计、空间布局、建设和管理类的研究成果数量迅速增加，研究视角趋向多维度。主要研究内容包括游憩空间的分类、体系、形态、结构优化及游憩行为活动、空间意象、驱动系统、动力机制等方面，相关研究深度和广度不断拓展和提升，针对特定目标群体的游憩空间研究，如滨水空间、城市绿带、郊野公园、体育游憩空间、儿童游憩空间等开始引起学术界关注。

（3）巩固期（2016 年至今）。随着市民（游客）游憩消费观念的转变，游憩（休闲）活动已成为城市居民日常生活不可或缺的必需品，有关城市游憩公共空间研究成为社会各界持续关注和各类媒体广泛报道的焦点。相关文献理论研究更趋成熟和系统，研究的深度和广度不断提升，实践指导性更强，诸如滨水游憩资源分布、区域绿道连接度、公园城市建设等有关城市公共游憩空间生态环境、城市公共空间安全感等方面的研究成为热点议题。

（一）城市公共空间研究

在全球化新形势下，为了提升城市居民（游客）生活（游憩）质量，进一步增强城市的吸引力和竞争力，城市公共空间的开发建设与管理（尤其是私有公共空间）开始引起国内外很多城市政府、开发商、社会和学术界的广泛关注，在重点认识与探讨城市公共空间研究的同时，公共空间建设也成为城市更新实践的重要领域。20 世纪 70 年代以来，公共空间建设在众多城市受到大力推广，大量的公共和私人资金投入广场、公园、商业步行街的兴建中。例如，当欧美等西方经济发达国家或地区进入后工业化发展时代之后，把大量的原工业化时期遗存下来的仓库码头、旧工业厂房、废弃矿场等，经过活化、更新改造、再利用——改建为公园绿地、城市广场、纪念馆、文化场馆等，并免费面向公众开放。自第二次世界大战以来，很多国际化大城市在其城市化及城市更新进程中纷纷推进商业步行街策略，以振兴和复兴中心城区，而在城市边缘地带，则往往通过权力和资本，共同推进大尺度、复合化的商业空间开发建设。

空间生产是指城市的诸多政治、经济等要素合力对城市空间的重塑过程和结果，即空间被社会行为/资本开发、设计、使用和改造的全过程，其本质是一种生产方式。随着当代城市的发展模式由生产驱动向消费驱动转型，城市之间及不同城市群之间的竞争热点，已从满足市场（企业）生产而建设高效率、大规模生产空间，转向创新开发特色消费空间以适应多样化、差异化的消费者个性需求。例如，对于已迈入消费时代的欧美西方发达国家或地区的城市来说，最显著的一个特点就是城市公共空间建设与管理大多被地方政府交由私人资本来运作。城市公共空间"私有化"受到政治经济层面因素与社会文化层面因素的共同影响。经济全球化引起了城市公共空间生产关系的重大转变，从而带动了具有时代烙印的私有公共空间的新发展。

国外公共空间研究起步相对较早。20世纪70年代中期，城市公共空间逐渐成为西方城市形态与城市生活研究的主题。相关研究主要涉及公共空间与公共健康的关系、公共空间的生态效益，以及规划设计等领域。国内学者关于公共空间的研究，主要集中在讨论公共空间的生态价值，以及经济价值评估、空间的可达性评价等。目前，我国很多大城市着力建构公共开放空间，主要源于地方政府推动经济发展和提升城市美学形象的两重诉求，但却往往相对忽视公共空间对公共生活的多样化的促进，以及由此整体推动城市社会和谐、可持续发展。关于公共空间的研究，缺乏深刻理解其宏观的城市发展背景，没有深入探讨公共空间的社会与文化功能。因此，在城市更新背景下，从更加全面、理性的视角，重新审视、评判城市公共空间演进迭代趋势与特点、提供机制与方式，有助于全面认识当代城市公共空间的本质，从而采取更切实有效的策略对公共空间进行规划、开发与管理。

（二）城市游憩公共空间研究

随着世界城市化进程的不断发展，早在19世纪，欧美等西方经济发达国家或地区，如英国、美国很重视城市公园的建设，随着其城市游憩公共空间逐步发展完善，新型游憩空间也不断涌现，城市游憩公共空间的相关问题在国际上引起重视，欧美等西方经济发达国家开始加强研究和探索。虽然相关研究起步时间相对较早，但总体上早期的研究仍然比较零散，国外关于游憩的系统研究始于20世纪30年代初，以麦克默里的《游憩活动与土地利用的关系》一文为代表。20世纪60年代以后，城市游憩空间研究逐步展开，并在城市化加速发展及城市更新进程中得到践行，学界获得了丰富的相关理论知识及实践经验。20世纪80年代以后，有关城市游憩公共空间的多维研究开始兴起，其中1960～1985年英国兴起的游憩中心运动起到重要的推动作用。

当人类社会发展进入后工业时代，旅游休闲在人们生活中占据越来越重要的位置，各类游憩活动需求、休闲消费行为、公共空间的整合利用等，都深刻影响着城市居民的生活品质，与此相适应，城市游憩公共空间的有效提供与更新迭代趋势等的相关研究，受到社会各界的广泛关注。虽然从总体上说社会公众对游憩（休闲）空间需求与其空间生活成本的增加呈正相关；因社会公众的游憩（休闲）需求而引发的游憩（休闲）供给是真正促使产生游憩（休闲）空间提供的动力源；多样化类型的游憩（休闲）公共空间区位选择及其开发设计、建设管理等，与城市深层次的社会风俗习惯、文化认同态度及思想意识形态等有着密切关系；城市商业（购物）中心，往往已发展成为融合多种旅游休闲活动和娱乐活动于一体的新型消费空间/场所；量化评估私人（市场/企业）愿意接受补偿值的范围，以免费为公众提供游憩（休闲）设施开展游憩（休闲）活动。

城市游憩公共空间的规划建设始终伴随着城市的发展，不仅是具备游憩功能的城市空间的重要组成部分，也是市民（游客）身边最重要的游憩空间。在国外相关研究中，包括城市内部空间结构研究，虽然在诸如开放空间、公共空间等方面的研究中，很少有直接表述为游憩公共空间的概念，但大多数或多或少会涉及具体的游憩公共空间内容。很多学者已认识到游憩和娱乐、休闲是城市公共空间最重要的功能之一。例如，威廉姆斯基于游憩的角度开始系统研究城市公共空间类型、层次特征和主要功能。在国内的相关研究中，南京大学地理系在20世纪80年代将城市开放空间概念引入城市规划研究之中，并在相关研究中首先开始游憩与休闲方面的讨论，虽然从理论上说真正意义上的游憩公共空间研究始于20世纪末，研究主要从地理学的视角分析，研究成果主要集中在相关概念诠释、类型划分、空间结构、综合评价、效应和机制分析、演化规律与形成机理、可达性分析，以及特定游憩空间，如城市游憩空间、绿地游憩空间等方面。由于还没有深刻认识到公共空间对市民（游客）日常生活（包括对社会公众健康）的影响，关于城市公共游憩空间布局评价的研究，大多是描述性研究，没有充分考虑到区域人口分布不均衡等问题，且关于游憩公共空间服务能力的定量化研究缺乏，针对满足市民日常游憩需求（基于游憩主观感知）视角分析不足。

（三）当前研究总结及不足

总体来说，国外相关研究的理论成果，力图贴近实践发展现实，其研究往往具有非常强烈的问题导向、政策导向，十分注重对实践现实案例进行深度观察，并通过多种实验来验证，重视设计实践性、可操作性强的各类政策和工具，注重新技术、新方法的应用，一些方法、技术和模式的探索无疑有助于拓宽视野和制度创新。而国内的相关研究，至今仍然处于起步探索发展阶段，由于还没有形成比较系统的理论研究框架，通常是实证案例分析多于理论研究总结，有关城市游憩公共空间演化规律、提供机制、更新模式、优化路径等方面的研究，总体上还缺乏比较翔实的经验总结和理论验证，研究的前瞻性不足，特别是相关理论研究明显滞后于游憩公共空间供给及城市居民游憩需求的增长。因此，借鉴国外城市游憩公共空间建设（新建或改造）成功经验，对我国探索游憩公共空间更新具有十分重要的理论和现实意义。相关研究的不足具体体现在以下几个方面。

从研究角度来看，更多是从规划回顾、美学述评、空间设计等开展游憩公共空间分析研判，相关研究的出发点，以及理论研究的假设前提、论证体系，大多烙有深刻的城市规划学、经济学、地理学、建筑学、风景园林学等学科痕迹，对城市游憩公共空间的社会、经济、文化特性重视不够，基于城市公共（政策）管理、游憩（旅游、休闲）等跨学科、多视角的游憩公共空间理论研究谱系还没有形成，研究的学科壁垒亟须突破，多学科探索值得向深层次拓展。

从研究范围来看，总体上仍然局限于分析城市游憩公共空间的类型划分、空间结构、属性/功能及规划设计、空间布局、消费群体等，侧重于游憩公共空间自身属性（特征、规律）及人群活动，而没有深入分析讨论在不同约束条件下，动态的城市游憩公共空间建设（新建或改造）可抉择机制与不同部门（机构）合作方式等。虽然城市游憩公共空间研究的复杂性受制于其概念本身的不确定性，但面向多元复合的城市游憩公共空间系统，突破既有研究框架，深度挖掘城市游憩公共空间更新迭代现象背后的动力机制等是关键。

从研究方法来看，呈现由"定性"研究转向"定量"研究发展趋势，有数据、调研、实验的研究成果成为学术主流。虽然量化分析、测量结果的有效性受到一些质疑，但在可量化的研究方法框架中，如基于 ArcGIS（由美国环境系统研究所公司出品的一个地理信息系统软件的总称）软件的公园绿地可达性和公平性研究，以具体城市为例探索城市广场、历史街区等不同城市空间形态的测度方法，诸如使用者行为观测法、GPS（global positioning system，全球定位系统）追踪定位法等被广泛应用。总体上数字化技术应用还比较薄弱，侧重大数据的可视化呈现，比较而言对大数据挖掘[包括社交网络数据、手机信令数据、POI（point of interest，信息点或兴趣点）数据等类型]及人工智能算法等关注不足。

从研究结果分析，大多没有重视合理地平衡理论价值、政策、技术之间的关系，对事实经验的观察还不够深入，对城市游憩公共空间演化规律、提供机制、更新模式及政策实施路径等的总结与提炼不足，相关研究往往过于强调理论模拟推演，由于缺乏实践可行性、可操作性方面的考量，因此所获取的理论研究成果，在实践中对制定相关政策、工具的指导意义并不是很强。

综合比较，目前我国城市游憩公共空间建设（新建或改造）在规划决策制定、供给机制设计、更新模式选择及综合协同治理等方面还存在诸多问题，总体上相关研究还不够扎实。在城市更新如火如荼的大背景下，城市游憩公共空间研究面临新机遇与新挑战：城市游憩公共空间资源如何配置以最大化满足社会公众利益诉求？城市公共游憩空间建设（新建或改造）应选择何种价值取向？随着新型城市游憩公共空间不断涌现，亟待完善其分类体系及加强多学科的整合研究，开展包括市民（游客）游憩（消费）行为分析、多元提供主体有效供给机制设计，探索权力与资本合作形成"增长联盟"进行综合管治，以及细化城市游憩"社会—经济—文化—生态"空间研究等，这些都将会进一步促成城市游憩公共空间研究新框架体系的建构与完善。

二、本书研究的逻辑框架

本书将通过比较规范的理论体系研究，诠释（描述）与界定城市游憩公共空间的内涵/外延、特征/属性、基本内容等，重点研究探讨城市游憩公共空间演化（更新迭代）规律、提供机制与方式相关的理论基础，并选择典型的城市游憩公共空间类型，分专题讨论在游憩公共空间更新迭代进程中出现的主要供给机制与方式的适用范围、约束条件、成效及其局限性等，着重供给侧方面，分析在有限资源（政策法规、财政经费等）和制度多重约束条件下，如何选择最有效的提供机制与方式这个核心问题。

本书还将通过多项实证案例研究和相关优化策略分析，总结提炼国内外有关游憩公共空间供给机制、更新模式创新等方面的经验教训，着力探究可供选择的城市游憩公共空间主要提供机制及方式的实践应用，提出城市更新背景下的城市游憩公共空间主要提供机制与方式创新的若干设想，重点探索引入市场竞争后的政府与市场（企业）、社会第三方组织（包括社区、居民）等游憩公共空间提供主体之间的关系，以及在不同类型的城市游憩公共空间供给模式中的具体分工与协作等，即尝试探索提炼出适合我国城市发展现状的城市游憩公共空间（新建或改建）供给模式。本书研究的逻辑框架见图1-7。

（一）城市游憩公共空间提供机制与方式的基础理论研究

着重研究在城市游憩公共空间供给领域中引入市场竞争机制后，开展城市游憩公共空间提供机制与方式创新的重要性和必要性，明确界定城市游憩公共空间概念的内涵/外延、特征/属性、基本内容及构成分类（表1-4）等，厘清城市游憩公共空间的主要提供机制和方式（重点关注其中比较典型的或新的主要提供机制和方式，特别是随着市民游憩消费意愿的变化，游憩公共空间类型发生动态转换的情况），它们的适用范围、应用条件、成效与局限性，重点在于不同城市游憩公

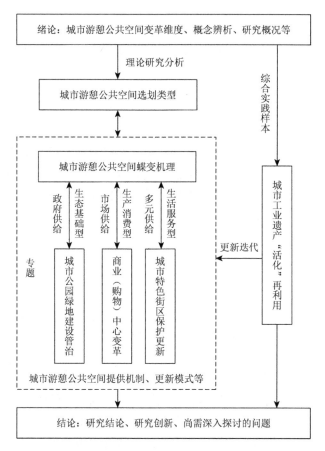

图 1-7 本书研究的逻辑框架

共空间形成的社会-经济空间机制,游憩消费者行为的时空结构及其形成机制,游憩公共空间与城市空间的耦合机制与方法研究等。

表 1-4 城市游憩公共空间分类情况

分类依据	主要类型
主体类型	政府垄断型、市场主导型、社会自主型、公私合作型
交换规则	交易性提供、无偿性提供
市场构成	游客主导型、居民主导型、混合型
空间形态	面状、块状、线状、点状
功能属性	城市广场、公园绿地、特色街区、滨水空间、活动场馆
所有权	完全公有、公私共同所有、完全私有
使用权	完全公共使用、有条件公共使用、供部分公共使用
管理权	完全公共管理、公私合作管理、完全私人管理

（二）开展多重约束条件下城市游憩公共空间提供机制与方式的选择

重点从理论研究视角，探索分析政府（部门）、市场（企业）、社会第三方组织等不同主体提供城市游憩公共空间的动力机制和主要提供模式，以及相关游憩公共空间资源如何配置最有效等问题。尤其是在城市游憩公共空间供给领域引入市场竞争机制后，模拟分析预测在多重约束（经济发展水平、文化变迁、科技应用、制度选择、标准编制和游憩消费需求偏好等）条件下，不同类型城市游憩公共空间需求结构变化、游憩消费需求偏好差异和排序，以及游憩公共空间提供机制与方式的可选择范畴及其局限性和适应性等。

（三）提炼总结国内外城市游憩公共空间提供机制及方式创新的
**　　　经验或教训**

在欧美等西方经济发达国家或地区进入后工业化时代后，特别是在城市游憩公共空间供给领域中，已通过将游憩公共空间的生产与提供、经营/管理有效分离等途径，在政府垄断提供和完全的市场化交易之间，演绎出多种不同的具体的提供机制与方式。例如，特许经营（franchising）、私人合同生产、凭单制（voucher）等，使得城市游憩（公共）空间的有效供给效率得到显著的改善和提升。

目前，我国仍然处于高速城市化及城市更新迭代加速发展进程中，社会公众对游憩公共空间的消费需求激增。在有限的资源约束条件下，很多城市已开始将市场竞争引入游憩公共空间供给领域中，并在商业（购物）中心、公园绿地、特色街区等一些典型的游憩公共空间提供中进行了卓有成效的尝试，但更多的还是依靠市场（企业）、社会第三方组织的内生改革动力及相关机制与方式的创新，如合同承包、竞争招标、租赁经营、监督等也构成了游憩公共空间提供机制的有效经验资源。

本书力争通过比较翔实的样本调查统计和数据分析，对相关提供机制与方式的关键节点、提供过程和约束条件等进行客观梳理与遴选，重点在于探寻国内外城市游憩公共空间供给改革的政策制度创新，以及对其中存在的差异等进行对比研究，尝试提炼总结成功经验并吸取失败教训。

（四）可供选择的城市游憩公共空间提供机制与方式的实证研究

在具体的实践中，城市游憩公共空间建设（新建或改造）受到消费（需求）拉动、资本（市场）撬动、生态（文明）带动、（政府）政策推动、科技（创新）

驱动、文化（变迁）牵动等众多动力因素的制约。而不同类型游憩公共空间提供机制及方式的选择，必须考虑到游憩公共空间自身的属性和特征，应将有限的财政资源在多样化、差异化、个性化游憩消费需求偏好之间进行排序，通过有效的政策制度安排和多样化供给渠道的组合设计等，以确保不同类型游憩公共空间都能够选择到最适合的生产者、提供者。本书拟在城市游憩公共空间相关理论研究和提供机制与方式创新之间建立嵌入式的理性关系，并进行相适应的操作性设计与可行性论证等。

游憩公共空间提供机制及方式的理论创新设计，必须要经得起时间和实践的检验，同时还应根据大量案例的实践效果予以不断修正、矫正和完善。例如，可以选择北京、上海、重庆、杭州、南京、广州、成都、武汉、深圳、苏州等不同城市样本，对城市游憩公共空间供给的典型个案进行比较研究和跟踪考察，重点在于甄别不同游憩公共空间提供机制与方式的创新激励因素、内在约束条件，分析影响城市游憩公共空间更新迭代过程中的各种变量之间的因果关系等，并根据典型案例研究及参与实践观察的结果，对影响游憩公共空间更新演化的相关理论及主要提供机制与方式的创新进行校验。

（五）城市游憩公共空间主要提供机制及方式创新的政策模拟

在影响城市游憩公共空间更新迭代相关理论探索和实证研究基础之上，开展相关政策模拟，提出创新城市游憩公共空间提供机制与方式的设想等。就构建政府（部门）、市场（企业）与社会第三方组织（包括社区、居民）等提供主体之间科学合理的分工与协作关系，建立相对完善的动态的城市游憩公共空间提供机制与方式。总体上基于相关理论分析与实证案例研究，以具有"开放、共享、公益、愉悦"等属性的游憩公共空间建设（新建或改建）为核心，就构建"景区、街区、社区"三区合一，"产业、文化、旅游"三位一体，"生态、生产、生活"三生融合的发展模式，提出具有可操作性的政策建议和践行实施路径等。

三、本书研究的主要方法

城市游憩公共空间已有研究大多采取传统定性描述、统计分析或数理建模及ArGIS空间分析等技术方法，探讨相关游憩公共空间分布格局、演变特征等，以遥感影像解译、城市用地提取、统计调查问卷等为主要数据来源。本书主要采取下列方法：①时间序列分析与截面结构分析：从纵（时间）和横（空间结构）维度对典型类型游憩公共空间案例［公园绿地、商业（购物）中心、特色街区等］状况进行全面把握。②空间序列分析：在城市空间框架下，对游憩公共空间特征及其提供机制、方式进行综合分析，建立游憩公共空间提供图式。③问卷调查与深入访谈，通过预调查的比较分析，选择更为合理的调查方案。④定性与定量分析：运用比较、归纳、描述和历史分析等定性研究方法，同时借助统计软件，如 SPSS、Excel 等和结构模型等定量研究方法进行统计分析（数据经过纠偏—去重—筛选—补充等清洗处理）。⑤比较研究，厘定关键变量→列出假设→理论推导→模型构建→政策模拟→检验预测。

例如，运用扎根理论，对上海中心城区的历史文化风貌区游憩品质测评；利用 CiteSpace 文献分析软件，开展工业遗产活化/再利用研究主题聚类图谱、商业（购物）中心关键词网络分析等。基于不同类型的样本数量，借助 ArGIS 的模式分析（analyzing patterns）、标准差椭圆、核密度分析与缓冲区等工具，测量公园绿地、工业遗产地等相关类型游憩公共空间的分布密度、平均观测距离、最邻近比率、偏转方向等，以获得相关类型游憩公共空间的核密度及缓冲区分布图。运用分形理论（fractal theory），对游憩公共空间的聚集度和关联度进行测算和分析等。

四、本书研究重点与难点

通过时空序列分析、调查比选等研究方法，开展多重约束条件下动态选择城市游憩公共空间提供机制与方式的理论探索与实践验证，尝试开展城市游憩公共空间主要提供机制与方式创新的政策模拟，力争探寻出城市游憩公共空间建设（新建或改造）、演化趋向及主要提供机制与方式的理论框架，并提出相应政策建议和实施路径等。

（一）探索提供机制的动态选择模式

在城市更新过程中，城市游憩公共空间始终处于不断更新、动态发展变化之中。因此，必须突破传统的静态分析研究途径，重点是从供给侧维度及在有限资源条件约束下建构提供机制的动态选择模式，并着力提高研究结果的有效性、可操作性等。①厘清影响不同类型城市游憩公共空间提供机制选择的多重约束变量；②构建城市游憩公共空间供给与游憩消费需求相匹配的假设模型；③明确典型游憩公共空间主要提供机制与方式的适用范围与局限性；④模拟游憩公共空间提供路线图，强化各类生产（消费）要素、制度（政策、法规、标准）等协同创新；⑤提出在城市有限资源条件约束下不同游憩公共空间提供机制的动态选择模式。

（二）明确可行的提供机制与方式

基于典型城市游憩公共空间供给实践案例获取到的相关经验数据，测评分析不同类型的城市游憩公共空间提供机制与方式，即在城市特定的有限资源条件约束下的更新迭代变化趋势背景下，重点开展相关的适应性分析，探索改进优化路径。①总结提炼国内外城市游憩公共空间提供机制与方式的创新经验（特别是在相关领域引入市场化供给）；②选择特定区域对游憩公共空间提供的创新机制进行实验性研究。

（三）提出政策建议/制度安排/优化策略

在城市游憩公共空间演化（更新迭代）相关理论研究和实证分析的基础之上，提出创新城市游憩公共空间提供机制和方式的政策建议、制度安排、优化策略。①探寻城市游憩公共空间供给过程中权力与资本合作"增长联盟"的形成，以及政府（部门）、市场（企业）等不同提供主体与社会公众（游憩者）消费需求之间，即供-需双方的互动关系；②构建城市游憩公共空间供给的社会第三方组织（包括社区、居民）参与提供机制与方式；③探讨不同城市游憩公共空间提供的可引入竞争的范畴与政策选择；④开展城市游憩公共空间提供机制的有效性评估；⑤设计游憩公共空间供给领域引入市场竞争机制的创新发展模式。

本书研究还侧重于测度市民（游客）对城市游憩公共空间的主观感知和评价，寻找、建立、测量其与市民（游客）游憩消费意愿之间的逻辑关系。重点在于应用相关理论，将城市公共游憩空间概念具体化、可操作化，并尝试从多维度展现不同类型城市游憩公共空间特有的魅力，将情感、价值、利益融入各类游憩消费实践活动之中，进而提出相关对策建议。

第二章 城市游憩公共空间选划类型

不同城市游憩公共空间尺度差异悬殊、构成形态类型多样。随着城市社会经济的发展及科学技术的进步，新型的游憩公共空间类型（基本单元）不断涌现，城市广场、公园绿地、商业（购物）中心、滨水（公共）空间、活动场馆（博物馆/纪念馆/展览馆）、旅游景区等不同类型的城市游憩公共空间，承担着满足公众日常生活、公共交往活动等功能，堪称是提升城市活力的关键性因素。在泛旅游时代，当散客化发展已成为旅游市场的常态之时，随着市民（游客）的旅游休闲（游憩）活动泛化，旅游产业更趋向综合化发展，而对游憩者最具吸引力的旅游目的地则由旅游景区转向城市全域范围等，这些都在不断推动着城市游憩公共空间变革。在城市空间有机更新进程中，将全域旅游建设的落脚点聚焦在城市游憩公共空间建构之上，通过对城市游憩公共空间要素整合，持续优化城市游憩公共空间结构，即不断重塑/营造丰富、生动的游憩公共空间已成为城市更新大背景下推进城市全域旅游建设的重要抓手和关键节点。

在诠释城市游憩公共空间基本构成要素及空间形态解析的基础之上，以上海市为案例样本区域，开展城市游憩公共空间选划，采用 GIS 空间分析技术和分形理论对游憩公共空间进行类型划分与特征分析，以探究城市游憩公共空间总体格局、等级序列、类型组合等空间分布状况，即通过有效甄别/辨识不同城市游憩公共空间的基本构成单元，明确城市游憩公共空间构成要素、选划原则、方法和步骤等，对城市游憩公共空间进行解构。为了更精准地推演城市游憩公共空间发展演进路径，运用分形理论进一步对选划出的城市游憩公共空间开展分级、分类研究，并基于供给侧视角，依托提供主体的职能范畴、消费需求层次等维度，划分游憩公共空间供给类型。上述研究为上海游憩公共空间结构优化提供数据支撑，为上海城市游憩公共空间更新决策提供参考，为深度探索我国不同城市游憩公共空间的科学规划开发，高效整合创新城市游憩公共空间提供有益借鉴。

第一节 城市游憩公共空间形态解析

城市游憩公共空间形态是指各要素的空间分布模式、空间结构特征、空间尺度、空间界面特征等，是功能内容的外在表现和空间意象的载体，受到很多因素的共同影响。城市游憩公共空间形式与功能是丰富多彩的，有广场、步行街、公园、绿地、林荫道、特色街巷、博物馆、购物中心、体育场馆、主题公园、娱乐场所、文化设施、滨水游园等，并随着市民游憩消费意愿呈现动态变化。从城市游憩公共空间演化历程及发展脉络来看，无论城市规模大小，它随着城市社会经济发展和居民游憩活动需求的增长，特别是随着城市建成区不断向外拓展呈现"地毯式"蔓延，虽然受到城市空间形态、自然环境、公共交通系统等众多因素影响，城市游憩公共空间发展无论规模、数量，还是类型、质量都会不断提升。在大城市、特大城市、超大城市的城市更新进程中，类型多样（既有空间单体，也产生出新的空间综合体）、功能丰富的游憩公共空间分布呈现多核或组团结构模式，日益趋向均衡化发展。

一、城市游憩公共空间构成要素

城市游憩空间系统总体上是一个复杂性很强的开放系统，其结构具有复杂性、多样性和渗透性等特点，空间要素之间相互联系广泛、作用紧密。关于城市游憩空间构成，学者进行了很多探索。例如，吴志军以南昌市为例，采用空间句法分析了南昌市游憩空间形态的结构特征，解析了整体城市游憩空间形态的智能性水平。基于不同研究视角，关于游憩空间系统构成要素，学者的研究成果丰硕：从供给需求角度，包括游憩供给要素（政府、经济组织）、游憩需求要素（城市游憩者），以及连接供求要素的游憩通道和游憩路线；从空间形态角度，包括点（观光游憩点）、线（游憩廊道）、面（游憩中心地）三个组成单元；等等。

目前，学术界关于城市游憩空间的构成要素尚未达成统一认识，有学者将城市游憩空间的构成要素分成硬件及软件要素、实体要素、意象要素、物质要素及行为要素，或称物质空间与行为空间、环境要素、行为要素、物质要素及非物质要素。总体来说，虽然已有研究表明城市游憩（公共）空间主要由硬件要素、软件要素、流动要素三个要素构成，但是仍未形成一个统一的分类体系。因此，借鉴城市游憩空间构成要素相关研究成果，并基于公共物品的角度，对城市游憩公共空间做如下界定：它是这样一种特殊的公共物品，是由不同作用主体提供，由不同硬件要素、软件要素和流动要素构成（图 2-1），以满足不同游憩消费类型游憩者多样化游憩需求的空间。

（一）硬件要素

硬件要素分为游憩景观、游憩活动、游憩设施，是城市游憩公共空间的核心吸引物。游憩活动主要由游憩产品、游憩线路等构成，以此保证城市游憩公共空

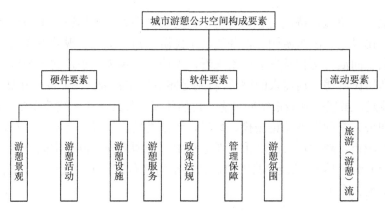

图 2-1　城市游憩公共空间基本构成要素

间活力，有效实现旅游（游憩）流流动的延续性及提供多样化的游憩活动。不同类型的城市游憩公共空间应根据自身特性，提供异质性、不同级别的游憩活动。游憩景观主要分为人文景观、自然景观，而游憩设施则是指游憩活动能够顺利开展的物质设施和设备等。

（二）软件要素

软件要素分为游憩服务、政策法规、管理保障、游憩氛围四个部分。其中游憩服务是游憩活动能够得以开展的媒介，指的是游憩公共空间内部的基本公共服务、旅游公共服务等，能够保障游憩活动顺利开展。由于游憩服务和游憩活动的多样化，作用主体的多元化，旅游（游憩）流流量的复杂性、丰富性等，都需要确保提供具有消费排他性的高品质的旅游公共服务作为配套。政策法规、管理保障等是城市游憩公共空间规划设计、建设与经营、管理的重要保障，而游憩氛围的营造则是不同城市游憩公共空间活动特定主题的重要因素。

硬件要素是构成城市游憩公共空间的基础，软件要素是保障，硬件要素和软件要素有机融合才能确保建构高品质城市游憩公共空间。

（三）流动要素

流动要素主要指的是旅游（游憩）流。城市游憩公共空间的主要服务对象是城市本地居民（也是潜在的本地游客）及外地游客，即由市民和游客共同构成了城市游憩公共空间的客体——旅游（游憩）流，在城市游憩公共空间内部及不同城市游憩公共空间之间有序流动。

二、城市游憩公共空间分类方式

关于城市游憩公共空间类型划分,学者根据各自研究对象及关注层次的不同,或者说是从不同视角,采用的分类标准及划分方法有所差异,目前尚未达成一致看法:按服务范围大小分为地区游憩空间、城市或集镇游憩空间、社区游憩空间、室内游憩空间;城市游憩公共空间分为 2 个服务组、11 个主类、37 个干类和 38 个支类;综合考虑行为、物质和资本与权力空间等多层面的因素,将游憩空间划分为体验型、自然型、文化型、商业服务型 4 个象限类型和 13 个基本空间类型;以城市用地性质、人类游憩活动特征和重要程度,将城市公共游憩空间分为 9 个大类、28 个中类、50 个小类;在近现代游憩空间的发展演变过程中不断出现游憩墓地、公园体系、公共开放空间、城市周边游憩中心、附属于建筑的游憩空间、绿道等游憩空间类型;根据游客动机,分为主动性游憩空间、伴随性游憩空间、模糊性游憩空间;按游憩功能,分为商业性游憩空间、自给性游憩空间、公共供给性游憩空间等;按活动性质,分为公园类型、健身道类型、体育活动场类型和其他类型;结合游憩空间的公共性及凸显观光、休闲、健身等功能价值,构建自然生态类、体育健身类、文化休闲类、商业娱乐类 4 大空间主类、16 个子类型的公共游憩空间分类体系等。

本节主要探讨城市游憩公共空间演化(更新迭代)规律,其重点又在于探索城市游憩公共空间主要提供机制与方式等问题,因此,应主要从城市游憩公共空间的供给侧视角,即基于不同提供主体来讨论分类,同时由于游憩公共空间有效供给是基于满足市民(游客)游憩消费需求及空间本身公共物品属性而言,本节尝试依据空间需求层次及政府提供最小范围(空间提供主体的职能范畴)、空间的排他性和共用性属性等,重新对城市游憩公共空间类型进行划分(图 2-2)。

(一)以空间需求层次及政府提供最小范围为依据划分

从空间需求层次及政府服务职能而言,根据公众(市民、游客)的需求来提供公共服务是新公共管理的核心理念。同样,城市游憩公共空间供给既要考虑到市民(游客)的需求层次,也要考虑到政府自身实际能力的限制,只有将两者有机地结合起来,才能研判各主体提供城市游憩公共空间的基本内容和作用边界,尽力实现城市游憩公共空间资源的合理配置,以确保城市游憩公共空间供给与需求的平衡。政府在推进城市游憩公共空间规划建设时应注意到每个区域不同类型游憩空间发展数量的问题,统筹兼顾并确保不同区域未来发展所需的类型及数量。参考已有的相关研究成果,在空间需求层次及空间提供主体的职能范畴(政府提

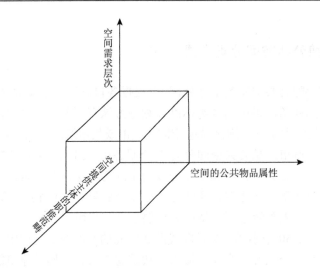

空间需求层次

空间的公共物品属性

发展型游憩公共空间范围

图 2-2　本节选择的游憩公共空间分类方式

供最小范围）横向维度上，可以将城市游憩公共空间划分为两个类型，即保障型游憩公共空间和发展型游憩公共空间。

1. 保障型

保障型（basic，B）游憩公共空间指在一定的时空条件和城市社会经济发展阶段下，以一定的社会共识为基础，提供主体（主要为政府）满足市民（游客）或某一类群体共同的、直接的、基本的，涉及其基本需求的游憩公共空间。保障型游憩公共空间在于保证不同需求群体的基本权利，是一定社会经济发展条件下城市居民应当享有最小范围的城市游憩公共空间边界。保障型游憩公共空间的范围大小，总体上取决于城市居民空间需求层次、社会经济发展所处阶段和政府（机构）生产与提供能力的大小。因此，保障型游憩公共空间更强调均等化，主要是指它的公共性、公平性。

2. 发展型

发展型（developmental，D）游憩公共空间是指在特定的时空条件和城市社会经济发展阶段下，以一定程度的社会共识为基础，提供主体用以满足整个社会成员或某一群体共同的、直接的、更高层次和更高质量需求的城市游憩公共空间。相对于保障型游憩公共空间，发展型游憩公共空间是在一定社会经济发展阶段下，公众应该享有的城市游憩公共空间最小范围以外的所有其他空间。

（二）以空间排他性、共用性属性为依据划分

从公共性上来看，城市游憩公共空间至少具有非排他性、非竞争性其中之一的特性，基本属于公共物品范畴。对于公共物品的分类（表2-1），西方学者早已经提出多种不同的分类方法。本节根据需要，选择四分法作为城市游憩公共空间的分类依据之一，即将公共物品分为私人物品、俱乐部物品（收费物品）、公共池塘类物品、纯公共物品（公益物品）（其中俱乐部物品、公共池塘类物品统称为准公共物品）。

表 2-1　依托排他性、共用性的公共物品类型划分

排他性	共用性	
	分别使用（竞争性）	共同使用（非竞争性）
可排他性	私人物品	俱乐部物品（收费物品）
不可排他性	公共池塘类物品	纯公共物品（公益物品）

由于城市游憩公共空间具有现实意义上的拥挤点，显然并不完全属于纯公共物品的范畴，大致可以将其归为准公共物品（公共池塘类物品、俱乐部物品）。此外，由于城市游憩公共空间构成要素复杂性，而不同的构成要素往往具有不同的公共物品属性，部分城市游憩公共空间在具有公共池塘类物品特征的同时，也具有俱乐部物品的特征，如商业（购物）中心、城市广场、旅游综合体等。因此，根据公共物品的属性并结合城市游憩公共空间自身特征，从纵向维度上可以将其划分为三种类型，分别为公共池塘类（public pond-class，P）游憩公共空间、俱乐部类（club-class，C）游憩公共空间、公共池塘-俱乐部类（public pond and club-class，P-C）游憩公共空间。

本节从空间需求层次、空间提供主体的职能范畴及空间自身的公共物品属性等出发，构建城市游憩公共空间二维分类框架如下：在横向维度上，依据城市游憩公共空间需求层次、空间提供主体的职能范畴（政府提供最小范围），分为保障型（B）、发展型（D）；在纵向维度上，依据城市游憩公共空间自身公共物品属性，分为公共池塘类（P）、俱乐部类（C）、公共池塘-俱乐部类（P-C），具体见表2-2。因此，城市游憩公共空间类型总体上可划分为公共池塘类-保障型（P-B）、俱乐部类-保障型（C-B）、俱乐部类-发展型（C-D）、公共池塘-俱乐部类-保障型（P-C-B）、公共池塘-俱乐部类-发展型（P-C-D）五种类型。

表 2-2　城市游憩公共空间二维分类框架

分类维度	保障型（B）	发展型（D）
公共池塘类（P）	公共池塘类-保障型（P-B） （如公园绿地、城市广场）	
俱乐部类（C）	俱乐部类-保障型（C-B） （如活动场馆）	俱乐部类-发展型（C-D） （如主题公园）
公共池塘-俱乐部类 （P-C）	公共池塘-俱乐部类-保障型（P-C-B）（如商业综合体、购物中心）	公共池塘-俱乐部类-发展型（P-C-D）（如旅游综合体、旅游景区）

1. 公共池塘类-保障型

从纵向维度上来看，公共池塘类-保障型（P-B）游憩公共空间在进入上具有完全的非他性特征，消费上具有竞争性。从横向维度上来看，满足公众的一般性（基础）游憩消费需求，如公园绿地、城市广场等，基本上应是由政府垄断性提供。

2. 俱乐部类-保障型

从纵向维度上看，俱乐部类-保障型（C-B）游憩公共空间具有进入的排他性，并且具有使用上的非竞争性。通常实现排他性的手段是付费机制，因此属于俱乐部类准公共物品。从横向维度上来看，此类型游憩公共空间应属于政府服务职能范畴之内，一般多由政府主导提供。

3. 俱乐部类-发展型

俱乐部类-发展型（C-D）游憩公共空间与俱乐部类-保障型（C-B）游憩公共空间在纵向属性上具有一致性，同时具有进入排他性（付费排他），使用上的非竞争性。但是从横向维度上来看，俱乐部类-发展型（C-D）游憩公共空间可以在政府职能范畴以外，由市场来主导提供，其本质上是由部分游憩群体的超额游憩消费需求引导产生的发展型（D）游憩公共空间。

4. 公共池塘-俱乐部类-保障型

公共池塘-俱乐部类-保障型（P-C-B）游憩公共空间具有内在的特殊性，即外部空间进入的非排他性和内部空间的排他性交叉混合的特征。在外部空间中存在着公共设施等公共池塘类物品，提供最基本的游憩保障功能，内部空间是具排他性非竞争性特征的俱乐部类空间，如商业综合体、购物中心，在外部公共区域是具有非排他属性的，公共区域内的一些保障型游憩活动设施属于公共池塘类物品，但在其内部空间中因不同消费空间又具有使用的排他性（通过付费使用机制可以实现空间的排他性），因此从纵向维度上将此类空间划分为公共池塘-俱乐部类，可以由市场化提供。但从横向维度上来说，此类空间又属于保障性需求范畴，因此政府职能需要发挥一定的作用，即为保证公共池塘类的公共设施有效提供，必须对市场主体行为进行监督。

5. 公共池塘-俱乐部类-发展型

公共池塘-俱乐部类-发展型（P-C-D）游憩公共空间和公共池塘-俱乐部类-保障型（P-C-B）游憩公共空间有相似之处，同时具有排他性和非排他性的特征，区别在于此类空间在外部空间进入上具有排他性（收费进入），但是在内部公共设施的使用上又具有非排他性。例如，旅游综合体、旅游景区通过收费机制实现空间进入的排他属性，但在内部的一些具有公共池塘类空间及设施的使用上又具有典型的非排他性，由于总体上首先是通过付费达到排他，并且是一种超额游憩消费需求下产生的，因此可将其划分为公共池塘-俱乐部类-发展型（P-C-D）游憩公共空间。

三、城市游憩公共空间基本单元

城市游憩公共空间是城市游憩资源配置和城市游憩活动分布在空间上的组织形式，集中体现在具体的城市广场、公园绿地、特色街区、滨水空间、商业中心、活动场馆、旅游景区等基本单元中（图 2-3）。游憩公共空间建设（新建或改造）

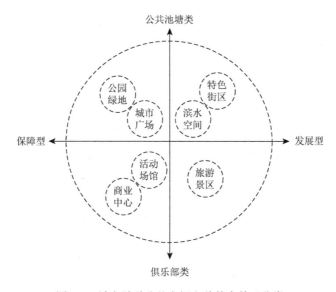

图 2-3　城市游憩公共空间七种基本单元分类

不仅是各大城市创建全域旅游的重要抓手，商业中心、特色街区、活动场馆、滨水空间等也是城市公共空间游憩化发展的基本承载单元。根据城市空间规划、游憩资源禀赋等条件，因地制宜打造出更多类型丰富、彰显活力和更具城市烟火气（承载城市集体记忆）、地标性的城市游憩公共空间，并从连"点"成"线、带"/"串珠成链"拓展到"面/块/网"，形成游憩公共空间集聚分布格局，即通过推动局部市域范围内城市公共空间的游憩化进程，从而促进全域范围内城市整体空间功能复合叠加游憩化发展，以充分满足市民（游客）常态化的游憩消费需求。

（一）公园绿地

公园绿地指向公众开放，以游憩为主要功能，兼具生态、景观、文教和应急避险等功能，有一定游憩和服务设施的绿地[①]。它是城市游憩公共空间最重要的基本单元。作为具有多功能属性的城市绿化用地，能够为市民（游客）提供良好的生活、生产、工作和学习、游憩场所，给城市带来直接或者间接的经济效益（有研究认为，作为重要的公共物品，公园绿地构成了房地产开发的特色区位优势，能够刺激并提高消费者的购房支付意愿）；有利于促进城市生态系统的调控与平衡，改善城市生态环境质量；能够缓解人们的精神紧张与工作压力，为日常人际交流提供场所。随着公园绿地的社会服务功能不断增强和显现，其在城市生活中的作用与日俱增。公园绿地不仅是市民接触最多、最愿意进行户外活动的城市空间，也是市民闲暇放松、恢复体力和进行日常游憩活动的首选场所，堪称社区居民的"绿色会客厅"。

（二）商业中心

重视游憩体验的商业中心（商业综合体、购物中心），不仅能够为消费者提供购物空间，还能够为社会公众的休闲娱乐交往等活动提供场所。作为由商业企业经营，通过满足市民（游客）消费需求而获得利润的城市空间，商业中心不仅是城市最活跃的商业形态，也是各类活动最频繁的城市空间，其商业、居住、游憩、办公等多功能有机交织叠加。随着市民生活水平提升及生活方式的转变，传统的购物消费行为已经演变成为一种游憩活动方式，游憩功能逐步渗透进城市商业中心（商业综合体、购物中心）建设（新建或改造），越来越多的商业中心内购物观光康体娱乐餐饮等一应俱全，功能多元化成为商业中心显著特征，即同时满足消

---

① 《城市绿地分类标准》（CJJ/T85—2017），住房和城乡建设部 2017 年 11 月 28 日发布，自 2018 年 6 月 1 日起实施。

费者购物、文化、康体、娱乐、交往等多种需求。商业游憩空间发展趋向人性化、主题化、体验化、科技化。

（三）城市广场

作为城市公共空间的重要组成部分，城市广场由围绕一定主题配置的建筑物、道路、景观等要素组成，通常具有一定的尺度规模和绿化指数，能够满足文化、商业、休闲、交通集散、市政、居民户外活动与交往等多种城市功能需求，是市民开展公共活动的重要场所。随着社会进步及城市更新，城市广场不断被赋予新功能及多种象征意义，广场建设（更新改造）普遍强调"公园化"，注重对广场文化游憩体验功能的设计开发，催生出更为丰富的城市公共生活，已成为市民（游客）日常休闲活动空间和感知体验不同地域文化的重要场所。但有两种情况，一是只具备特征但是不具备要素的，如单纯的绿地或者是空地；二是只具备要素但是不具备特征的，如仅供某一商住区或建筑物使用，出于商业目的而冠名的广场，都不应被纳入城市广场范畴。

（四）特色街区

特色街区包括知名度较高的特色商业街、餐饮美食街、娱乐休闲街、历史街区（历史文化风貌区）等开放式街区，有明确的地域范围，具有游览、观光、购物、餐饮、休闲、娱乐、住宿、会议、文化体验等多种功能，即街区是其空间存在的形式，特色是其主题。城市空间转型正面临着建设用地的"紧约束"，岁月更迭，从封闭到开放，从单一功能到多功能复合，随着城市产业转型升级发展及业态调整，在城市更新及街区空间重塑进程中，各类特色街区的细化种类增多，街区景观和空间品质得到持续不断的提升，街区功能也随之日益丰富起来，特色街区正被注入新的生机、植入新的功能。焕发出新活力的特色街区，不仅为街区及周边居民提供了更多游憩活动场所，也成为特色街区可持续发展和繁荣复兴的关键。

（五）滨水空间

水是城市的生命线。滨水空间则是指城市中由一定的水域空间和与水体相邻近的城市陆地空间形成的场所，是自然生态系统和人工建设系统相互交融的开敞区域。开放的城市滨水区通常是城市中风光最好，也是自然、人文最和谐的区域。高品质的城市滨水岸线地区，不仅是"城市会客厅"（最典型的城市公共空间），其所拥有及蕴含的丰富的自然山水景观和历史文化内涵，往往还能够带动城市特色景观打造，即拥有发展游憩产业的独特的天然优势。面向消费和体验的滨水空间，如伦敦金丝雀码头、纽约哈德逊河岸、首尔清溪川等，均以滨水空间的更新（升级改造）激发城市活力。随着社会进步及城市发展，城市滨水空间的公共属性成为社会共识，我国很多城市滨水区原以商业功能为主，如今纷纷向社会功能转变，并伴随城市更新的步伐，逐步完成由生产功能向消费功能的转变，滨水空间演化发展总体趋向公共化、开放化、游憩化。

（六）活动场馆

活动场馆包括各类纪念馆、陈列馆、博物馆、展览馆、美术馆、公共图书馆、体育馆及文化场馆等。由于以往需要较为高昂的门票费，往往限制了普通百姓的进入门槛，令大众望而生畏。随着市民生活水平的提升和多样化休闲游憩需求的增长，现如今人们更愿意支付一定的费用去欣赏各种各样的表演来丰富生活及陶冶情操。在政府（部门）的大力支持下，大多数博物馆都减免了门票费用（或实施免费开放），一些文化演艺场馆也会不时放出价格优惠的市民票（公益票、政府补贴票）或开展免费开放日等来回馈市民。与此同时，原先的很多活动场馆也被赋予了新的内涵（功能叠加），如体育馆原先只用于承办各类体育赛事活动，现在很多都已经成为各类演唱会、音乐节的表演场地等。被注入新的时代时尚元素的各类活动场馆，更加趋向游憩化发展。

（七）旅游景区

旅游景区是以旅游及其相关活动为主要功能或主要功能之一的空间或地域，包括风景名胜区、宗教寺庙观堂、旅游度假区、自然保护区及工业、农业、科教、军事、文化艺术等各类旅游区（点）。近年来，随着各大城市推进全域旅游，开放式景区建设受到广泛关注。旅游景区之所以被建立，是为了能够更好地满足市民（游客）不断增长的游憩（包括设施、场所及服务等）消费需求，特别是大型旅游景区，其内部大多具有一致性、关联性和整体性等特征，周边往往还会形成旅游产业集群。由于拥有良好的自然、人文环境和比较完备的旅游服务及公共服务基础设施，旅游景区往往也会成为举办多类主题活动（包括社区活动）及节日庆典等活动的重要空间场所及人文交流的空间载体或平台。

不同类型的城市游憩公共空间基本单元，如商业中心（商业综合体/购物中心）、公园绿地、特色街区（历史街区/历史文化风貌保护区），以及各类活动场馆（展览馆、博物馆、体育馆等）、文化创意园区、旅游景区等分属不同的行政管理主体。由于对不同城市游憩公共空间单元的开放化要求存在差异，如中心城区内的一些公园绿地、旅游景区等在由封闭管理转向推进延时免费开放的过程中，必然会对相应的建设与管理提出新的更高要求、标准。此外，高品质城市游憩公共空间建设（包括管理）对游憩主体即市民（游客）也提出更高要求，市民（游客）应有公共意识及社会责任意识，不仅要自觉维护游憩公共场所空间（设施），也要在市民（游客）中组织培养志愿者，采取多种措施鼓励/激发大家参与社会公益活动，即要求市民（游客）做好自助式服务的同时，还能自觉维护/管理好游憩公共空间环境。

第二节　城市游憩公共空间选划实践

在后工业消费型社会中，全域旅游建设大背景下，城市游憩公共空间建设已经成为城市更新进程中最活跃的空间单元，也是考量市民生活品质的重要表征。城市游憩公共空间的有效供给及更新迭代成为社会各界广泛关注的热点。为了更准确地把握城市游憩公共空间分布特征（包括总体格局、等级序列、类型组合等），在诠释城市游憩公共空间基本构成的基础上，借助 ArcGIS 软件、地图区划（将一系列显示地区重要特征空间分布的地图叠加起来得出区划图）等方法，开展城市游憩公共空间选划研究。

一、城市游憩公共空间选划方法

城市游憩公共空间选划遵循综合考虑协调管理因素（尽量不打破行政区范围）、实用性（易于辨识和可操作等）、稳定性（新涌现出来的游憩公共资源应逐步纳入城市游憩公共空间选划范围）等原则，采取地图区划结合资源评分（将游憩空间资源单体按照不同等级进行量化赋值）等方法，既要从现状出发，也应兼顾远景发展需要，开展城市游憩公共空间选划，并将城市游憩公共空间构成基本单元（参考相关文献研究成果，选取 7 种类型基本单元，见表 2-3）在地图空间上进行叠加，同时依据各基本单元的等级划分标准及量化赋值进行测算，城市游憩公共空间所得分值越高则等级越高，表明其游憩资源越富集，依次类推。

表 2-3　城市游憩公共空间基本单元、依据及赋分

基本单元	划分依据	等级	分值
公园绿地	参照《上海市城市公园实施分类分级管理指导意见》（沪绿容〔2019〕156 号）、《上海市绿化和市容管理局关于印发〈2020 年公园管理考核细则〉的通知》（沪绿容〔2020〕125 号）	五星级	5
		四星级	4
		三星级	3
		二星级	2
		基本级	1

续表

基本单元		划分依据		等级	分值
商业中心		参照《城市商业中心等级划分》《上海市商业网点布局规划（2014—2020 年）》《上海市产业地图（2022）》等		国际商业中心	5
				都市商业中心	4
				市级商业中心	3
				区级商业中心	2
				社区商业中心	1
城市广场		参照空间规模、承载量、公共服务设施及指标的实际情况		市级	5
				区级	3
特色街区	特色商业街区	参照《旅游特色街区服务质量要求》（LB/T 024—2013）		市级	5
				区级	3
	历史文化风貌区			市级	5
				区级	3
滨水空间		参照英国伦敦公共空间分级，以占地规模和辐射范围划分	占地规模≥8.0 公顷，服务范围≥3.2 千米	市级	5
			占地规模≥3.2 公顷，辐射范围≥400 米	区级	3
活动场馆		参照举办活动赛事及级别		国家级	5
				市级	4
				区级	3
旅游景区		参照《旅游景区质量等级的划分与评定》（GB/T 17775—2003）		5A	5
				4A	4
				3A	3
				2A	2
				1A	1

　　城市游憩公共空间选划具体步骤如下：第一步，确定城市游憩公共空间构成基本单元的类型及各基本单元的等级划分，并对城市游憩公共空间的各基本单元进行资源普查。第二步，通过高德地图拾取坐标器，确定各基本单元的具体坐标，通过 ArcGIS 软件做出城市游憩空间各基本单元游憩资源分布图及核密度分布图。第三步，对所作图上的城市游憩空间的基本单元进行空间叠加，根据离散聚合情况开展初步选划。第四步，在确定初步选划结果的基础上，对所选取的城市游憩空间基本单元进行量化赋值打分。第五步，对城市游憩空间基本单元开展排查，依据其实际功能定位及初步选划情况，进一步细化并确定城市游憩公共空间数量、等级及功能，并参照城市发展规划和旅游发展专项规划等完成最终遴选。

二、城市游憩公共空间分布规律

　　贺海娇（2018）以上海市为案例样本区，即在城市游憩公共空间选划的原则、依据和步骤分析的基础上，借助 GIS 空间分析技术，并依托数理统计及层次分析法等，开展城市游憩公共空间选划：首先，根据获取到的上海城市相关基础数据，尝试对选定的城市游憩公共空间 7 种基本单元①的等级分布图和密度图进行空间叠加，根据离散聚合情况对上海城市游憩公共空间进行初步选划。其次，根据选划出的城市游憩公共空间基本单元的等级和赋分值情况，对选划出的城市游憩公共空间进行分级研究。最后，根据城市游憩公共空间自身的定位，参照旅游目的地划分方法等，对选划出的城市游憩公共空间进行分类研究。

（一）总体格局

　　相关研究结果显示，上海城市游憩公共空间区际差异显著，主要集中分布在中心城区。以游憩公共空间在各行政区的分布密度而言，黄浦、虹口、静安、徐汇、长宁、杨浦、普陀等中心城区是上海城市游憩公共空间分布最密集的区域。考虑到各基本单元集聚与基本单元类型的组合情况，选取核密度指数达到 271 以上的区域划分为上海城市游憩公共空间，参考《上海市旅游业改革发展"十三五"规划》中旅游功能区规划，以及上海各区"十三五"规划和旅游业发展相关专项规划等，确定上海城市游憩公共空间最终遴选结果，共选划出 47 个游憩公共空间（表 2-4）。

表 2-4　上海城市游憩公共空间选划情况

行政区	游憩公共空间名称	数量/个
浦东	陆家嘴、滨海-临港、浦东世博、迪士尼、上海野生动物园、浦东前滩	6
黄浦	外滩-南京东路、人民广场、淮海路、城隍庙、田子坊、黄浦世博	6
徐汇	徐家汇源、衡复风貌区、徐汇滨江、漕河泾	4
长宁	中山公园、新虹桥	2
静安	南京西路、大宁、苏河湾	3

---

　　① 资料主要来源为相关年度的《上海统计年鉴》《上海市国民经济和社会发展统计公报》《上海市国民经济和社会发展第十二个五年规划纲要》《上海市国民经济和社会发展第十三个五年规划纲要》《上海市旅游业改革发展"十三五"规划》及上海市政府相关部门网站等。另外，商业中心的选择主要参考《上海市商业网点布局规划（2014—2020 年）》；特色街区的选择主要参考上海已划定的 44 片历史文化风貌区和上海市商务委推选 67 个特色商业街；滨水空间的选择主要是以上海滨水空间资源普查为基础；活动场馆主要选择体育馆、文化场馆等。

续表

行政区	游憩公共空间名称	数量/个
普陀	苏州河生态文化、长风公园	2
虹口	北外滩、四川北路、提篮桥	3
杨浦	五角场、杨浦国际时尚中心、新江湾城	3
闵行	七宝老街、莘庄	2
宝山	吴淞口、顾村公园、美兰湖	3
嘉定	南翔古镇、嘉定汽车城、嘉定新城	3
金山	金山杭州湾、枫泾古镇	2
松江	佘山、松江老城	2
青浦	朱家角、淀山湖	2
奉贤	南桥庄行、奉贤碧海金沙	2
崇明	崇明东滩、崇明东平	2

(二) 等级序列

依据上海城市游憩公共空间构成的基本单元等级和赋分值情况，计算出每个城市游憩公共空间内各基本单元的累积分值。由于不同的基本单元对城市游憩公共空间吸引力影响程度是有差异的，采用专家打分方法来确定上海城市游憩公共空间不同基本单元吸引力的影响权重，先后邀请 15 位相关专家，围绕城市游憩公共空间构成基本单元的发展水平，在对城市游憩公共空间吸引力的影响程度进行充分的交流与讨论后进行打分，再测算得出上海城市游憩公共空间构成基本单元权重判断矩阵（表 2-5）。

表 2-5　上海城市游憩公共空间构成基本单元权重判断矩阵

基本单元	公园绿地	商业中心	城市广场	特色街区	滨水空间	活动场馆	旅游景区	权重值
公园绿地	1.0000	0.1429	2.0000	1.0000	1.0000	5.0000	0.3333	0.0966
商业中心	7.0000	1.0000	5.0000	3.0000	5.0000	7.0000	5.0000	0.4082
城市广场	0.5000	0.2000	1.0000	0.2000	3.0000	5.0000	1.0000	0.0845
特色街区	1.0000	0.3333	5.0000	1.0000	5.0000	7.0000	3.0000	0.2136
滨水空间	1.0000	0.2000	0.3333	0.2000	1.0000	3.0000	0.3333	0.0533
活动场馆	0.2000	0.1429	0.2000	0.1429	0.3333	1.0000	0.2000	0.0245
旅游景区	3.0000	0.2000	1.0000	0.3333	3.0000	5.0000	1.0000	0.1192

城市游憩公共空间基本单元的权重值从大到小分别为商业中心（0.4082）、特色街区（0.2136）、旅游景区（0.1192）、公园绿地（0.0966）、城市广场（0.0845）、滨水空间（0.0533）、活动场馆（0.0245），反映出对上海城市游憩公共空间功能影响最大的是商业中心，影响最小的是活动场馆。再将每一个城市游憩公共空间内各基本单元的累积分值与各自相对应的权重分值相乘，如公园绿地分值=(5 星级公园绿地数量×5 分+4 星级公园绿地数量×4 分+3 星级公园绿地数量×3 分+2 星级公园绿地数量×2 分+基本级公园绿地数量×1 分)×公园绿地权重，所得值就是公园绿地基本单元的分值。每一个城市游憩公共空间的最终分值是其内部各个基本单元的分值相加总和，即城市游憩公共空间分值=公园绿地分值+商业中心分值+城市广场分值+特色街区分值+滨水空间分值+活动场馆分值+旅游景区分值。

根据各游憩公共空间测算出的最终分值大小，将上海城市游憩公共空间划分为三个等级（图 2-4），其中一级城市游憩公共空间 12 个，包括"陆家嘴""外滩-南京东路""徐家汇源"等，占总量比例为 25.53%，总分值 4.1975～8.9901；二级城市游憩公共空间 24 个，包括"城隍庙""五角场""徐汇滨江"等，占总数比例最多，超过半数高达 51.06%，总分值 2.0253～3.9722；三级城市游憩公共空间共有 11 个，在三个等级中其数量最少（总体数量略少于一级城市游憩公共空间数量），占总量比例为 23.40%[①]，总分值 1.0192～1.9858，其中总分值最低的三个城市游憩公共空间为"漕河泾""提篮桥""浦东前滩"。

（三）类型组合

参照旅游目的地划分方法，依据游客和城市居民游憩需求差异，以及考虑到城市游憩公共空间中单体类型所占权重大小、城市游憩公共空间自身的功能定位等，综合将上海城市游憩公共空间划分为四种类型（图 2-5），即观光型、休闲度假型、商务型、购物型。其中，观光型所占比例最大有 18 个（约占总比例 38%），其次为购物型 15 个（占总比例 42%）、休闲度假型 12 个（占总比例 26%），商务型的数量相对最少为 7 个，所占总比例为 15%。就某一个具体的城市游憩公共空间而言，如"外滩-南京东路""北外滩"既是观光型又是购物型，"滨海-临港"既是观光型又是休闲度假型，"陆家嘴"既是商务型也是购物型。另外，就空间分布而言，购物型、商务型多分布在交通网络发达的上海中心城区（外环线以内），休闲度假型主要分布在上海郊区（由于一般单体空间面积相对较大，多聚集于外环线以外），观光型分布于中心城区数量所占比例比较大，但郊区（如嘉定、松江、奉贤等区）也有分布。

---

① 数据进行过修约，可能存在合计数不等于100%的情况。

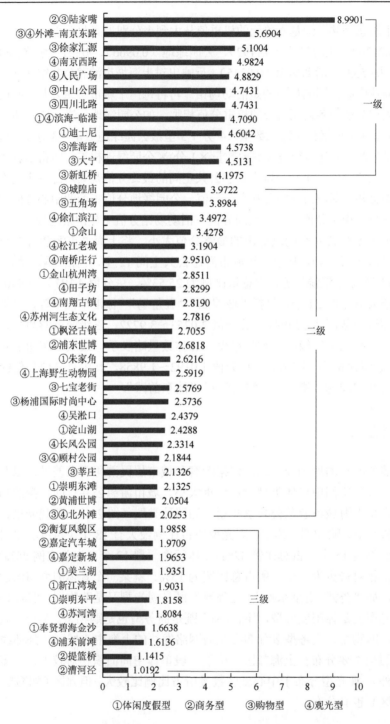

②③陆家嘴　　　　　　　　　　　　　　　　8.9901
③④外滩-南京东路　　　　　　　5.6904
③徐家汇源　　　　　　　　5.1004
④南京西路　　　　　　　4.9824
④人民广场　　　　　　　4.8829
③中山公园　　　　　　4.7431
③四川北路　　　　　　4.7431
①④滨海-临港　　　　　4.7090
①迪士尼　　　　　　4.6042
③淮海路　　　　　4.5738
③大宁　　　　　4.5131
③新虹桥　　　　4.1975
③城隍庙　　　3.9722
③五角场　　　3.8984
④徐汇滨江　　3.4972
①佘山　　　3.4278
④松江老城　3.1904
④南桥庄行　2.9510
①金山杭州湾　2.8511
④田子坊　2.8299
④南翔古镇　2.8190
④苏州河生态文化　2.7816
①枫泾古镇　2.7055
②浦东世博　2.6818
①朱家角　2.6216
④上海野生动物园　2.5919
③七宝老街　2.5769
③杨浦国际时尚中心　2.5736
④吴淞口　2.4379
①淀山湖　2.4288
④长风公园　2.3314
③④顾村公园　2.1844
③莘庄　2.1326
①崇明东滩　2.1325
②黄浦世博　2.0504
③④北外滩　2.0253
②衡复风貌区　1.9858
②嘉定汽车城　1.9709
④嘉定新城　1.9653
①美兰湖　1.9351
①新江湾城　1.9031
①崇明东平　1.8158
④苏河湾　1.8084
①奉贤碧海金沙　1.6638
④浦东前滩　1.6136
②提篮桥　1.1415
②漕河泾　1.0192

一级　　二级　　三级

0　1　2　3　4　5　6　7　8　9　10

①休闲度假型　　②商务型　　③购物型　　④观光型

图2-4　上海城市游憩公共空间分（等）级分类（型）情况

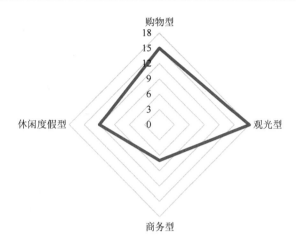

图 2-5　上海城市游憩公共空间类型示意

无论是从等级还是类型上来看，上海 47 个游憩公共空间之间的差距都十分显著。例如，从等级上来看，依据分值大小，得分值最高的游憩公共空间（"陆家嘴"）和得分值最低的游憩公共空间（"漕河泾"）两处分值之比为 8.8∶1。而就游憩公共空间在不同行政区的分布密度来说（图 2-6），上海各行政区之间的差异则更加明显（如黄浦区游憩公共空间的密度是崇明区的 174 倍）。与中心城区相比，郊区游憩公共空间数量少，等级相对较低，且类型单一，也是比较突出的问题。

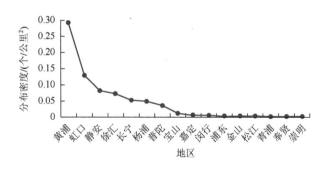

图 2-6　上海各行政区游憩公共空间分布密度情况

三、城市游憩公共空间分形特征

鉴于城市游憩公共空间是一个开放且复杂性很强的系统，为了进一步有效整合游憩资源，促进城市游憩公共空间科学合理开发，更精准地推进实施游憩公共空间结构优化的策略及路径，应考虑深化城市游憩公共空间分形维数研究，

即通过运用分形理论（fractal theory）[①]，并借助 GIS 空间分析技术及 SPSS、Excel
等统计分析软件方法，对上海城市游憩公共空间结构进行分形测评，即从总体、
等级、类型三个维度分别对上海城市游憩公共空间的聚集度和关联度进行测算
和分析研究，通过定量测算与描述空间分布状况，更有针对性地探讨辨析其分
形结构特征。

（一）聚集维度分形测评

聚集维数是反映城市游憩公共空间结构的紧密性和聚集性特征的指标，即反
映研究区域内各城市公共空间分布是从中心点向周围地区递减还是递增的特征。
在城市游憩公共空间结构演化进程中，中心城市游憩公共空间在其他城市游憩公
共空间随机聚集过程中发挥的吸附作用会产生两种结果：一种是吸引力足够强大，
中心城市游憩公共空间在整个城市游憩公共空间中处于相对核心的地位，形成集
聚发展模式；另一种是吸引辐射范围不足，难以让所有城市游憩公共空间涵盖进
来，会产生游离的城市游憩公共空间，将呈现多中心发展模式。

按照分形规律，首先给定一个假设，即上海城市游憩公共空间是按照某种自
组织的规律围绕中心呈现聚集分布格局，城市游憩公共空间系统内部的分形体是
均匀变化的，那么就可以应用几何测度的关系来描述半径为 r 的范围内的城市游
憩公共空间的数量 $N_{(r)}$ 与该半径之间的函数关系为

$$N_{(r)} \propto r^{D_f}$$

其中，D_f 为分维。表明如果假设成立，便可以运用回转半径的方法来计算城市游
憩公共空间上聚集的分维值，半径 r 的取值会影响分维值的大小，因此可将其转
化为平均半径，平均半径可以定义为

$$R_s = \left(\frac{1}{S} \sum_{i=1}^{S} r_i^2 \right)^{\frac{1}{2}}$$

其中，R_s 为城市游憩公共空间的平均半径；r_i 为 i 城市游憩公共空间到中心城市
游憩公共空间的距离，即重心距；S 为上海城市游憩公共空间的个数，由此可得
一般的分维关系为

---

① 分形理论由美国科学家曼德尔布罗特（Mandelbrot）于 20 世纪 70 年代中期创立，是由分形几何学理论发
展而来的，分形研究体现探讨差异。所谓"分形"，原意为破碎、不规则的，用以指代那些由与整体以某种方式相
似的部分构成的一类形体，具有自相似性、无标度性、自放射性等特征，即局部放大与整体一样，整体缩小又与
各个部分相同，并具有无穷嵌套的层次结构，分形理论自诞生以来被广泛地运用到生物、医学、物理学、力学、
社会学、经济学、地理学等各个领域。20 世纪 90 年代，国内很多学者开始将分形理论大量应用于城市空间系统、
土地利用结构演变、旅游流、旅游景区（点）空间结构等方面的研究。将分形理论引入城市游憩公共空间研究，
不仅为游憩公共空间优化实践提供数据支持，还从定性与定量结合等方面为城市游憩公共空间研究打开新思路。

$$R_s \propto S^{\frac{1}{D}}$$

其中，D 为聚集维数值，反映的是城市游憩公共空间由中心城市游憩公共空间向周边的密度衰减特征以及城市游憩公共空间的紧凑性。

一般情况下，从城市游憩公共空间静态分布特征上看，当 $D<2$ 时，城市游憩公共空间的分布密度从中心向四周递减，中心城市游憩公共空间的吸附和聚集作用很强；当 $D>2$ 时，城市游憩公共空间的空间分布密度从中心向四周递增，中心城市游憩公共空间的吸附和聚集作用较弱；当 $D=2$ 时，城市游憩公共空间的分布从中心到四周是均匀的，没有聚集作用也没有离心作用。

聚集维数的计算，首先要求选定一个测算中心，遵循的原则为距离城市中心最近的高级别的城市游憩公共空间，如果城市中心没有高等级的城市游憩公共空间，则选取城市游憩公共空间聚集度高的中心点。以上海选划出的 47 个城市游憩公共空间为案例样本，距离上海城市中心最近的高级别城市游憩公共空间是"外滩-南京东路"，因此将其选取为整个上海市游憩公共空间系统的中心。利用 ArcGIS 软件，测算上海其余 46 个城市游憩公共空间与"外滩-南京东路"的欧氏距离 r_i，然后将欧氏距离 r_i 转化为平均半径 R_s，再把（R_s, S）绘成双对数散点图，然后进行拟合，便可以求出集聚维数值。

计算结果显示，以"外滩-南京东路"为中心的拟合度 $R^2 = 0.9875$，判定总体拟合程度高，说明以"外滩-南京东路"为中心的上海城市游憩公共空间系统整体上具有明显的无标度区间[①]，分形特征比较明显（图 2-7）。测算得到聚集维数 $D = 0.0825$，该测算结果说明上海城市游憩公共空间密度由中心向周围是衰减的，且衰减速度很快，表明该系统的向心力作用比较强，即以"外滩-南京东路"为中

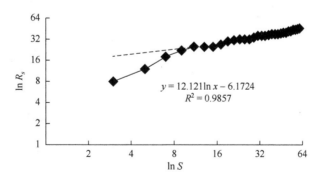

图 2-7　上海城市游憩公共空间聚集维数双对数图

---

① 依据分形理论，无标度区是对系统有序结构的说明，多个无标度区表明城市游憩公共空间演化过程中，在不同的区间内呈现不同的有序结构。

心，周围集聚的城市游憩公共空间相对较多，且随着距离增大，城市游憩公共空间数量越来越少，郊区的城市游憩公共空间密度很小。总体上形成此聚集特征主要源于城市游憩公共空间的地理位置和交通状况，以及在此基础上产生的政府对城市游憩公共空间开发的时序和程度。

同理，选取"陆家嘴"为上海城市一级游憩公共空间测算中心，计算上海城市一级游憩公共空间聚集/分形特征维数（图 2-8）。经测算，上海城市一级游憩公共空间系统存在一个无标度区间，r_i 范围 1.61 千米（"外滩-南京东路"）至 10.12 千米（"新虹桥"），$R^2 = 0.9771$，相关性强，$D = 1.22$，表明上海城市一级游憩公共空间以"陆家嘴"为中心呈集聚态向心分布，密度从中心向四周衰减，具有继续开发的潜力，但应注意到其吸引力衰减速度较快。结合上海城市一级游憩公共空间等级分布图可以看出，除了"迪士尼"和"滨海临港"，其他均分布在中环以内的中心城区。10.12 千米（"新虹桥"）至 54.02 千米（"滨海临港"）范围内不存在无标度性。

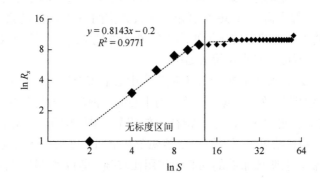

图 2-8　上海城市一级游憩公共空间聚集维数双对数图

选取"城隍庙"为上海城市二级游憩公共空间的测算中心，计算结果显示上海城市二级游憩公共空间在空间演化上呈现明显的两段式（图 2-9），即存在 2 个

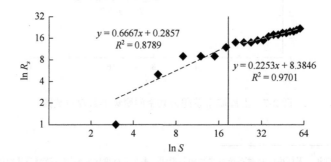

图 2-9　上海城市二级游憩公共空间聚集维数双对数图

明显的无标度区间,第一无标度区间范围是 3.04 千米("田子坊")至 6.09 千米("徐汇滨江"),$R^2 = 0.8789$,$D = 1.49$,表明在此区间内游憩公共空间分布比较集中,从"城隍庙"向周围腹地的密度衰减,但降低幅度较小,其空间结构较为均衡,但应注意到作为中心的"城隍庙"辐射范围较小,呈现衰退趋势,吸引力减弱;第二无标度区间范围是 7.77 千米("杨浦国际时尚中心")至 58.95 千米("枫泾古镇"),$R^2 = 0.9701$,$D = 4.43$,表明此区间内游憩公共空间呈离散状态分布,吸引力减退。

选取"衡复风貌区"为三级城市游憩公共空间的测算中心,计算结果显示上海城市三级游憩公共空间存在两个无标度区间(图 2-10),第一无标度区间范围是 4.28 千米("苏河湾")至 8.66 千米("提篮桥"),$R^2 = 0.8929$,$D = 1.2$,表明此区间内以"衡复风貌区"为集聚中心向四周密度是衰减的,呈集聚态分布,即以"衡复风貌区"为中心对周边城市游憩公共具有吸引作用,具有继续开发的潜力,但应注意到其吸引力衰减速度较快。第二无标度区间范围是 15.27 千米("新江湾城")至 55.24 千米("崇明东平"),$R^2 = 0.9358$,$D = 7.9$,表明此区间内从中心点向四周密度是递增的,呈离心态分布。

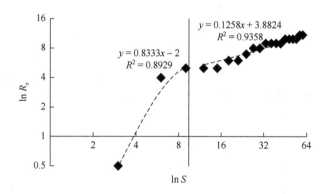

图 2-10 上海城市三级游憩公共空间聚集维数双对数图

选取"陆家嘴"为商务城市游憩公共空间系统的中心,测算出聚集分形维数双对数分布图(图 2-11),无标度区间范围是 5.1 千米("黄浦世博")至 21.3 千米("嘉定汽车城"),$R^2 = 0.8117$,$D = 4.3$,表明商务型城市游憩公共空间由以"陆家嘴"为中心向周边腹地密度是递增的,且沿着半径方向呈离散状态分布,表明"陆家嘴"对周边同类型城市游憩公共空间的吸引力减退,空间随机聚集性较弱。

选取"陆家嘴"为购物型城市游憩公共空间系统的中心,测算得出购物型城市游憩公共空间系统聚集分形维数双对数分布图,无标度区间范围是 1.57 千米("城隍庙")至 18.6 千米("莘庄"),$R^2 = 0.9376$,$D = 1.69$,说明作为系统中心,

"陆家嘴"对于其他购物型城市游憩公共空间来说，它具有较强的吸附作用。就购物型城市游憩公共空间分布来看，主要集聚于城市外环线以内。

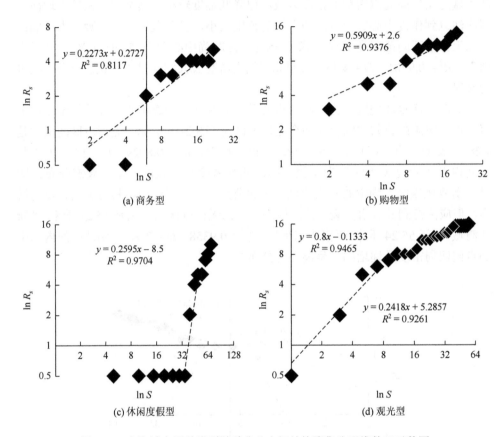

(a) 商务型

(b) 购物型

(c) 休闲度假型

(d) 观光型

图 2-11　上海城市四种类型游憩公共空间结构聚集分形维数双对数图

选取"迪士尼"为休闲度假型城市游憩公共空间系统的测算中心，测算结果显示无标度范围是 35.77 千米（"滨海临港"）至 67.79 千米（"枫泾古镇"），$R^2 = 0.9704$，$D = 3.8$，表明以"迪士尼"为中心的上海休闲度假型城市游憩公共空间呈现离心态分布，系统中心吸引力减退，但存在多个小的聚集中心，开始呈现抱团集聚发展趋势。休闲度假型城市游憩公共空间面积相对较大，大多分布在外环线以外。

选取"外滩-南京东路"为观光型城市游憩公共空间系统的测算中心，测算发现存在两个明显的无标度区间。无标度区间一的范围为中心城区，2.19 千米（"苏河湾"）至 9.03 千米（"浦东前滩"），$R^2 = 0.9465$，$D = 1.25$，空间分布呈现从中心向周围衰减的特征，系统紧致性相对较高，具有继续开发的潜力。无标度区间二的范围以郊区为主，16.12 千米（"顾村"）至 54.93 千米（"滨海临港"），$R^2 = 0.9261$，$D = 4.1$，表明区域内观光型城市游憩公共空间由中心向周围腹地密度递减，沿半径方向呈离散状态分布，系统中心吸引力减退。观光型城市游憩公共空间系统结构总体上较为复杂，呈现多中心演化并存格局。

（二）关联维度分形测评

空间关联维数反映城市游憩公共空间分布的均衡性，考察所有城市游憩公共空间之间的关联性如何，即系统要素的协调程度，研究揭示城市游憩公共空间系统结构的紧致性。关联维数的测算和聚集维数的测算一样，借助 ArcGIS 软件，首先在上海城市游憩公共空间分布图上，计算出 47 个游憩公共空间两两之间的欧氏距离，得出各个城市游憩公共空间的乌鸦矩阵表，然后计算出 $C(r)$ 值，改变码尺 r，得出一系列 $C(r)$，绘成（$\ln r, \ln C(r)$）点对系列的坐标图，然后采用最小二乘法得到关联维数 D 的值。关联维数的定义为

$$C(r) = \frac{1}{S^2} \sum_{i,j=1}^{s} H(r - d_{ij})$$

其中，$C(r)$ 为空间关联的函数；r 为码尺（yardstick），基于分形的自相似性选取码尺 $\Delta r = 5$ 千米；S 为游憩公共空间个数；d_{ij} 为 i、j 两个游憩公共空间之间的欧氏距离，即乌鸦距离（crow distance）；$H(x)$ 为赫维赛德函数，即

$$H(r - d_{ij}) = \begin{cases} 1, & d_{ij} \leqslant r \\ 0, & d_{ij} > r \end{cases}$$

若 $C(r)$ 与 r 之间满足下面关系：$C(r) \propto r^a$，那么，城市游憩公共空间系统的空间分布是分形的，存在无标度区，式中 $a = D$，即空间关联维数，一般情况下，其数值变化介于 0～2。当 D 值大小趋于 0 时，表明其联系十分紧密，说明城市游憩公共空间分布高度集中；当 $0 < D < 1$ 时，表明城市游憩公共空间均匀集中到一条光滑的曲线上；当 $1 < D < 2$ 时，D 越大则表明城市游憩公共空间各要素的空间分布越均衡；当 D 趋于 2 时，城市游憩公共空间分布很均匀。

对上海城市游憩公共空间系统无标度区内的散点进行线性回归（图 2-12），求得 $R^2 = 0.9352$，总体拟合效果较好。通过最小二乘法求出关联维数值 $D = 1.4637$，说明关联性较低，系统结构不是很紧致，但此种分布对于城市游憩公共空间的开发还是比较有利的，可以形成相关线路的组合。

对上海城市一级游憩公共空间系统无标度区内的散点进行线性回归（图 2-13），求得 $R^2 = 0.7785$，$D = 1.89$，说明上海城市一级游憩公共空间在无标度区内分布均衡，其空间结构演化呈现自组织优化趋势。

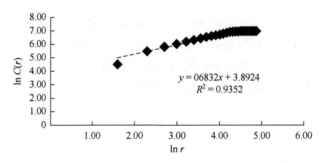

图 2-12　上海城市游憩公共空间关联维数双对数图

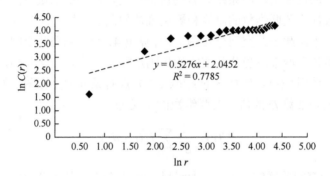

图 2-13　上海城市一级游憩公共空间的关联维数的双对数图

对上海城市二级游憩公共空间系统无标度区内的散点进行线性回归（图 2-14），发现有两个明显的无标度区间，第一个无标度区间范围 $r<35$ 千米，D 值为 0.75，说明分布是比较集中的；第二个无标度区间 35 千米$<r<$130 千米，$D=2.9$，表明在此范围内关联度低。

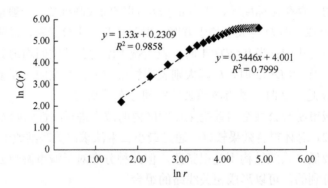

图 2-14　上海城市二级游憩公共空间的关联维数的双对数图

对上海城市三级游憩公共空间系统无标度区内的散点进行线性回归分析

（图 2-15），在 5～120 千米范围内，上海城市三级游憩公共空间是分形的，求得 $R^2 = 0.8802$，$D = 0.95$，表明拟合程度较大，上海城市三级游憩公共空间分布较为集中。

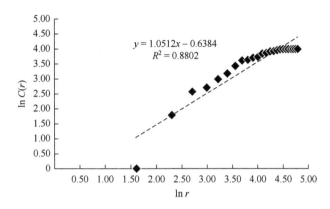

图 2-15　上海城市三级游憩公共空间的关联维数的双对数图

　　商务型城市游憩公共空间最大欧氏距离是 25.263 千米，最小值是 0.7 千米，选取步长 2 千米作为研究标尺，通过线性回归分析发现有两个明显的无标度区段（图 2-16），测算结果显示第一无标度区间 $R^2 = 0.9826$，$D = 0.92$，说明空间分布集

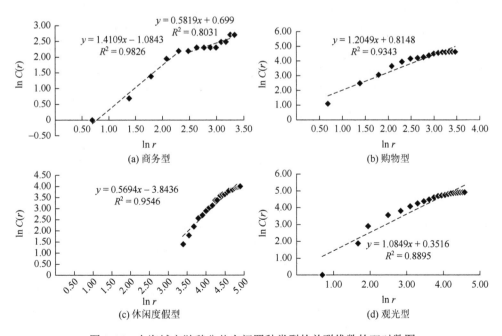

图 2-16　上海城市游憩公共空间四种类型的关联维数的双对数图

中；第二无标度区间，$R^2 = 0.8031$，$D = 1.72$，表明空间布局较为分散，关联程度较差，相互之间的作用力不强。

购物型城市游憩公共空间的欧氏距离的最大值是 31.35 千米，最小值为 1.23 千米，选取 2 千米为步长标度，通过线性回归分析，$R^2 = 0.9343$，$D = 0.82$，说明购物型城市游憩公共空间在一定的分割区域内具有分形特征，虽然空间分布结构的自组织优化还没有完全形成，但空间分布相对集中有利于组合开发。

休闲度假型城市游憩公共空间最大欧氏距离是 131.19 千米，最小值是 8.88 千米，选取步长 5 千米为研究标度，通过线性回归分析测算得到 $R^2 = 0.9546$，$D = 1.756$，表明休闲度假型城市游憩公共空间相互之间的距离相隔较远，空间分布很均匀，作用力小。

观光型城市游憩公共空间的欧氏距离的最大值是 145.34 千米，欧氏距离最小值为 1.14 千米，选取步长 5 千米为研究标度，通过线性回归分析求得 $R^2 = 0.8895$，$D = 0.92$，表明观光型游憩公共空间分布相对较为集中。

综合比较，上海城市游憩公共空间的聚集分形特征显著，尤以"外滩-南京东路"为核心的中心城区游憩公共空间吸附作用比较强，且不同城市游憩公共空间的吸引力不均衡，集聚发展特征明显，旅游流分布不均匀。为了确保上海城市游憩公共空间系统在更新迭代和演化进程中，对其外部进行干预组织的方向能够和其内部自组织优化方向基本保持一致性，总体上应尽快缩小不同行政区之间在游憩公共空间建设（新建或改造）方面的差距，特别是增强中心城区（核心增长区）和城郊（边缘发展区）之间的优势互补功能，实现"点→线→面"协同促进、共同成长和全方位发展格局。缩小不同城市游憩公共空间之间的差距，重点在于应采取相关举措尽快提升总分值较低的"漕河泾""提篮桥""浦东前滩""奉贤碧海金沙""苏河湾""崇明东滩"等游憩公共空间的品质与能级，进而整体上促进上海城市游憩公共空间体系均衡化发展。

第三节　城市游憩公共空间供给类型

城市游憩公共空间的供给及其演进发展，不仅受制于游憩公共空间的资源条件，还与城市发展所处阶段、社会经济背景等有着密切的关系，即受到所在城市的自然环境、经济水平、社会人文、政策法规等多种因素的综合作用。在城市更新深化背景下，随着城市产业转型升级及城市功能加速提升，城市空间已经由"生产型"转向"消费型""生活型"。根据目前政府职能范围及已有公共物品的提供机制与模式等，结合城市游憩公共空间更新实践，可以将城市游憩公共空间提供模式与类型对应，划分情况见表2-6。

表2-6 城市游憩公共空间提供模式与类型对应情况

提供模式	提供主体	提供模式具体类型		对应空间类型	典型空间单元
政府提供	政府	政府独立提供		P-B 型	公园绿地
					城市广场
市场化提供	政府、市场	政府主导、市场参与提供		C-B 型	博物馆、陈列馆
					体育馆
					展览馆
	市场、政府	市场主导、政府参与提供		C-D 型	主题公园
				P-C-B 型	商业中心
					特色街区
				P-C-D 型	旅游综合体
社会第三方组织志愿提供	政府、社会第三方组织	无条件提供	独立提供	P-B 型、C-B 型	根据实际需要
		有条件提供	政府委托		

　　城市游憩公共空间有效供给（效率提升）必然会涉及城市空间资源再分配问题，不仅是城市物质空间的再生，更是政府（部门）、市场（企业）、社会第三方组织等不同提供主体之间关系的互动过程和博弈的结果。就上海城市游憩公共空间供给类型而言，总体上可以分为政府独立提供（P-B 型）；政府主导、市场参与提供（C-B 型）；市场主导、政府参与提供（C-D 型、P-C-B 型、P-C-D 型）等多种类型。根据资源普查情况，结合上海城市更新实践，截至 2020 年，上海市域范围内城市游憩公共空间数量及比例见图 2-17。其中，政府主导、市场参与提供（C-B 型）占比最高，达到总量的 36.66%，其次为政府独立提供（P-B 型），约占总量 36.05%。由此也可以看出，政府独立提供或政府主导、市场参与提供的城市游憩公共空间占总量七成以上，反映出政府（部门）仍然是上海城市游憩公共空间供给的绝对主力。

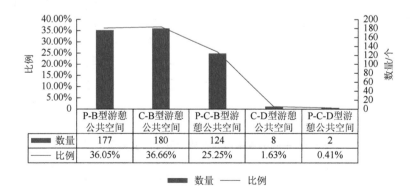

图 2-17　上海市城市游憩公共空间的数量及其所占比例情况

综合而言，随着我国市场经济体制的逐步建立与完善，特别是市场化水平提升、社会第三方组织成熟，以及对城市游憩公共空间经济属性的认识、政府职能转变及市场主导供给侧结构性改革的深化等，均为城市游憩公共空间多元提供主体的形成、多样化提供方式/模式的建立等提供可选择框架，逐步打破政府（部门）是城市游憩公共空间唯一提供者的理念，形成政府（部门）、市场（企业）及社会第三方组织共同参与构成多元提供主体结构。本节在城市游憩公共空间二维分类框架（表2-2）和城市游憩公共空间提供模式与类型对应情况（表2-6）基础之上，结合城市游憩公共空间建设（新建、改造）后的使用功能属性，分别从"生态（基础）""生产（消费）""生活（服务）"三个层面，再次对城市游憩公共空间供给类型进行划分（图2-18），具体将城市游憩公共空间供给类型划分为政府供给/（生态）基础型、市场供给/（生产）消费型、多元供给/（生活）服务型。

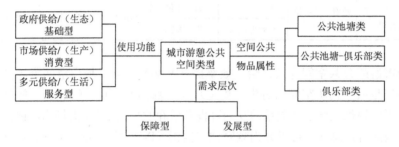

图2-18　多维度城市游憩公共空间类型划分

一、政府供给/（生态）基础型

城市游憩公共空间由政府（部门）来提供，源于政府本身的服务职能及公共物品的非排他性。不同的提供主体（政府部门、市场企业、社会第三方组织）往往有着各自的利益价值导向（表2-7）。政府（部门）总体是以政治利益为价值导向的，虽然城市各级政府在某种程度上往往过于追求自我利益，相对忽略社会公众服务需求。由于城市游憩公共空间本质上应围绕"公共"属性展开，政府供给可以避免"搭便车"，从而保障了公共空间的非排他性及使用效率的提升。以公园绿地、城市广场等公共池塘类游憩公共空间为例，因属于具有极强的非排他性、正外部性的公共物品，应由政府垄断提供。

表2-7　不同提供主体的利益价值导向及实现机制

提供主体	利益价值导向	利益实现机制	潜在风险
政府（部门）	政治价值，城市公共利益	垄断性手段实现公益性	追求自身利益，忽略城市实际公共需求

提供主体	利益价值导向	利益实现机制	潜在风险
市场（企业）	经济价值，利润最大化、企业社会责任	逐利自愿性手段实现私益	利润导向，忽视公共性，逃避社会责任
社会第三方组织	社会价值，以公益性为出发点	自愿性手段实现公益性	"二元"特征，自主性不足，难以独立提供

　　政府应当兼具管理和服务职能。从政府职能上分析，政府自出现以来就一直是公共管理的核心主体。很多学者在研究政府职能问题时，也往往更强调政府的管理职能，忽视政府的服务职能。从客观上分析，作为社会公共利益的代表，政府最早就是以一种福利主义视野直接垄断生产、提供城市公共空间，用于满足市民基本的社会交往及提升城市活力的需求。

　　政府供给城市游憩公共空间，首先，需要根据城市游憩公共空间的公共性、私有化程度确定提供的内容、范围。不同性质的城市游憩公共空间，政府参与提供的程度不同，公共池塘类的城市游憩公共空间，以及有着正外部效应的准公共物品性质的基础保障型游憩公共空间应由政府提供。其次，市场或者社会第三方组织没有能力或者不愿意提供的城市游憩公共空间，由于极强的正外部性，也应当由政府提供。最后，城市化进程不断深化发展，使得城市游憩公共空间的公共属性产生相应改变，由政府生产提供的内容和范围也会随之发生动态变化。

　　政府（部门）提供城市游憩公共空间的逻辑应基于市场失灵、社会第三方组织提供困境的情况下，具体表现在两个方面：首先，具有非排他属性的城市游憩公共空间无法排除"搭便车"问题。城市游憩公共空间的生产必然需要成本，而生产成本原本应该由受益者共同承担。在具有非排他性的城市游憩公共空间被生产提供之后，无法排除逃避承担成本的游憩者对其进行消费，导致发生"搭便车""公地悲剧"现象。如果以追求利润为核心的市场（企业）作为生产提供者，则无法获得成本补偿和既得利益。因此，只能由政府以一种福利主义方式来提供。其次，单纯具有排他性属性的城市游憩公共空间，由市场（企业）生产会导致资源分配低效率问题。此外，一旦游憩者隐瞒自己的真实需求偏好，还会产生城市游憩公共空间需求虚假问题，导致无法确定城市游憩公共空间有效提供数量。因此，应由政府补助或政府直接提供。

　　政府供给模式是城市游憩公共空间开发建设最早的模式，也是迄今依然存在的模式，整个过程都是由政府（部门）指挥运作。在此种模式中，政府（部门）的工作量大，投入资金多，成本回收周期长或者不能回收，当然政府的初衷也不完全考虑的是经济效益，社会效益与生态效益同样很重要。例如，在城市产业转型进程中，中心城区大量的工业废弃地（工业遗存）为城市公共空间的拓展提供了物质基础，在后工业景观（post-industrial landscape）建设——将衰败的工业"棕地"改造为公园绿地的过程中，政府严格规划控制城市公园绿地空间整体格局，能够确保顺利完成公园绿地建设（新增或改造）目标。

二、市场供给/（生产）消费型

随着城市社会发展及市场化进程的深化，城市游憩公共空间公共性的内在属性因为技术水平、消费人数、消费范围、需求弹性等因素的变化而发生改变。此外，由于城市游憩公共空间的外在范畴，即"供给规模、主体和范围等"也处于动态发展之中，私人物品和公共物品之间的边界变得模糊，城市游憩公共空间的范围随之变宽等都为其市场化供给提供了可能。特别是自 20 世纪末以来，随着我国城市更新步伐加快，产业调整优化升级加速，社会处于各项制度渐进转型中，不断深化土地、财税、政府职能等改革，城市游憩公共空间生产供给开始逐步引入市场机制。

现代城市已经脱离了地理学的物质空间而成为消费和娱乐中心。早在 2011 年，中国人均 GDP 就已经首次超过 5000 美元，这使得消费在当代城市社会经济生活中的重要性不断增强。消费本身已成为塑造城市空间的重要力量，即城市空间生产与发展不仅深受消费者的偏好、消费行为等影响，消费逻辑强有力地控制着城市空间的更新改造和再创造，同时政府治理模式的企业化转型，使得城市各类具有产业消费属性的游憩公共空间，可以通过市场供给（市场为主导，政府在其中发挥一定的作用）。在市场机制下，企业（商家）引入更多资本，即由民营资本来生产提供新形态的城市游憩公共空间，以满足社会公众的多样化、异质性的游憩活动需求，改变的只是城市公共空间的公共性程度和外在物质形态，本质上其作为公共物品的属性并未发生改变。

在市场化发展趋势下，城市空间的商品属性和交换价值日益体现。政府（部门）将土地使用权按有偿转让、出租、抵押、作价入股和投资等多种形式进行转让。政府（部门）向企业转让土地，企业（开发商）以公平竞价的方式获得土地使用权，支付土地出让金、拆迁补偿费等，并在土地开发的过程中完善城市基础设施建设。因此，可以说由政府先进行土地回购，再对土地进行"招拍挂"的市场化销售，也是一种旧城改造更新模式，实现了由生产性空间向游憩公共空间的转变。例如，以创意产业园、工业博物馆及商业综合体开发为工业废弃地（工业棕地）再利用模式中，土地出让金是地方财政收入的重要来源，政府借此获得发展红利，由于市场（企业、商家）以经济利益为导向，往往追求利润最大化，会存在着逃避社会责任，忽视公众需求的现象，政府（部门）必须在其中发挥规划引导、管理监督等作用。

　　体验经济时代，社会公众对于城市游憩公共空间的内在品质有了更高、更多样化的需求，政府往往只能提供纯公共物品性质或者具有很强正外部效应的城市游憩公共空间（如公园绿地、城市广场等），部分城市游憩公共空间（商业/购物中心、旅游景区、主题公园等）由市场供给也是对游憩者高品质、多样性消费需求的一种回应。综合比较来看，市场会以相对效率最大化的方式来生产提供游憩公共空间，或者为政府生产，再由政府提供异质性的城市游憩公共空间给游憩者，因此政府不应过多介入市场主体的市场决策和经营行为。从商业和经济学角度来看，资本运作的目的是价值增长，因此企业不愿参与没有经济效益的项目建设。

　　企业发展大多以利润为价值导向，此种模式的程序通常是企业自己投资买到地块，由企业进行开发建设后，以收取门票等方式回收成本，地方政府通过给予企业补贴或其他优惠政策，使企业开发建设得以免费或者降低门票价格。在此种市场供给模式的建设运营过程中，主要以市场（企业）为主体，但并不是说一定不要政府参与或少参与，政府应在其中发挥一定作用，即按照"企业主体、政府引导"的思路，如通过合理的引导，构建政府和市场（社会）资本共同以股权等形式参与经营权结构之中，政府通过公开招标等方式寻找合作伙伴，谈判协商后签订协议分配职责并形成合作关系，共同负责开发建设、管理运营；或者由政府牵头促成国企与民企的合作，民企负责提供资金投资建设（或者与政府共同出资，政府提供少量资金占有股权，改变政府无偿投入的机制和模式），政府负责规划方案、监察评估、征求民意、征地等工作。比较而言，此种投入模式更加具备可持续性，有助于真正构建一种风险同担、收益共享的良性发展机制。

三、多元供给/（生活）服务型

　　自 20 世纪 60 年代以来，影响范围广泛的"全球结社革命"（global associational revolution）席卷英美等后现代国家，社会第三方组织（非营利组织）开始受到更多的关注。社会第三方组织的产生主要是由于政府失灵（government failure）、市场失灵（market failure），即政府生产提供城市游憩公共空间缺乏效率，市场无法很好地完成城市游憩公共空间的有效提供（特别是很多便民、利民但企业无法获利的居民生活服务类公共空间）。作为政府、市场补充的社会第三方组织主要还是一种自发行为，一方面能够集中分散的多种社会资源，解决公众（游憩者）共同需求的但无法使大多数人都支持的城市游憩公共空间，以弥补市场缺陷；另一方面提供针对性、新形态的城市游憩公共空间，能够及时回应公共需求，补充政府资源的不足。

　　社会第三方组织，以社会利益为导向，以自愿性手段实现社会公共利益。随着社会第三方组织力量日渐强大，与政府形成"公非合作关系"，社会第三方组织帮助政府为社会公众提供不同形态城市游憩公共空间，满足不同游憩消费群体的多样化需求。但社会第三方组织也具有"官民二元性"弊端，在自主性、独立性、发挥有效作用方面还比较薄弱。因此，目前我国城市游憩公共空间的提供主体仍然是以政府和市场（企业）为主。虽然社会第三方组织和私人企业都是政府合作的重要对象，并通过多方参与从设计、建设到运营共同驱动游憩公共空间更新，但现有研究比较多的还是关注政府与私人企业形成的"公私合营关系"。

第三章　城市游憩公共空间蝶变机理

作为城市游憩功能实现的重要载体，城市游憩公共空间不仅是市民和游客在游憩活动中最易接近、高频使用的场所，而且是最为集中的区域，因此对相关空间的营造及品质的要求也就越来越高。然而，随着城市化进程加快及城市更新的深化，我国大多数城市都或多或少地存在着游憩公共空间分布不均、游憩产品结构单一、游憩空间文化内涵不足与空间形象缺失等问题。城市游憩公共空间能否科学合理地有效供给，与城市功能提升、空间品质优化、城市空间活力增强、市民游客幸福感提高等均呈正相关。城市游憩公共空间拓展（更新），是在包括政治经济、社会文化、生态环境、消费动机等因素在内的多种驱动力的合力共同推动下得以实现的。例如，随着社会进步、城市发展，公众消费动机变化的影响力也在持续增强，这不仅推动了更多的城市空间从封闭走向开放，也促使城市游憩空间功能向复合多元化演进，进而对城市游憩公共空间更新乃至城市发展与演变产生深远的影响。

城市游憩公共空间的更新应基于相关空间理论（如空间生产机制和空间资源配置理论），包括遵循游憩空间的秩序——空间的连续渗透性，尊重城市历史文脉，有效传递城市文化和生活的诠释；遵循游憩空间的递进秩序——行为引导性，结合游憩者的游憩活动特性，对空间中的行为要素进行合理组织，有序引导游憩者行为，通过对空间和氛围的设计营造，以构建各具特色、层次丰富的场景化、多元化、复合型的城市游憩公共空间……尝试对不同类型城市游憩公共空间进行辩证的多维解析、推演城市游憩公共空间更新机理，以提供有价值的实践经验和示范，即从城市游憩公共空间提供主体和主要方式、城市游憩公共空间更新驱动力等多个维度揭示城市游憩公共空间更新机理，剖析存量城市游憩公共空间更新中的共享机制、增量城市游憩公共空间开发建设中的匹配机制，揭示城市游憩公共空间演化、更新迭代的动力因子和作用机制，才能更精准地对城市游憩公共空间建设目标进行及时纠偏以促进其良性、有序、可持续发展。

第一节　城市游憩公共空间更新迭代

城市游憩公共空间是城市人口、经济与社会文化活动集聚发展的产物，其发生和发展的过程与城市空间不断扩展、人类生产生活空间持续变迁等之间有着密切的联系。从某种程度上可以说，城市游憩公共空间规划建设始终伴随着城市空间的发展，并贯穿于城市建设的整个历史阶段，城市游憩公共空间发展史也是城市空间发展史。不同城市都在为营造既适应各自经济发展和城市化水平，又能满足市民日益增长的游憩娱乐需求的公共游憩环境做出诸多努力，并取得了较好的成效。分析城市游憩公共空间更新迭代趋势及演变过程中不断涌现出的新型游憩空间，探寻伴随着城市化进程发展的城市游憩公共空间演变脉络，研究城市游憩公共空间演化特征，挖掘城市游憩公共空间在发展演变过程中与城市及区域在空间上的互动与有机联系……追溯城市游憩公共空间演进历程可以发现，大多遵循空间上从平面到立体，范围上从小到大，功能上从单一到多元复合，由盲目发展逐渐演变到系统化、有规划、有设计的理性有序发展，总体上消费者更加注重追求高品质空间。

一、城市游憩公共空间演化变迁历程

20 世纪以来，城市经济快速发展及城市化进程加速，现代交通工具不仅使得城市游憩范围向四周扩张，导致城市郊区休闲城市化的同时，乡村俱乐部、海滨广场、野营公园、假期营地、高尔夫球场及满足人们娱乐和休闲需求的各类服务性设施等一系列室外游憩公共空间随之产生。在城市更新进程中，城市居民闲暇消费需求结构发生了很大变化，由于人们白天和周末闲暇时间的明显增加，社会公众对多样化游憩活动需求激增，极大地促进了城市游憩公共空间建设（表 3-1）。特别是随着游憩活动主体由少数人群发展到社会大众，城市游憩功能由简单变得复杂，单体游憩公共空间集聚成复合型游憩公共空间。例如，通过市场化机制逐渐衍生出很多新形态的城市游憩公共空间，它们同时具有公共性和私有化的特征，也就具有了公共物品的特征。

表 3-1　城市游憩公共空间形态及其发展过程

发展阶段	类型	功能	提供主体	主要特征
20 世纪 50～80 年代	公园绿地、城市广场	单一功能（游憩）的空间单体	政府主导的福利主义	公共性
20 世纪 80～90 年代	滨水空间	功能混合（办公、娱乐、休闲等功能）的空间综合体	政府主导，引入市场机制	公共性提升，私有化出现
20 世纪 90 年代～21 世纪初	艺术展馆、创意园区、特色街区、主题公园	功能单一与功能混合兼具的空间单体或者综合体	市场机制扩散，政府角色弱化	私有化，消费性，符号化的进一步渗透，公共性弱化
21 世纪初至今	商业游憩区、旅游休闲区	功能混合的游憩空间综合体	提供主体更加多元，市场机制更加完善	公共性、私有化高度混合

城市游憩公共空间之所以发生演化（更新迭代），主要源于三个方面的变化：一是城市居民、游客的游憩消费需求的变化（更新）；二是城市游憩公共空间形式变化（更新）及设计理念的转变，主要体现在城市游憩公共空间的数量、规模、组合上，城市旅游核心吸引物泛化，旅游流从单一景区（点）转向城市范围内所有具备游憩环境的公共空间，且游憩规模持续扩大；三是城市游憩公共空间内容变化（更新），主要体现在管理和功能上，源于游憩活动更加丰富，使得城市游憩公共空间泛化及旅游产业综合化，相关服务与管理关注的重点，已经从单一的旅游景区（点）封闭式管理，转向城市全域统筹的游憩公共空间开放式管理。

以城市滨水游憩公共空间演变为例，人类的生产生活离不开水，城市的发展变迁也与水息息相关，泰晤士河畔的英国伦敦、塞纳河畔的法国巴黎、黄浦江畔的中国上海等国内外很多著名城市都是"以河兴市"，而凭借江（河）水资源的天然发展优势，城市滨水区往往也是最先开始发展的，作为城市的居住、贸易、航运及近现代工业发展集聚地，在很长一段历史时期内，为整个城市发展持续提供着源源不断的发展动力。虽然自工业社会进入后工业化时代，绝大多数城市滨水区的生产功能开始衰落，并逐渐留下大量废弃、闲置的工业用地和港口、码头用地（城市失落空间）。但换一个角度审视，衰败的城市滨水区也为城市未来发展提供（保留、留存）大量优质的"存量"用地和丰富的历史文化遗存，进而为城市空间形态的多样化，以及城市游憩功能提升，预留潜在的发展可能。

有关城市滨水空间演变研究，也是学术界及很多学者关注的重点。方庆和卜菁华（2003）对滨水游憩空间的类型进行了分析。陈曦（2005）针对历史滨水区的现状、特点及其具备的优势和潜力，提出城市设计和旅游开发一体化的复合发展模式。汪霞和魏泽崧（2006）探讨了水域空间废弃地块景观的游憩化、休闲化改造的可能性。刘月琴和林选泉（2008）以上海世博会园区白莲径河地区为案例地，认为处理好防洪与亲水游憩、历史文脉延续、夏季防暑降温、高密度人流集聚与疏散、会展期间与后续利用、泵闸桥与环境的协调统一等问题，才能实现该工业遗迹滨水带的功能更新。从生态环境、游憩冲突、游憩管理和游憩价值评估四个角度，周永广等（2013）归纳了国外滨水游憩空间的研究进展情况。张环宙和吴茂英（2010）认为发达国家的历史滨水地段复兴对我国的启示在于：讲究主客共享、休闲游憩导向的开发模式，追求真实性、完整性保护和文化引领游憩的开发理念，确保政府主导、市场运作、实现标准与资金平衡的开发机制；结合对 13 处国际滨水区的实地考察，并从服务产业集群、多功能、历史记忆延续、品牌形象、公共设施、政府支持等方面探讨了对城市滨水RBD 发展的建议。

二、城市游憩公共空间演化发展规律

城市游憩公共空间演化具有明显的阶段性特征。随着城市游憩功能的逐步完善与增强，城市游憩公共空间的数量与规模也处于快速增长与持续扩大的状态，形成了不同等级的游憩公共空间集聚区，城市游憩公共空间类型分布也具有显著的主题性、叠加性、系统性等特征。从空间上看，大多数城市的游憩空间演化规律除了具有普遍的地域分异规律外，还具有城市内部游憩空间充填置换和城市郊区游憩空间渐进推移的特征。关注要素的有机整合，如以奥运场馆赛后利用等为代表的城市公共空间游憩再利用；游憩空间与城市交通的整合；基于系统视角，即从游憩空间构成要素对城市游憩空间进行整合，如将商业步行街与儿童游憩空间进行整合。坚持游憩空间供给效益与公平兼顾的原则，充分开发公园绿地的游憩功能，合理布局社区游憩空间等。

从城市游憩空间布局模式演化来看，由"节点式"分散布局模式转向"轴/带"构成的游憩"网络"模式；从城市游憩公共空间演化发展的整体过程来看，以游憩公共空间的分布格局为例，已从"均衡（未开发的状态）"转向"非均衡（开发中的状态）"发展，再趋向"均衡（开发的饱和状态）"演进。现阶段城市游憩公共空间分布上呈现非均衡性，主要源于受到所处城市（周边环境）的经济基础、政府政策、资本市场、科技创新、生态文明、文化变迁、公众参与等诸多条件的限制与影响形成。例如，国内外大部分成功的城市滨水区大型更新项目均以商业、游憩等开发为导向进行改造，强调以有特色的环境、混合功能的游憩公共空间来吸引市民和游客。

（一）由"单一型"转向"综合型"

"单一型"指在城市更新大背景下，在游憩公共空间更新迭代过程中，重视的是游憩公共空间外在的物质性更新。"综合型"指在城市游憩公共空间更新进程中，不仅十分注重外在的游憩公共空间物质性更新，同时更加注重表达内在的游憩公共空间的文化性与历史性。城市游憩公共空间的类型经历由"单一型"向"综合型"的转变，导致城市游憩公共空间功能更新也由单一功能转向文化、休闲、商业、生态等多元复合功能发展。在城市游憩公共空间演变过程中，大多追求对土地空间资源的充分利用，早期发展阶段一般采用或实行的是成片地区、大规模推倒及重建游憩公共空间，特别是曾经衰败的中心城区，当大量居民住宅、工厂的工业设施（设备）等外迁后，在城市游憩公共空间更新迭代类型上，主要选择大规模的城市广场、公园绿地等建设，并非常重视从视觉感知上对城市空间形态及空间环境进行美化。随着城市更新发展理念的转变，开始重视表达游憩公共空间内在的历史与文化属性,即以文化为导引进行城市游憩公共空间建设(新建或改造),逐渐占据城市游憩公共空间更新迭代的主要地位。例如,具有极高历史、文化价值的工业建筑(工业遗产),通过"活化"(再利用)打造成为居民(游客)共享的后工业人文休闲场所,如文创产业园区等。

(二)由"主导型"转向"合作型"

参与城市游憩公共空间建设(新建或改造)实践的主体很多,包括政府(部门)、企业(开发商)、社会第三方组织、居民(游客)等不同的利益相关者。例如,围绕打造"15分钟社区生活圈",近年来很多城市街道(地区)积极探索梳理辖区内的闲置空间,并引入社会第三方团队专业设计,通过增加休憩设施、美化空间环境等,以重新激活街区"边角料空间",服务好周边社区居民。随着城市经济的发展、社会文明的进步,伴随城市化及城市更新实践,城市游憩公共空间建设(新建或改造)经历了从以政府为主导,转变为政府鼓励市场(民营资本)投资,再转向引导社会第三方组织、社区居民(游客)参与。鉴于政府垄断性供给的弊端,城市游憩公共空间更新目前已逐步形成了在政府指导和监管下的市场化(企业)开发,即政企合作方式。此种更新模式,虽然在一定程度上能够极大缓解地方政府的财政压力,但以市场(企业)为主导的游憩公共空间建设(新建或改造)实践,往往是以最终能够获取到丰厚的利益(特别是经济利益)为基础和前提的,并未能真正考虑周边社区与居民的利益。因此,政府(部门)、企业(开发商)、社会第三方组织及社区居民多主体共同合作,通过积极沟通与协商寻找多方共赢的"合作型"开发建设方式。

(三)由"推倒型"转向"渐进型"

在城市更新实践中,游憩公共空间更新迭代经历了从"局部改造"建设转向大规模"推倒型"建设,再转向逐步采取适当规模/适当尺度/分片滚动的"渐进型"/"微更新"开发改造,城市游憩公共空间分布呈现出"点"→"轴/线"→"面/网/块"扩张态势。不同类型的游憩空间演化特征还是有所差异的。例如,对中心城区内曾经的废旧工厂和被遗弃的旧码头、旧仓库,以及居民居住区"危房"改造等,一般最早采用的是全部外迁并进行大规模的拆除重建,即"推倒型"开发建设商住办公用房、广场、公园绿地等。而"渐进型"开发则是指通过对所在地区文脉、地脉、区域位置及市场环境等多种因素综合分析后,在挖掘所在地区拥有的深厚的历史文化底蕴基础之上,更有针对性地采用和实施景观改造与提升等开发策略,即不搞大拆大建,对原有城市发展留存空间不做大幅度改造,而是采用适当"小规模"与"微尺度"进行"微项目·微治理·微更新",在开发建设进程中注重完善细节等越来越受到重视。例如,通过精细的设计,采用绿道("线")连"点"织"网",即将面积不等、类型多样的公园、绿地、滨水空间与街区串联成为居民和游客共享(免费开放)的城市游憩"绿"网(游憩公共空间)。

三、城市游憩公共空间更新动力分析

空间不仅是人类以种群方式生存的地理,也是人类政治、经济和文化等活动交互作用和不断整合的场所。某种程度上可以说,空间本身就是社会发展的动力,人们可以通过创造和改变空间推动社会发展。早在 20 世纪 70 年代,法国学者亨利·列斐伏尔(Henri Lefebvre)就明确地说,空间是社会的产物。在列斐伏尔这里,空间不是一个容器,不是物质的广延意义上的空间,不是几何学意义上的空间。他说的社会空间是要打破建筑师对空间的透明幻象,也就是说,社会空间不是可供计算的和具有工业操作性的空间。追溯城市游憩公共空间演化历程,从时间上来看,当城市发展进入后工业化时代,为满足城市居民急剧增长的日常游憩需求及游憩需求的多样化、个性化转变,大大小小不同规模的城市纷纷开始大规模新建或改造公园绿地、文博场馆、滨水游憩空间、特色街区等,对城市游憩公共空间相关问题的研究和探索,在城市化进程中得到践行并收获丰富的理论与实践经验,如在满足居民游憩需求的同时,突出将游憩功能融入城市历史街区更新、工业遗产的保护与再利用等。新类型、新模式的游憩公共空间不断涌现,逐步改变城市公共游憩空间总量较少、空间萎缩、孤岛式分布等特征,使城市游憩公共空间建设趋向多样化、综合型发展。

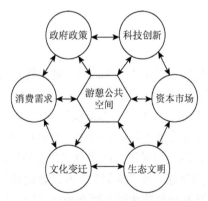

图 3-1　城市游憩公共空间更新主要驱动力

城市是多样文明要素的自发或自觉的聚集过程,而城市生活是人类追求幸福和发展的重要方式,因此必须尽量避免出现空间生产同质化倾向。由于社会公众游憩需求的持续增长,当代城市空间正在被急速地拆解、重组与扩容及更新主要驱动力(图 3-1)。一方面,城市空间生产是不同社会群体对空间角逐的过程和结果;另一方面,人们在城市空间中的各种活动,又深刻影响着城市居民价值观形成,映射出人们的态度和行为等方式变化,某种程度上可以说社会活动模式是被空间的惯性塑造出来的。当历史的车轮进入 21 世纪以后,受到"人本主义"及维护"空间正义"思潮等的影响,城市游憩公共空间发展方向出现重大变化，即从重视物质空间建设，转而更加注重"游憩空间价值共享""弱势群体游憩空间权益""游憩空间智慧管理"等。为保障城市游憩公共空间建设（新建或改造）的量化落地，城市更新进程中积极探索建立城市游憩公共空间供给的绩效准则，博弈与权衡城市游憩公共空间的经济、社会、环境绩效等是关键。

（一）消费（需求）拉动

消费是城市的根本性特征。城市生产生活方式变迁、社会公众的消费需求及其动态变化等是拉动城市游憩公共空间更新迭代的最核心动能。近年来，随着城市经济发展和居民收入增长，消费升级态势更加显现，城市消费升级特征和表现也更为多元和丰富：从消费类型来看，已由生存型转向发展型和享受型；从消费增速来看，文化教育娱乐服务消费支出增速明显，旅游消费升级趋势持续增长，服务消费占比不断攀升；从消费品质来看，城市居民已由低品质消费需求转向中高端消费需求，特别是品质型高端化消费需求旺盛，更趋向追求高性价比和用户体验；从消费方式看，由线下消费方式为主转向线上线下相结合的方式，共享经济消费需求和网络消费方式覆盖向本地生活服务延伸，个性化、定制化和"趋优消费"等消费需求引领消费潮流。

休闲消费有发展成为居民共同消费价值观的潜力。综合来看，当人类发展逐步迈入后工业社会，城市经济与社会文化深刻转型和城市居民收入水平稳步提升，在城市居民消费支出规模持续扩大的同时，居民消费需求结构也在同步不断升级之中，休闲、娱乐、健身、购物、文化等多元复合消费已成为驱动城市经济增长的内生动力因子。为满足与激活城市居民游憩消费的需求潜能，公园绿地、商业（购物）中心、特色街区及各类活动场馆等城市游憩公共空间更新实践成效显著。新型游憩消费空间形态伴随着城市更新涌现并迅速向全球蔓延，诸如美国巴尔的摩内港、旧金山渔人码头的复兴，以及上海新天地、南京1912、宁波老外滩等，曾经衰败的历史街区和"工业棕地"被成功修缮改建为时尚前卫的文化消费场所。在历史街区空间更新改造过程中，其室内功能置换、室外景观重塑，掺杂了大量开发商对历史街区原真性整体构成环境及建筑细节的"再创作"，其特有的历史文化积淀及特色建筑、空间符号等使之迅速受到市民（游客）青睐，并成为市民（游客）游憩消费的打卡对象。

（二）资本（市场）撬动

列斐伏尔的空间生产理论认为空间是在长期的历史发展中产生的，并随着历史演变而重新解构和转化。作为一种生产力和国家的政治工具，空间既是追逐利益及资本增值的场所，也是充溢着各种意识形态的社会产物，从而使空间本身成为资本积累及其统治的手段。空间也像其他商品一样，既能被生产，同时也能被消费，整个城市空间甚至都可以转化成为一种商品。因此，在一定程度上可以说，空间的解构和重构、空间的生产和消费都是资本积累的工具。市场手段则是一种内在化手段，既能发挥主观能动性，又能天然形成竞争淘汰机制，发挥市场在资源配置方面的优势。城市游憩公共空间的合理规划建设和均衡布局带动了城市第三产业的发展，提高了经济效益，增加了财政收入。

空间的生产过程是权力和资本增长联盟竞合的产物，而资本、社会关系和社会基本矛盾又形塑着城市空间。随着城市社会化程度的提高，作为空间生产实践活动背后的主导力量，政府积极参与并控制着城市空间的生产，如上海、深圳、广州等发布的相关城市更新管理办法、实施细则，均明确表达增加城市公共空间供给，可给予容积率奖励等，为城市游憩公共空间建设提供了经济性的激励保障，进而影响着城市发展进程。基于市场经济体制大背景下，我国城市更新（建设）总体上表现为受到"资本""技术""工业"的理性刺激，在城市发展快速扩张的同时，城市空间也在不断被解构和重构。从某种角度上来说，城市化及城市更新的发展过程，就是城市空间中不同的人造环境被不断地生产/创造的过程，也是"资本"投资于城市"生产-消费"环境和各种公共设施被持续改造/更新的过程。

（三）生态（文明）带动

相关研究表明，2050 年全球的城市人口比例将增至 68%，为了保障并满足更多人的生活需求和品质，推进城市可持续发展已迫在眉睫。城市游憩公共空间的合理规划建设和均衡布局能够改善城市生态环境，促进人们户外活动的开展，有益于居民的身心健康。生态游憩空间对城市发展的必要性和重要性很早就已经得到了国内外学者的关注。例如，1857 年，欧美发达国家和地区受到"城市公园运动"的席卷，以弗雷德里克·劳·奥姆斯特德（Frederick Law Olmsted）设计的美国纽约中央公园（New York Central Park）为代表的城市公园，成为城市游憩公共空间建设（更新或改造）最重要的类型，并得到世界范围的认可与普及；1877 年，英国政府在《开放空间法》中对"开放空间"名词作了详细定义，证实绿地在城市规划中的作用越来越突出；1898 年，霍华德（Howard）提出"田园城市"的理念，强调绿地对城市建设的重要性。

城市游憩公共空间的形成及开发建设本身就受到城市自然和人文环境基底的约束。随着城市化进程的加速及建成区面积的扩张，生态问题已成为城市可持续发展的重要议题。城市居民接触自然、亲近自然的户外游憩需求不断上升，推进着以城市生态文明建设为价值导向的游憩空间研究也在不断深入。近年来，在推进"宜居城市""山水城市""生态城市""休闲城市""公园城市"建设和城市更新进程中，社会各界愈加重视生态环境保护及城市生态游憩空间建设（新建或改造）增量提质，如我国城市人均公园绿地面积持续增长，且对公园绿地提出品质要求（绿化、彩化、珍贵化、效益化）。作为城市生态和人居环境建设的重要组成部分及社会公共资源，科学规划、合理布局公园绿地、城市绿道、滨水湿地空间等新建或改造，如在人口密度较高的中心城区见缝插针地新增或扩建很多"口袋公园"（Pocket Park）等，不仅有助于市民（游客）方便快捷地获得游憩机会，而且也已成为国家和各地方新型城镇化与生态文明建设的新动力和着力点。

（四）（政府）政策推动

当我国开始步入发展转型期后，在城市独特的制度环境（竞争性环境、激励型体制、企业化政府治理等）推动下，城市空间作为一种稀缺资源的同时，又是地方政府可以运用行政权力进行支配、组织的重要竞争元素。政府是城市发展的主体，通过对形塑城市空间的多种因素进行规划和调配，如政府决策部门采取适当的积极消费政策，可以极大地释放消费潜力；政府规划政策（特别是城市总体规划、土地利用规划等引导和控制城市发展的纲领性文件），优化或重塑城市游憩公共资源配置及空间布局等，引领城市游憩公共空间更新未来发展方向。政府通过政策宏观调控（从某种程度上说也是代表政府意志的决策行为），即合理地使用政府力量调整城市游憩公共空间建设（新建或改造）力度，可以加快促进城市公园、绿道及各类文化健身场馆等游憩公共空间的"成长"，有助于进一步扶助弱势群体，平衡市场资本利润与民众需求之间的矛盾，更好地保证公共利益、维护社会公平正义，也是城市游憩公共空间更新建设最重要的外部驱动力。

政府不仅是控制空间生产主体和推动城市游憩公共空间更新的重要力量，对生产游憩公共空间的多种力量也起到平衡、制约的作用。城市空间之所以发生演化也是城市政府主导下对空间生产过程干预和塑造及对时代发展的主动性适应和战略性应对手段。政府、资本共同引导城市原有的生产空间转变为消费（生活）空间，也推动了城市空间的变革。在城市游憩公共空间更新迭代中，要调动社会各类资源，不断扩大利益团体，争取到广大居民、艺术家、商户和消费者及城市学者、建筑师、历史保护者、各类媒体及不同层级的政府部门的支持。当游憩活动日益成为市民缓解日常工作和生活压力的重要途径时，为市民提供丰富的差异化的城市游憩公共空间则是政府不可推卸的职责。同时，城市游憩公共空间体现了社会公益性诉求，也要求城市游憩公共空间在其规划设计中要更多体现对弱势群体的人文关怀。此外，游憩公共空间管理涉及多个政府职能部门，针对政府管理模式碎片化、多头管理的特点，应采取一定的整合管理举措。

（五）文化（变迁）牵动

文化性也是游憩空间的多重属性之一，文化为游憩公共空间景观建设提供创意与素材，促进景观文化品位的提升，是城市游憩公共空间规划设计的重要依据。在知识经济、体验经济和互联网时代，以各类重大文化项目为载体，文化赋能城市更新（游憩公共空间新建或改造），不仅彰显了城市的文化魅力和软实力，促进了不同城市（国家/地区）之间的文化交流，而且更有助于凸显城市品位和提升城市功能。作为城市文化的重要展示窗口、城市文化物质载体的有机组成部分和市民（游客）地方认知的重要场所，日本金泽、意大利博洛尼亚、美国纽约苏荷区、英国伦敦道克兰地区的再生等，都是以文化推动城市更新的成功案例。我国上海的田子坊也是艺术家先行尝试后逐渐商业化，通过艺术和商业融合发展，进而成为一个激发文化动力和创新活力的高密度空间、文旅结合的城市地标。

文化在后工业时代如何演绎？游憩文化的挖掘、整理、再现与游憩资源保护……文化不仅深刻影响着城市游憩公共空间各利益相关方的价值取向与道德规范，还通过具体文化内涵与形式影响城市游憩空间的规划建设。在城市更新进程中，历久弥新，大多数遗产资源可以"活化"为具有较高价值的文化资产，由中国社会科学院文学研究所主编的"上海文化发展系列蓝皮书"将此概括为：通过"理解（挖掘遗产所蕴含的文化密码）—对话（从时代的高度解读遗产的现代意义）—复原（用现代艺术形态展示遗产的魅力）—赋能（以先进科技赋予遗产以强烈的感染力）"环环相扣，形成高效的文化创新链，以激发城市创新活力，推动城市持续创新。例如，在上海64条"永不拓宽"①道路的左邻右舍、曲折的弄堂和后街中，有着很多还没有被利用起来的"声誉资本"，它们对于地区的文化创意产业来说具有极大的利用价值。

（六）科技（创新）驱动

现代科技的创新应用（如 GIS、GPS）使游憩者空间行为的表达更加直观和具体。创新是为了让生活变得更美好，面向高速发展的互联网与信息技术，打造新场景、创造新需求，科技生产力改变人类社会形态的趋势始终未变。随着技术

---

① 2007年6月，上海中心城区内144条道路和街巷被列为风貌保护道路，其中64条道路为"永不拓宽"的道路，不允许做出任何形式的拓宽，规定街道两侧的建筑风格、尺度都要保持历史原貌。这64条"一级保护道路"最完好和集中地体现了上海历史文化，因此被要求受到"最高级别"的保护，以保存老上海原汁原味的风貌。

深度融合，特别是在新技术、新应用快速发展迭代的"屏时代"，科技创新为城市游憩公共空间更新注入了当代智性创造活力。科技创新不仅能够满足消费需求，同时也创造出新的游憩消费需求，在游憩业态越发丰富、线上线下不断融合的消费浪潮裹挟下，基于消费大数据，满足当代市民（游客）尤其是紧跟年轻人生活方式与文化消费驱动科技创新的步伐，横跨工业、生态绿化、文化、商业、体育、休闲、旅游、互联网等多个领域的开放属性，受益数字技术发展及"互联网＋"等，在孵化出一大批新业态、新产品的同时，也持续掀起城市游憩公共空间的变革。

"强需求"对应的是"高要求"，以城市商业综合体游憩空间演变为例，1990年上海商城开业，引发了多功能、多业态商业综合体建设浪潮；2002年上海新天地运营，以开放式街区型空间组织为主导的商业综合体进入公众视野；2011年以后，商业综合体愈加注重对地域文化、生态体验的挖掘与营造，商业业态根据游憩吸引程度进行纵向定主题、横向定业态等策略，特别是随着互联网时代网络购物模式的飞速发展，人性化、主题化、体验化的商业综合体游憩空间内涵得到深化，即以提升智能服务满足游憩消费者需求为核心，通过调整商业业态配比，强化商业、文化与游憩等融合，以抗衡网络虚拟空间的扩张并进一步激发城市商业综合体游憩空间的生机活力。例如，上海南京路步行街更新，近年来以沈大成、朵云轩为代表的老字号品牌，紧扣城市消费升级和消费者个性化需求，通过技术创新、跨界融合等方式实现创新转型发展，同时体现了上海老字号品牌的文化变迁、创新与传承。

四、城市游憩公共空间更新优化趋势

作为一个有机整体，城市游憩公共空间系统具有分形特征，其空间结构具有自组织优化趋势。城市游憩公共空间系统功能的发挥有赖于充足的游憩公共空间数量、丰富的城市游憩公共空间类型、合理的城市游憩公共空间布局结构等。因此，城市游憩公共空间优化应综合权衡考量多方面因素，诸如以城市游憩公共空间布局的合理性、交通网络的完备性、相互作用的和谐性等，开展城市游憩公共空间基本单元整合、创新产品、错位发展、联动开发、形成特色等，对城市游憩公共空间进行深层次优化，在促使城市游憩公共空间系统整体呈现最优化动态均衡发展态势的同时，更应关注各等级、类型城市游憩公共空间核心吸引力的提升，重点对城市游憩公共空间开发的时序和程度进行顶层设计等。

（一）消费文化重塑城市游憩公共空间特色

在席卷全球的消费文化影响下，自进入21世纪以来，我国沿海发达城市开始向消费型城市演变。以上海为例，按照常住人口计算，2019年上海人均地区生产总值已达到 15.73 万元①，和世界中等发达国家（地区）的经济发展水平相当，同期上海社会消费品零售总额 1.35 万亿元，占全国社会消费品零售总额的 3.3%，位居全国各城市之首；2019 年上海人均可支配收入达到 69 442 元，位列全国首位；人均消费支出 45 605 元，同样高居全国榜首。城市发展的密度、尺度和速度正在抛弃传统的形式与规律，城市的全球化、城市快速更新、城市特色趋同发展等折射出消费社会时空体验变迁的痕迹，瓦解和颠覆社会生活的多样性和地方性的文化传统，当消费文化逐步成为我国城市发展所必须面对的文化生态语境时，居民开始关注城市空间环境品质和符号意义（空间的区位、环境、形象、体验及其所带来的品位、身份差异等）。

鉴于游客相对更关心那些构成"一个地点"之独特性的符号或标牌，因而全域旅游建设的落脚点聚焦在城市游憩公共空间建构之上，依据游憩活动自身的演化及游憩和城市其他（活动）功能融合发展趋向，结合城市更新制定相应的空间布局、生长时间序列，通过深度挖掘整合城市游憩资源（要素），对城市游憩空间（场所）进行"复制""转换""重组""变型"及功能调整等，以推进城市游憩公共空间生产与再生产，持续优化城市游憩公共空间结构，塑造独具城市特色的游憩公共空间，进而满足市民（游客）对城市游憩公共空间的个性化、多样化、品质化消费诉求，即以游憩公共空间串起丰富、生动的城市生活、生态、生产、生机……无疑是国内城市，特别是我国沿海经济发达地区城市，推进城市全域旅游建设的重点，有助于打造更具标识度的城市核心竞争力，增强城市发展的辐射力和凝聚力。例如，将城市"工业遗存"和滨水空间连接在一起，通过设计师的景观创意设计/建设改造，再结合景观创新植入更多文化元素，使其被重塑为城市艺术性地标和演绎城市历史文化的代表作等。

（二）城市游憩公共空间结构趋向网络化

理想的城市游憩公共空间结构系统是单核、带状及组团多中心结构模式合理并存的。从城市游憩公共空间发展演变过程来看，为满足市民（游客）多样化的日常游憩生活需求，城市游憩公共空间类型不断增多，由"点"状的城市广场、公园绿地、活动场馆等连接"线"状的特色街区、滨水游憩带等，串起"面"状分布的游憩活动区，形成不同等级、层次的网络，进而架构起城市空间景观的骨架。以上海市为例，由于城市游憩公共空间整体关联性较低，空间系统结构不是很紧致，因此遵循效益与公平兼顾的原则，基于"节点"→"轴线"→"网络"建构上海城市游憩公共空间网络框架体系是重点。

---

① 资料来源：《2019 年上海市国民经济和社会发展统计公报》，由上海市统计局于 2020 年 3 月 9 日发布。

《上海市城市总体规划（2017—2035 年）》（上海市政府于 2018 年 1 月正式发布）明确提出"建设成为卓越的全球城市"，《上海市"十四五"时期深化世界著名旅游城市建设规划》，提出"奋力推进高品质世界著名旅游城市建设"，因此培育高等级的城市游憩公共空间"点"是关键。由于上海中心城区游憩公共空间以购物型和商务型为主，观光型为辅，持续提升"外滩-南京东路""陆家嘴""淮海路""城隍庙""徐汇滨江""五角场"等城市游憩公共空间的娱乐、购物、商务等功能，优化城市游憩公共空间品质，创新体验式游憩产品等以吸引游憩客流应是重点。同时，鉴于上海城市游憩公共空间类型区际差异显著（图 3-2），除了重点提升中心城区游憩公共空间核心吸引力，还应充分挖掘交通优势，找准"堵点"，积极推进城郊游憩公共空间建设，即以休闲度假型为核心，尽快提升其购物、娱乐、商务等功能，按"优势互补，重点突出"等原则，补齐短板，精准发力，实行游憩资源优化组合、错位联动发展，重点是在崇明、奉贤、青浦、松江、金山、浦东等区域打造多个高等级的郊区游憩公共空间。

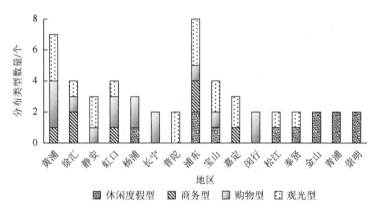

图 3-2 上海各行政区游憩公共空间分布类型差异

（三）创新整合"碎片化"游憩公共空间

城市公共空间是一个集生活、休闲、交往、散步、文化等于一体的多层次、多功能空间。由于在城市化、工业化高速发展过程中的"创造性破坏"（因"过时"而被"遗弃"等）、城市公共空间结构失衡、意象混乱和视觉矛盾等问题较为突出，同时由于我国城市更新中碎片化的游憩公共空间更新和先易后难的分散建设方式，包括新旧城市运行制度的碰撞等，因此，公共空间的规划不能一味追求突破空间限制，需要在城市公共空间的功能性上，结合公众的实际游憩需求进行更加缜密的思考。诸如从空间密度、人文温度、功能集成度等方面入手，借鉴国内外城市成功案例，通过精巧的环境设计，包括空间和氛围的设计营造，注重空间的利用率、空间的效度、使用品质和功能实用性，尽最大可能提供基本的游憩空间和服务设施，以系统性、整体性创新思维对公共空间进行整合设计，激活老旧过时的公共空间，打造以场景化为主的多功能、一体化、有趣的公共空间，促使建筑物与建筑物、建筑物与景观、景观与人之间相互和谐，才能最大化发挥游憩公共空间的价值。

在高速城市化进程下，更要重视"碎片化""口袋型"游憩公共空间建设。中心城区小规模呈现斑块状分布的"碎片化""口袋型"的城市游憩公共空间（例如，将街道中不规则形状未利用的碎片空间打造成为广场"口袋公园"等），具有选址灵活、可达性高、离散性分布、方便管理与维护等特点，能有效缓解现代人精神压力和紧张情绪、改善城市居民生存质量、满足诗意栖居等功能，是建设健康和谐人居环境和实现城市可持续发展的重要途径。而创新整合建设更多的游憩公共空间也有助于市民更好地开展日常游憩。"口袋型"游憩公共空间规划是空间艺术，其内部可采用空间对比手法等提升空间趣味性与吸引力，包括利用空间分割与联系的手法，组织恰当的空间序列分割空间，同时注意营造空间序列需配合藏与露、内向与外向、引导与暗示等手法运用，使得空间产生渗透与层次的变化，达到分割的空间相互渗透（形成流动的游憩空间），从而创造出充满生机和活力、参与感和体验感强的游憩环境，即通过内部空间多样性塑造来引导和满足游憩者多种不同需求。

（四）城市游憩公共空间建设"以人为本"

城市游憩公共空间建设"以人为本"，首先是契合市民（游客）的多样化游憩活动需求，充分考虑融入市民日常生活，尤其是引入"折叠思维"对中心城区存量空间更新改造，从小处细部入手，赋予游憩公共空间主题性或纪念性的意义，力求创造层次丰富的人性化空间形态，塑造多样化开敞空间和多种游憩功能空间，形成集游憩与商务、文化、旅游、购物、休闲娱乐、健身、居住等多功能于一体的形象特色及美感体验鲜明的复合公共空间。此外，城市游憩公共空间的选址与功能定位，应以丰富城市居民生活及游憩活动需求为依据；游憩公共空间尺度要以人的尺度为标准，避免超尺度游憩公共空间泛滥；重点考量游憩公共空间设施材料的使用，深化技术细节的研究；从围绕游憩者获得最佳参与游憩体验角度出发，建立有效的城市游憩公共空间管理政策及实施措施等。

城市游憩公共空间不是孤立存在的。在大众休闲时代，随着市民游客体验性消费（如对城市异质性-异域式、刺激式、参与式、漫游式、虚拟式体验等）需求增长及全域旅游建设的推进，单体游憩公共空间集聚成功能多元复合型的游憩公共空间，各类游憩活动关注的管理重点已从对旅游景区（点）、活动场馆、商业（购物）中心等单一、封闭式管理转向城市游憩公共空间的统筹、开放式管理。由于在局部城区内并无独立完整的行政管理主管部门，来对相关游憩活动进行全方位管理/监督，而对相关游憩服务水平的优化提升，必然也会涉及要求统筹城市区域游憩公共空间管理及城市游憩公共空间的规范化建设等问题。因此，关注城市不同群体的游憩空间诉求，注重"游憩空间价值共享""弱势群体游憩空间权益"等，强调"公平共享"应是城市游憩公共空间建设（新建或改造）的发展方向。

（五）游憩适宜性评价分析广泛应用

无论是从城市规划，还是从城市设计角度，基于国内外城市游憩公共空间建设与管理的先进经验，越来越多的城市游憩公共空间被规划建造出来，并力图形成"点—线—面"系统，努力实施城市游憩公共空间建设布局均衡化。但在具体的实践中仍然存在空间规划设计不合理，游憩设施景点布置人性化设计不充分，部分游憩公共空间利用效率低及使用效果不佳，不能真正满足市民（游客）游憩需求，出现很多设施及场地无人问津或鲜有人使用的闲置现象。因此，从使用者角度来评价公共空间在满足市民游憩需求的适宜性程度，即游憩适宜性评价是必要的。城市公共空间项目建设实施目前大体遵循"设计—施工—建成—使用"的程序式流程特点，虽然很多项目规划设计理念非常好，但设计方案主要是设计者从自身角度凭借自身专业及经验提出，建成后效果如何？实际使用效果又如何呢？对于游憩公共空间设计建设而言，建立"设计—使用—评价反馈—设计"流程势在必行。

游憩适宜性指公共空间在活动场所的规划布局、设施内容布置、景观设计、环境绿化美化等方面满足市民游乐、休憩使用的适宜程度，是反映公共空间设计是否成功的一个重要内容。其中，游憩指的是以休闲为核心的娱乐、康体、疗养、休息等活动；适宜性指的是场所空间、肌理、内容及环境质量符合人的行为习惯和满足人的需求的程度。对公共空间进行游憩适宜性评价分析时，可以借助空间体验相关理论，运用 POE（post occupancy evaluation，使用后评价/使用状况评估）方法。POE 方法，是指从使用者的角度出发，对已建成环境进行系统描述和建立适宜性评价指标体系，对公共空间游憩适宜性进行综合评价的实证性研究方法。该方法已经被广泛应用到景观设计领域来关注和评价城市园林绿地空间的使用状况等。

第二节　城市游憩公共空间提供机制

"机制"最早源于希腊文，原指机器的构造和工作原理，后被广泛引申到不同

领域，泛指各要素之间的结构关系，以及各要素之间的运行方式，包括其内部
组织及运行变化规律等。在社会学中，"机制"概念的内涵被表述为"在正视事
物各个部分存在的前提下，协调各个部分之间的关系来更好地发挥作用的具体
运行方式"。由于城市经济的非均衡、跨越式增长，中心城区人口密度快速攀升、
郊区化蔓延和城市用地功能置换，现代城市游憩生活的多元化、差异化等，城
市游憩公共空间的需求结构、供给模式及更新机制与游憩功能定位日益复杂化。
城市游憩公共空间的多样化、多元性、复杂性、综合化等特征，通过合理的机
制安排，特别是在游憩公共空间市场化提供过程中，可以增强城市游憩公共空
间提供的针对性、公平性和有效性，因而随着我国市场经济体制的建立与逐步
完善，以及在强化市场主导供给侧结构性改革的制度框架下（如在公共服务提
供过程中介入市场机制等），关于城市游憩公共空间有效提供机制建构及相关研
究成为当务之急。

一、城市游憩公共空间提供机制研究

城市游憩公共空间提供机制是指不同提供主体之间、不同生产者及安排者之
间，在城市游憩公共空间提供过程中所形成的多元化、稳定性、发展性的合作方
式、提供模式的准则等。目前，学术界对于不同类型城市游憩公共空间由谁来提
供、如何提供等问题的探讨，尚没有达成公认一致的意见。随着市场机制、社会
机制等被引入公共服务供给领域之中，城市游憩公共空间提供方式更加多样化。
虽然关于城市游憩公共空间提供机制的本质与规律，以及相关研究理论框架体系
（表 3-2）等构建仍有待完善，但国际上有关城市游憩公共空间提供机制的研究已
历经从单中心供给理论向双主体联合供给理论，再到多元供给理论的研究；从政
府主导提供到政府与企业合作提供、政府与社会第三方组织合作，以及政府、企
业、社会第三方组织乃至个人等多元主体提供理论，如表 3-2 所示。

表 3-2　游憩公共空间提供机制相关理论演化

项目	1945～1970 年	1970～1990 年	1990 年至今
	公共物品理论	新公共管理理论	管治理论
提供主体	政府	政府-企业，政府-社会第三方组织	政府、企业、社会第三方组织、个人
提供模式	单中心提供	双主体联合提供	多元提供

城市游憩公共空间提供机制研究，就是对各提供主体及其相互之间的合作方

式、提供模式等一揽子研究的过程，主要是借鉴相关理论及城市游憩公共空间自身属性特征，解析城市游憩公共空间构成，从提供主体、提供模式等维度探讨，着力于通过不同类型典型城市游憩空间提供主体及其合作模式、提供方式的创新性、有效性和局限性研究，尝试提出城市游憩公共空间有效配置的合理决策建议，即建构一个良好的城市游憩公共空间提供机制，促使城市游憩公共空间在市场条件下及制度框架内得以公平、高效提供，不仅能够实现政府（部门）、市场（企业）、社会第三方组织等各提供主体之间供给平衡，同时也有助于进一步提高市民游客（社会公众）的认可度和满意度。例如，城市政府重要的公共政策的制定与实施，应以前瞻性的态度积极面对、主动引导，包括重新审视城市更新与游憩公共空间发展耦合互动，探索二者形成良性循环等。结合相关文献，国内关于城市游憩公共空间提供机制的研究主要集中在以下几个方面。

（一）提供主体及其关系的研究

游憩公共空间是国家社会福利的重要内容和实现公民游憩权的主要途径之一，由政府主导的供给模式很难满足居民日益多样化的游憩需求，而单纯的市场化运作也有其自身的弊端，高度的商业化会导致公民游憩行为日益成为一种纯粹的消费活动。李怀（2013）从空间生产的角度提出了城市广场空间提供主体——政府（权力）和企业（市场）之间的合作关系，以及这种合作关系下的城市广场空间生产对于社会分层和不平等的研究。曾添（2013）以"武汉824汉阳造创意产业园区"为例，分析了政府对于产业园区提供过程中的职能定位。陈小琴和陈贵松（2015）通过分析某地在森林游憩区志愿供给的现实约束，得出目前社会第三方供给缺位的现象，提出在政府主导下，积极引导社会第三方对森林游憩区的自愿供给。

（二）提供模式及运作方式的研究

关于提供模式的研究，也是目前研究的主要内容之一。学者主要从政府主导、政府与企业合作、企业自身行为等多个角度对不同城市游憩公共空间单体的提供模式进行对比研究。蒋慧和王慧（2008）提出创意产业园区存在的几种提供模式：一是政府主导型包括旧城改造模式（上海田子坊）及产业园区升级模式［北京DRC（design resource cooperation，设计资源协作）工业设计创意产业基地］；二是政府和开发商合作开发模式，政府负责园区的行政管理，提供辅助功能平台，开发商负责园区的经营管理（香港数码港、西安高新区创意产业园）；三是企业行为模式，由单个或者多个企业投资建设，企业自身作为园区的运作主体，实行市场化运作（北京欢乐谷主题公园、深圳华侨城等）。

管娟和郭玖玖（2011）结合上海中心城区更新机制，以上海新天地、8号桥、田子坊为例，对政府主导下与企业合作模式、政府让权与企业合作的模式，以及政府积极引导、自下而上的提供模式进行对比研究，得出上海中心城区城市更新运行机制的动态演化规律。陈淑莲等（2015）从绿道休闲服务的属性、供给主体、供给方式展开，提出"政府—企业—社会"复合供给机制假设，并指出根据三类主体的不同组合可能形成不同的复合机制，以广州市增城区绿道的休闲供给进行实证，研究结果显示：都市型绿道适合采用政府主导供给模式，近郊型绿道适合采用政府—企业并重供给模式，依托景区的远郊型绿道适合采取市场主导供给模式。李一帆（2016）以武汉市汉口江滩公园为例，从权力维、资本维和地方维多角度分析公园空间生产机制。周晓霞等（2020）以城市更新为切入点，探讨存量规划时代城市公共开放空间营造的动力机制、目标导向、政策及实施机制。杨友宝和李琪（2021）以长沙市为例，认为城市公共游憩空间形成的重要机制是社会游憩需求驱动、政府规划政策调控、"人文—自然"环境基底约束。

（三）管理体制的研究

由于城市游憩公共空间管理属于多个政府职能部门，相关的公共服务破碎化，大部分城市的游憩空间既不能很好地满足市民（游客）的消费需求，也不能很好地促进旅游休闲业发展，因而必须将分散在政府不同部门的管理职能整合起来，学者从政府管理体制整合角度进行了相关研究。叶圣涛等（2015）从价值取向（旅游发展取向与人的发展取向）、组织形式（集权—命令式与分权—协商式）展开分析，由此推导出四种可能的整合方案：一是相关职能划归旅游局；二是成立旅游局牵头的部际协商委员会；三是相关职能划归文化局；四是成立文化局牵头的部际协商委员会，城市政府可以根据自身的实际状况做出选择。陈立群（2019）通过对纽约、伦敦、汉堡等地的商业改进区（business improvement district，BID）进行对比研究，从政府、市场及居民对城市商业中心的多方共治模式进行归纳、总结，提出城市空间多方营造和管理建议。

关于游憩公共空间提供机制的实证研究，自2008年以后，主要以城市游憩公共空间单体进行案例分析。综合来看，对不同类型的城市游憩公共空间提供机制缺乏系统性、针对性的分析，相关提供机制背后逻辑缺乏基础理论的支撑。此外，不同规模等级的城市在游憩公共空间提供过程中也存在很多问题和不足，如何创新城市游憩公共空间提供机制成为亟待解决的焦点问题。

二、城市游憩公共空间主要提供模式

有关公共物品的提供模式，学术界已经有了比较深入的研究，并形成相对成熟的理论体系，具体可分为政府独立提供模式、市场化提供模式、社会第三方组织志愿提供等模式类型。在不同的提供模式中，政府、市场、社会第三方组织的角色、作用边界等有着明显差异，而不同提供主体之间的合作方式多样（表 3-3）。理论上，目前市场化条件下城市游憩公共空间的提供模式无异于上述类型，不同之处在于，作为一种特殊的公共物品，城市游憩公共空间内部构成要素的综合性决定了不同提供主体在游憩公共空间提供过程中的作用边界、方式等更加复杂多元。随着市场机制引入公共服务供给领域的深化，学者提出多种不同的游憩公共空间提供方式，如表 3-3 所示。

表 3-3　城市游憩公共空间提供模式及主要特征

提供模式	主要特征
公办公营	由政府（部门）单一供给（垄断提供），具体到不同行政级别的政府部门（包括政府公共机构），有着直接提供，或者是间接提供的区别
公办私营	政府部门（包括政府公共机构）有着直接（或是间接）提供责任，但具体的服务提供（或者仅为其中的某些部分）则是通过协议外包等方式交由市场（私营企业）来负责
私办公营	由市场（私营企业）垄断提供，政府部门（包括政府公共机构）仍然担当着间接提供者的角色；市场提供者（私营企业）之间通过竞争获取相关生产或服务提供权；政府支持相关消费者和市场生产/提供者（私营企业）之间竞争，政府承担着颁发准入许可及对竞争性市场提供者开展经营管制的角色
社区或用户提供	主要由社区或者直接由使用者供给，政府部门对具体服务提供或服务内容进行控制
混合提供	主要由合资企业供给，同时受益者也参与提供。一般情况下，合资企业是政府部门（包括政府公共机构）和私营企业直接提供者之间的联合

（一）政府独立提供模式

埃莉诺·奥斯特罗在《公共经济的比较研究》中将政府独立提供理论称为单中心理论。政府独立提供模式是指政府垄断包揽城市游憩公共空间的生产、提供的全部过程。第一，从提供主体来看，政府是唯一的提供主体，完全决定城市游憩公共空间提供的数量、规模、内容，并负责游憩公共空间的管理、运营。第二，从提供过程来看，政府采用垄断方式包揽城市游憩公共空间的生产、提供环节，所需资金由政府筹措，既由政府投入资金又独立从事具体的生产过程，通过生产职能部门完成城市游憩公共空间的提供过程。第三，从提供方式来看，主要是通过政府服务职能来实现。

此种模式下（图 3-3），政府负责城市游憩公共空间的全部生产、提供过程。

政府通过其社会服务职能机制，同时作为资本方、权力方，实施投资、政策制度的提供，即政府通过垄断机制、行政权力全面负责游憩公共空间的生产和提供，包括规划、开发、建设、运营、管理等。以上海城市公园绿地建设（新建或改造）为例，作为重要的生态基础保障型城市游憩公共空间，上海市政府不断调整城市绿化方针政策，从"见缝插绿"到"规划建绿"，从"圈地为绿"到"免费开放"，持续加大城市公园绿地建设力度。同时，上海城市公园绿地建设（更新）的资金绝大多数来自政府的财政拨款，在养护及运维管理体制上，也大多采用由政府园林绿化管理部门自管自养的管理模式（图3-3）。

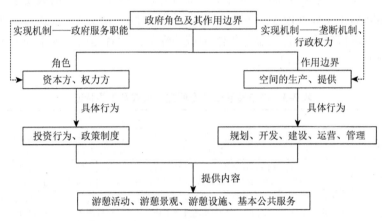

图3-3 政府独立提供模式

（二）政府主导、市场参与提供模式

在"经营城市"理念下，市场参与机制被广泛引入城市游憩公共空间建设（更新）领域，表现为政府主导、市场（开发商、企业）参与配合的政企合作性质。政府主导，强调了政府对城市游憩公共空间提供的整体把控；市场参与，表明市场（开发商、企业）为生产者或者部分内容的提供者。在城市游憩公共空间实际提供过程中，政府主导、市场参与提供模式具体又可细分为几种不同方式（如合同承包、契约、租赁等方式），城市游憩公共空间构成要素的复杂性，使得不同构成要素的提供主体可以是多元的，因而各提供主体之间的合作方式也是多样的。

第一种，政府作为城市游憩公共空间的生产、部分内容的提供方，同时将城市游憩公共空间的部分内容交由市场（企业）提供，或者是将城市游憩公共空间的运营、管理权交由市场（企业），政府只在政策上予以扶持和引导，由企业自负盈亏、独立经营，充分发挥市场机制的有效性。合同承包是最常见的实现方式，如图3-4所示。

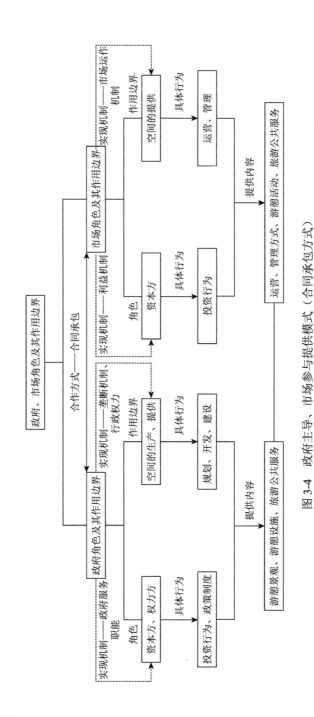

图 3-4　政府主导、市场参与提供模式（合同承包方式）

　　此种合同承包方式，通过市场机制有效实现了城市游憩公共空间的所有权、经营权的分离。从政府角色来看，政府通过其社会服务职能同时作为资本方、权力方实施投资、政策制度的提供，即政府通过垄断机制、行政权力全面负责游憩公共空间的生产、提供过程，以实现游憩景观、游憩设施及旅游公共服务的部分提供。从企业的角色来看，企业通过利益机制投入一定的资本作为资本方，通过市场运作机制负责城市游憩公共空间可市场化部分内容的提供，并实施游憩公共空间的运营与管理过程，即具体负责游憩公共空间运营、管理。政府和市场之间纽带主要是通过竞标、合同承包等，将城市游憩公共空间运营、管理权及可市场化的部分内容交由企业负责生产、提供，能够有效提升城市游憩公共空间的整体提供效率。此种方式也存在权责不清等弊端，为了尽量避免出现此类现象，政府需要制定明确的市场竞争、进入、退出机制。

　　第二种，政府将游憩公共空间的生产交给市场（企业）来完成，政府采购、企业生产，就是政府提供资本，由企业进行生产。在此种方式中，企业仅仅进行生产经营，并不投资，政府作为资本的提供方，实现生产经营权的转移。政府将城市游憩公共空间部分内容通过契约（如服务外包）等方式明确数量、质量后交由市场。政府仍然负责游憩公共空间整体的建设、规划并让市场参与其中，通过市场最优化资源配置提升游憩公共空间提供效率。政府目的在于获取有效的、高质量的游憩公共空间，以保证更高的社会、政治利益；企业出于营利或获取政府更多拨款的目的，保证充分的经济利益。政府和市场的合作纽带是两者之间形成的契约关系（图 3-5），并通过契约关系来限制和约束双方行为，保证各方既得利益。一般情况下，企业主要通过竞标的方式与政府签订生产合同，如图 3-5 所示。

　　此种契约方式中，从政府角色来看，政府通过其社会服务职能同时作为资本方、权力方，实施对城市游憩公共空间的投资（生产资本）、政策制度的提供，政府通过垄断机制、行政权力实施游憩公共空间的提供，负责城市游憩公共空间的规划、运营、管理过程，具体提供游憩活动、旅游公共服务等。从企业的角色来看，通过利益机制投入一定资金，实施投资行为，通过市场运作机制实施游憩公共空间的生产过程，具体负责游憩公共空间的开发与建设，负责运营、管理方式的提供及游憩景观、游憩设施等建设。

　　第三种，政府负责城市游憩公共空间的整体开发、建设，游憩公共空间部分内容的提供方通过土地租赁方式等引入市场（企业），政府只提供最基本的政策、公共服务保障等，企业在保持土地性质不改变的情况下完全自负盈亏，独立向社会公众提供游憩公共空间。

　　在此种租赁方式中（图 3-6），从政府角色来看，政府通过其社会服务职能同时作为资本方、权力方，实施城市游憩公共空间投资（生产资本）、政策制度的提供，通过政府垄断机制、行政权力进行城市游憩公共空间的生产、提供，涵盖城

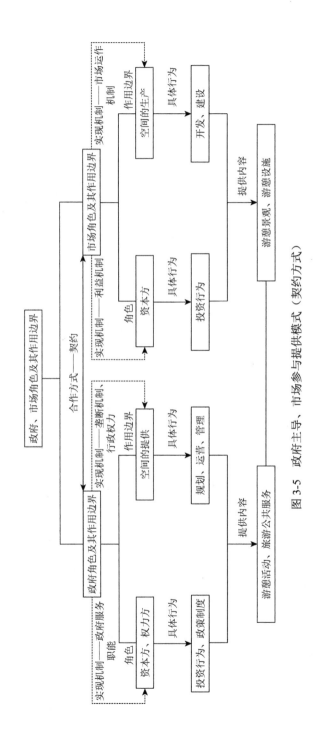

图 3-5 政府主导、市场参与提供模式（契约方式）

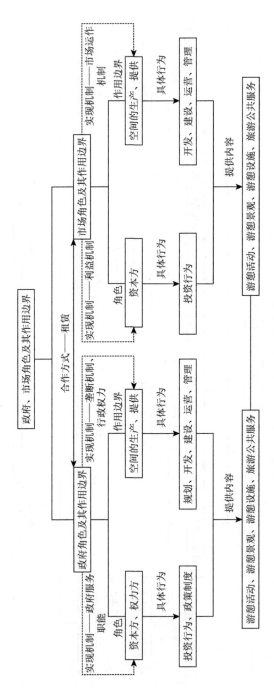

图 3-6　政府主导、市场参与提供模式（租赁方式）

市游憩公共空间的规划、开发、建设、运营、管理。从企业的角色来看，主要通过利益机制（投入一定资金作为资本方）实施投资行为。企业通过市场运作机制独立实施部分城市游憩公共空间生产、提供过程，具体负责部分城市游憩公共空间的开发、建设、运营、管理。政府和企业之间的纽带是两者形成的租赁协议，企业在租赁协议既定的范围内，独立实施城市游憩公共空间生产、提供过程，自负盈亏。综合比较，此种租赁方式既能够最大化政府服务职能，也充分发挥市场效率，如图3-6所示。

（三）市场主导、政府参与提供模式

城市游憩公共空间的生产及提供基本由市场（企业）负责完成，城市游憩公共空间的开发、建设、运营、管理等依托市场（企业）实施，政府主要起到宏观把控、政策扶持等作用，可以通过参股、补贴、政策提供等方式保障市场主体的既得利益及确保城市游憩公共空间的提供。在城市游憩公共空间生产与提供过程中，政府与企业形成监督、合作的双向关系，可实施（运作）的方式主要有两种（图3-7）：第一种，特许经营方式，由政府管制，市场资本以竞标方式获取政府特许经营权负责城市游憩公共空间的生产、提供、经营等；第二种，政府补贴方式，政府通过参股投资、补贴（包括放松对土地使用的控制和税收要求等，如上海迪士尼度假区就是政府以参股和减免土地税收的方式提供补助的），减轻市场（企业）资金压力并降低相应的风险，即城市游憩公共空间的生产与提供完全由市场（企业）负责，政府仅负责政策扶持、监督，发挥决策等作用，如图3-7所示。

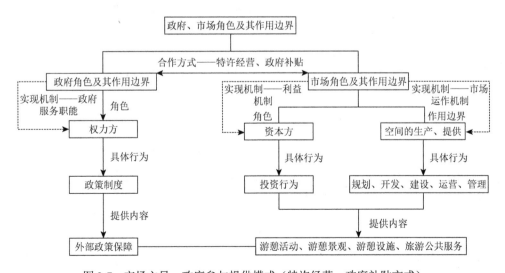

图3-7　市场主导、政府参与提供模式（特许经营、政府补贴方式）

在市场主导、政府参与提供模式中，政府和企业之间的纽带是特许经营、政府补贴等合作方式。从政府角色来看，政府通过其社会服务职能作为权力方，仅单纯提供政策制度保障，即政府负责政策的制定及对企业的开发行为进行监督。从市场角色来看，企业通过利益机制作为城市游憩公共空间的资本方，在政府监督和管理下实施具体的开发建设行为，即企业通过市场机制具体负责实施城市游憩公共空间的生产与提供过程。例如，上海新天地的开发建设就是采用市场主导、政府参与提供模式，上海市卢湾区（现为黄浦区）政府将新天地划定为历史文化保护区，负责相关空间更新改造的总体规划。总体上通过市场化运作，上海新天地引入不同业态的企业进驻，极大提升了城市游憩公共空间多样性水平，同时采取保留城市街区原有肌理的方式，确保了城市游憩公共空间的品质。

城市游憩公共空间高度市场化（完全市场化）供给是有一定条件限制的，只有当市场的边际效益大于边际成本时，市场（企业）才会愿意主导实施城市游憩公共空间的生产、提供过程。具体条件主要为：第一，城市游憩公共空间具有一定的排他性或者竞争性。区别于纯公共物品类的城市游憩公共空间，由市场提供的城市游憩公共空间在属性上具有一定的排他性或者竞争性，也正是因为排他性或者竞争性特征的存在，部分城市游憩公共空间有了私有物品的特征，因而才有了引入市场机制的可能。第二，游憩公共空间供给市场具有排他性技术。消费者只有在一定约束机制下（通过付费后）才能够消费某种公共物品，如城市空间中很多私人活动场馆，因具有排他性可以通过付费进入，即选择性进入。市场通过价格歧视等方法对不同游憩消费者进行收费，既满足市场以利润为导向的利益机制，也能通过有效提供多样化的城市游憩公共空间，满足部分游憩者更高层次的消费需求。第三，政府能够提供产权制度保障。明晰产权能够帮助市场解决排他性、收费困境，从而降低城市游憩公共空间的提供成本，有效减少"搭便车"行为，保障市场交易者的收益。政府明晰城市游憩公共空间产权为市场提供了相应保障，也是引入市场（企业）提供城市游憩公共空间的基本条件。

（四）社会第三方组织提供模式

随着大批公益性社会组织的培育成长，社会第三方组织和政府之间通过不同程度的跨组织合作方式共同负责城市游憩公共空间的生产、提供全过程，不仅增加了城市游憩公共空间的多样化供给，也是对政府（部门）提供不足、市场资本化运作缺陷的重要补充。社会第三方组织志愿提供城市游憩公共空间，主要有两种方式。

第一种是社会第三方组织独立提供方式，为一种低层次的合作方式，政府与社会第三方组织缺乏实质性的互动关系。政府主要为城市游憩公共空间提供的权力方，仅提供外部政策制度保障与监督。社会第三方组织通过志愿机制，完全独立实现城市游憩公共空间的提供，所提供的游憩公共空间类型一般为公共池塘-保障型、俱乐部-保障型。社会第三方组织通过公益机制作为资本方，具体实施投资行为，并通过市场机制同时负责生产、提供过程，具体实施游憩公共空间的规划、开发、建设、运营、管理等过程。例如，上海田子坊更新改造，就是由居民自发成立业主管理委员会（简称管委会），通过协议出租让出生活空间和成立书街艺委会（艺委会）负责工业楼宇的运作（管理厂房出租）等，属于社会第三方（非政府组织）的自发行为，政府和市场（开发商、企业）未参与提供过程，是一种小规模、多元化、渐进式的民间资本运作模式，更多地体现出社区力量，如图 3-8 所示。

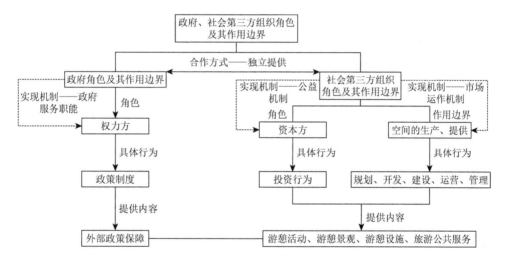

图 3-8　社会第三方组织提供模式（独立提供方式）

　　第二种是社会第三方组织委托代理方式，为政府购买社会组织服务的合作过程，也被称作服务替代模式。在此种模式中，政府将部分原来由政府直接提供的游憩公共空间，转移到由社会第三方组织来提供，即政府通过委托契约等方式将其职能部门具体的生产权力转由社会第三方组织来生产，是一种双向委托代理方式，属于高层次的合作关系。作为委托方，政府通过其服务职能，同时作为资本方、权力方，具体实施投资行为及提供外部政策保障与监督，并通过垄断机制负责城市游憩公共空间的提供。具体的管理与运营，则根据不同情况可由政府来主导，也可交由社会第三方组织运作。由于不同社会第三方组织之间往往也存在着竞争关系，政府通过选择最优的社会第三方组织来负责城市游憩公共空间生产过程，无疑有助于提升游憩公共空间有效供给效率，如图 3-9 所示。

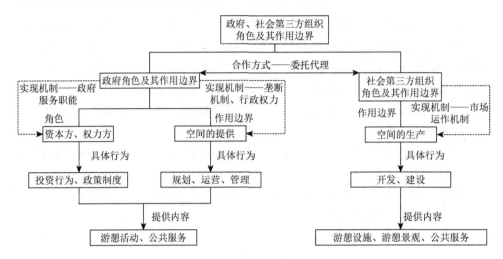

图 3-9　社会第三方组织提供模式（委托代理方式）

三、游憩公共空间提供机制方式优化

随着城市发展及市场化机制逐步引入，城市游憩公共空间由政府、市场（企业）、社会第三方组织乃至社区居民等共同参与的多元化主体提供格局得到进一步拓展和丰富（图 3-10）。以上海市为例，目前上海城市游憩公共空间提供模式多元化特征显著，就提供主体而言，已从政府为唯一主体发展到政府、市场（企业）双主体，再到社会第三方组织（如城市社区）自发提供的多元主体变化；在提供方式上，已从政府直接垄断供给，转向通过竞争招标、契约合作的小规模、多元化、渐进式供给发展。上海城市游憩公共空间提供模式既有政府独立提供模式，也有政府主导、市场参与提供模式，市场主导、政府参与的提供模式，以及社会第三方组织提供模式等；在具体提供方式上有监督、补贴、竞标、合同承包、租赁、特许经营、委托代理等多种类型。由于不同的城市游憩公共空间提供模式或多或少都存在着有效性和局限性问题，需要根据不同城市游憩公共空间类型的性质和游憩公共空间提供现状，构建动态化的城市游憩公共空间供给体系，优化城市游憩公共空间提供机制与方式，如图 3-10 所示。

（一）明确政府的职能范围，确保分类有效供给

由于城市游憩公共空间构成的复杂性，以及新形态、新模式的城市游憩公共空间不断衍生裂变，城市游憩公共空间内涵和外延始终处于动态变化之中，在实际的城市游憩公共空间供给过程中，很多时候存在具体范围难以界定和提供顺序错乱等问题。为了提高城市游憩公共空间供给效率，需要充分协调好各利益相关

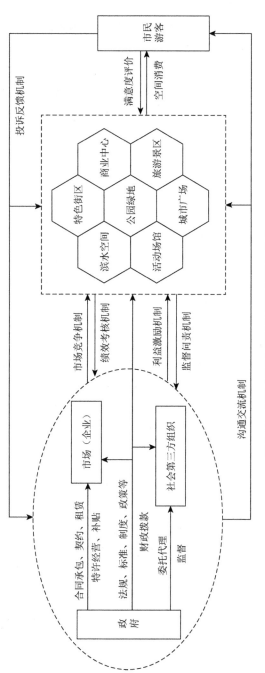

图 3-10　城市游憩公共空间提供机制与方式

方的关系，明确各自职责和义务，特别是政府职能定位先要清晰准确。综合分析，政府在城市游憩公共空间提供过程中应明确关于保障型城市游憩公共空间提供的主要责任，建立和完善保障型城市游憩公共空间体系，以确保满足市民（游客）最基本的游憩需求；对于发展型城市游憩公共空间的供给，政府应引入市场化机制，充分利用市场资本，并积极发挥社会第三方组织的作用。由市场（企业）、社会第三方组织参与游憩公共空间提供，并不意味着政府的缺位，政府应在相关政策扶持、游憩公共服务设施完善、企业市场行为监督等方面，形成有效的保障制度和全过程监管机制。

（二）进一步完善政策激励，充分引入竞争机制

随着全球化和市场经济的发展，在积极引导市场（企业）、社会第三方组织共同参与提供城市游憩公共空间的进程中，政府可以通过设立专项基金等形式奖励或补贴符合政策导向的企业、社会第三方组织，使得企业、社会第三方组织获得更多的资金支持，也在某种程度上降低了企业的成本，缓解了企业部分资金压力。例如，文化类的专项资金——上海市文化广播影视管理局曾出台《上海市公益性演出专项资金管理办法》，对在上海市剧场内举办的公益性演出进行专项资金补贴，包括公益性专场演出、营业性演出低价票、大学生公益票等，这使得更多市民（社会公众）有机会观看演出；《上海市新（改）建数字影院建设扶持专项资金补助管理办法》制定并发布，积极引导社会资本参与到数字电影院的供给中，以满足市民的观影需求。此外，关于对民营文艺表演团体、公益性演出、民办博物馆等给予专项补贴等，激励了大量社会资本参与城市游憩公共空间的提供。

（三）构建沟通交流渠道，平衡游憩供给与需求

在城市游憩公共空间生产、提供过程中，为了尽量减少、避免一些低效或无效的提供，不仅要进一步加强宣传和教育，提高游憩者对于城市游憩公共空间的认知度和参与度，还要不断完善社会公众参与机制，可以通过网上问卷、意向调查等方式，适时构建有效的信息表达、意见建议和反馈渠道，让市民（游客）从被动接受转变成为表达需求意愿接受，即通过"参与式规划""社区营造"等社区公众参与方式，将城市游憩公共空间提供由"供给主导"转变为"需求主导"，其关键是需要在城市游憩公共空间的生产者、提供者和游憩者之间建立信息沟通交流反馈渠道，特别是游憩者对城市游憩公共空间的需求表达机制，只有及时了解、准确掌握社会公众对城市游憩公共空间的实际需求（趋向），并将其引入政府有关

游憩公共空间提供决策制度之中，才能在生产者、提供者与游憩者之间构建有效的"信息→反馈→决策"和"服务→反馈"机制。

（四）完善提供机制框架，保障动态化运行机制

由于城市游憩资源的管理大多数分散在政府不同职能部门管辖范围之内，在城市游憩活动组织、游憩资源调配、应急处置等方面需要进一步建立健全城市游憩公共空间综合协调管理机制，探索创新、构建形成和持续完善优化城市游憩公共空间复合提供机制的运行框架（图3-11），包括对保障型、发展型城市游憩公共空间分别采取和实施不同的管理体制、运营机制和扶持政策等。同时，对市场（企业）或社会第三方组织提供者也需要进行必要的监管，受理社会公众的咨询、意见、建议、投诉等，及时回应市民（游客）的游憩诉求（包括潜在需求）。综合来看，虽然功能分工和利益诉求各不相同，但城市游憩公共空间各参与方通过不同的责任结构联结起来，通过恰当的合作机制，采用多样化提供方式等，使得城市游憩公共空间的生产、提供具有显著的动态化特征。

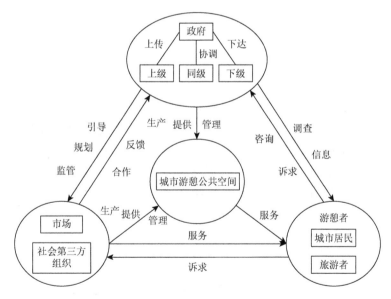

图 3-11　城市游憩公共空间动态化提供机制构建

第三节　城市游憩公共空间更新模式

游憩公共空间是现代城市规划建设中最重要的一种城市空间类型，也是各级

政府可以统筹规划的公共资源之一。自进入 21 世纪以来，我国很多城市特别是东部沿海地区的经济发达城市，已快速被裹挟到从工业型城市向消费型城市演变的浪潮中。作为衡量城市社会文明程度和市民生活质量水平的重要表征，虽然受到所在城市的地理区位、自然环境、经济水平、社会文化、宏观政策等诸多因素的影响，不同规模等级的大、中、小城市游憩公共空间发展呈现出不同的演化规律，但各城市游憩公共空间建设在规模、类型、品质、公共服务能力等方面有所提升的同时，同质化、工具化等"痛点"问题也日益凸显。对比不同城市游憩公共空间发展的共性与差异之处，剖析并总结提炼出主要影响因素、驱动机制及作用机理，特别是城市游憩公共空间更新模式（图 3-12）等，可以为其他城市游憩公共空间更新实践提供有益参考。

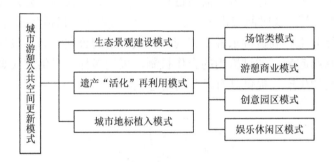

图 3-12　城市游憩公共空间更新模式

　　城市游憩公共空间是现代化、全球化时代的特色产物，随着居民游憩需求的多样化、个性化及对生活品质的追求，建设更多能够满足社会不同年龄层次游憩需求的新型城市游憩公共空间受到重视，同时各种新型城市游憩公共空间的大量生产、提供，既是空间自身发展利益诉求的结果，也可以说是城市空间演化的主动性适应。随着城市游憩公共空间研究越来越细化，学术界开始深入探讨不同类型、层次的游憩公共空间的融合发展问题，注重厘清共生理念下游憩空间发展思路，围绕"创新链""要素链""政策链"等融合共赢发展，解析游憩公共空间更新与城市发展的内在逻辑关系，深刻揭示构建城市游憩公共空间的驱动机制，阐释游憩公共空间与城市空间的耦合互动影响规律，以及城市各类游憩公共空间布局的最优化和游憩价值发挥的最大化，并有针对性地制定和完善城市游憩公共空间政策制度等。

一、生态景观建设模式

　　生态景观建设模式指以城市生态保护及改善生态环境为主要特征，进行大规模郊野公园、湿地公园及公园绿地、城市绿道等建设。随着城市化进程的加速及城市建城区的不断外拓，与持续增长的城市人口数量相比，城市公园绿地、公共服务设施等严重匮乏。为缓解此类矛盾及构建"生态城市""公园城市""森林城市""湿地城市"，政府以生态环境保护、改善城市人居环境及丰富市民的日常（游憩）活动为目标进行城市生态环境的整治与改造，通过建设（新建或改造）宜人的开放式、多功能、生态型绿地景观，包括推进大型郊野公园、湿地公园等公园绿地及城市绿道等建设，重塑城市生态绿地空间"骨架"，使其成为城市举办各类节庆活动和市民日常休闲（游憩）的主要活动场所，进而才能实现生态价值转换效益的最大化，带动城市地区的可持续发展。

以城市"口袋公园"建设（新建或改造）为例，"口袋公园"也称袖珍公园、迷你公园、贴身公园等，最早源于1963年美国纽约公园协会的提议，特指散布于高密度城市中心呈斑块状分布或隐藏在城市结构中的小公园。关于"口袋公园"的具体规模，目前学术界仍未有明确界定，城市中小到几十平方米，大到几千平方米的各种小型绿地、小公园、街心花园、社区小型运动场所等都是"口袋公园"的一种形式。以"口袋公园"在上海的主要形式——街心花园为例，《上海市街心花园建设技术导则（试行）》明确街心花园面积一般在500～5000平方米。综合来看，城市各种类型的"口袋公园"，都承载着同一个功能，即在市民生活中增添更多功能性的绿地。作为具有花园景观、休憩服务或文化底蕴等功能的生态、实用、小巧而精致的城市绿色开放空间，虽然大多数"口袋公园"面积规模很小，但因依托城市道路、商业街区或居民区等建设，更能够方便、快捷地满足周边居民日常观赏、健身、邻里社交等游憩活动需求。

与相对规模体量比较大的城市综合公园、郊野公园相比，"口袋公园"具有选址灵活及"小""多""匀""乡土气息"等特点。虽然规模小，但因为要兼顾到多个年龄段游客群体的需求，从"口袋公园"的规划、设计和建设到管理、运维等并不比大型公园绿地容易。例如，由于占地空间狭小，因此"口袋公园"所有设施都力求多功能，要求公园设计者必须充分了解公园绿地周边社区的组成结构和使用者的日常游憩需求习惯并融入公园建设布局之中，才能够在充分展现人性化、景观化、生态化城市风貌的同时，尽量兼顾公园承载力和舒适度，进而提升市民（游客）的体验感、幸福度。此外，因为是家门口的"口袋公园"，周边居民既是享受者，也是"设计者""建设者"，市民（游客）对"口袋公园"的期许更高。例如，"口袋公园"要有"当家"的观花或观叶植物，应采取高标准养护，能够丰富街景和美化环境，最重要的是为周边社区居民提供适宜的健身/游玩/休憩的空间（场地）等。

在城市公共空间结构体系中，可以将"口袋公园"看成是"点"，城市绿道则是"线"，"点—线"组合成城市生态绿"网"，即通过一系列的城市"微"更新，一个个"口袋公园"正在不断被打造出来，再由城市绿道有机串联成一条条魅力绽放的生态绿色"风景线"，不仅能够进一步改善城市生态环境和城市绿化景观，同时也织密了城市绿色空间网络。随着中心城区进入"存量更新"时代，用地极为紧张，以"寸土寸金"的上海市为例，截至 2020 年底，上海人均公园绿地面积 8.5 平方米，距离国内外城市公园绿地平均水平仍有不小的差距，除了继续推进大型公园绿地（堪称城市"绿肺"）建设，着眼细小之处，做好"精细文章"，在上海中心城区建设（新建或改造）一大批"口袋公园"就成为必然选择。

从城市公共空间来看，上海中心城区土地资源稀缺，改建或新建"口袋公园"只能"见缝插绿"，挖掘城市空间中的零散边角地块（城区的"夹缝"），如道路的路口转角、大桥之下等，或者是通过对已有绿地实施再提升与再改造等。"口袋公园"绝大多数都是利用城市空间"边角料"改造而成，狭小、零散的空间倒逼着规划设计和建设者"螺蛳壳里做道场"，堪称"微基建"，通过对各式各样、大小不一的街角灰色空间的充分利用，为城市增添一批精巧的绿化景观：依据不同城区的主题定位，引入高"颜值"的新优品种植物，进一步丰富公园植物群落；考虑特定的地域文化元素，"口袋公园"突显城市本土特色；融入"海绵城市"设计理念，采用新型铺面材料、隔根带等施工工艺；智慧科技融入绿化空间，"口袋公园"的绿化养护实现智能灌溉等。截至 2019 年底，上海已建成 151 个"口袋公园"；2020 年，又有 50 个"口袋公园"落成，基本实现出门 500 米就有公园，不仅有效提升了城市公园绿地布局的均衡性，家门口的小型绿色公共空间还让市民（游客）的生活与工作更惬意。

二、遗产"活化"再利用模式

城市历史文化建筑、工业遗产等是特定时代城市生产力进步和城市社会发展的标志，具有较高的历史文化价值、技术经济价值、社会价值、建筑价值及审美价值等，对于遗产的"活化"再利用有利于促进城市历史文化遗产的保护与城市可持续发展。遗产"活化"再利用，指在保留城市原有历史文化建筑、工业遗产的文化特征（建筑风格、工业技术、工业设备）基础上，通过创新方式对城市历史文化建筑、工业遗产进行改造利用并赋予其新的内涵。例如，有选择地保留遗产地空间肌理，在建筑布局及开敞空间选择上尊重"工业特质"，根据用地周边条件引入现代时尚元素，植入商业、休闲、展览、餐饮等现代城市复合功能，将工业遗产转化为城市公共空间并重新融入城市生活，使其契合城市特质，把城市景观、历史记忆与现代生活有机结合，堪称是从工业"蝶蛹"里破"茧"，探索一种经济效益与社会效益双赢的遗产利用策略，做到遗产"活化"再利用的社会效益与经济效益统一，使长期形成的带有浓厚历史文化及产业特色的建筑、空间与环境，通过更新改造得以延续和发扬。

遗产"活化"再利用主要模式（表3-4）有多种。不同城市因其发展背景（历史文化基底、自然生态基底）、所处历史发展阶段等不同，遗产"活化"再利用模式是有差异的，以德国鲁尔工业区为例，其工业遗产更新模式主要包括主题博物馆模式、公共休憩空间模式、创意产业园区模式及购物旅游与工业博览相结合的综合模式等。

表3-4 遗产"活化"再利用主要模式及其特征

更新模式	主要特征
场馆类模式	将历史价值一般的遗产建筑修建为展示馆，或将历史价值较高的文化遗产建筑原貌修复建设为博物馆等
游憩商业模式	对历史文化建筑、工业遗产等进行游憩商业性改造，形成以游憩与商业为主的多功能复合区
创意园区模式	对历史文化建筑、工业遗产等进行空间功能置换，使得城市遗产空间更新为创意产业园区的空间载体
娱乐休闲区模式	将历史文化建筑群、工业遗产结合其周边环境进行整合开发，将其改造为可供外来游客和本地市民娱乐休闲的空间（场所）

（一）场馆类模式

将城市遗产（单体建筑或建筑群）改建为主题博物馆或是纪念馆等具有陈列、展示、教育等功能的城市公共空间。一种是由艺术家或是创意人士对历史价值或是保护不是很完整的历史单体建筑表面及建筑空间内部进行大规模改造，使其更新为以展示艺术家作品为主要功能的艺术展示馆，如上海徐汇滨江的龙美术馆（依托原北票码头煤料漏斗卸载桥改扩建完成），采用独立墙体的"伞拱"悬挑结构，为我国第一座以清水混凝土为展墙的美术馆，使工业遗产焕发新生；另一种为将保存较为完整的且历史价值较高的建筑，进行原貌修复，对其重点设施设备进行修缮、修复保留，并以主题博物馆等形式，让市民（游客）感受当时的工业历史文化，如上海邮政总局、杨树浦水厂等都是博物馆形式"活化"再利用的模式。

（二）游憩商业模式

该模式以城市产业调整为基础，在以休闲、商业等为发展目标的产业转型升级过程中，主要利用城市原有的历史文化街区、工业遗产建筑空间等建设（新建或改造）综合性的购物中心，并配有酒吧、餐厅、电影院等娱乐场所，是集休闲、娱乐、购物等多功能于一体的综合开发模式，遗产"活化"再利用为与原来功能完全不同的空间场所。游憩商业模式将城市历史文化和经济发展完美地融合起来，既符合城市更新中应重视历史街区、工业遗址的发展理念，也有效促进了城市产业结构转型升级，同时还满足了市民（游客）多样化的游憩需求，如上海新天地、杨浦滨江上海国际时尚中心等。

（三）创意园区模式

以文化创意为主要表现方式，对占有一定面积的城市历史文化建筑、工业遗产等进行空间重塑及功能置换，使得遗产空间"活化"再利用为城市创意产业集聚发展的空间载体。根据形成的主导动力，大致可分为两种类型。一种是"自下而上"型，由创意人士通过改造衰败的历史文化街区、工厂建筑（遗址）形成自己的文艺创作空间，逐渐再吸引更多的创意人士集聚，从而形成具有一定空间规模的多功能、复合型的创意产业集聚区；另一种则是"自上而下"型，即由政府部门主导推动创意园区的形成，政府往往通过出台一系列鼓励政策和举措，使得与创意产业相关的企业在短期集聚在某个历史文化街区、工业遗产区域。

（四）娱乐休闲区模式

结合城市更新，在保留城市原有的历史文化空间环境的大前提下，利用已经衰败的城市历史文化建筑、废弃的工厂遗址及环境，总体上将城市历史文化建筑、工业遗产建筑（或建筑群），改建为大型文化活动空间（场所），同时在功能配套规划设计中融入现代元素，并强调遗产及其周边环境的景观性，结合周边的公园绿地、滨水公共空间及文化活动展示馆等其他游憩项目，形成具有浓郁工业风的城市特色游憩公共空间。

以上海杨浦滨江空间更新实践为例，杨浦滨江段所在地区原属于杨树浦工业区，曾是近代上海地区最大的能源供给/工业基地，历史上曾经创造出很多项"工业之最"，有"中国近代工业文明长廊""近代上海工业的摇篮"之誉。20 世纪90 年代以后，随着上海城市转型发展及地区产业结构调整升级，杨浦滨江段所在地区的很多老工厂被关停，产业工人数从高峰时最多可达 60 万人，直降为 6 万人，大批的工厂（如纺织业等劳动密集型企业）搬离（转移）到其他地区。杨浦滨江地区留下大量工业遗存，有杨树浦水厂（中国第一座现代化水厂，1883 年落成）、杨树浦电厂（建于 1911 年）、杨树浦煤气厂（建于 1932 年）……老工业区如何"转型"？秉持"重现风貌、重塑功能、重赋价值"的原则，融合"生产""生活""生态"功能，传承城市历史文脉，保留珍贵的城市记忆，让工业遗存活化"有温度"，成为杨浦滨江公共空间历史保护建筑修缮及综合开发改造的基调。

杨树浦水厂至今仍在运转，2013 年被列入第七批全国重点文物保护单位，其红砖堆砌起的承重墙，外形巨大的水管，看起来更像是英国传统城堡；杨树浦电厂历史上曾是远东第一大发电厂，高达 105 米的大烟囱曾是上海最高的建筑；永安栈房经过"修旧如旧"和"以新补损"后，被用作世界技能博物馆，吸引着世界目光；结合"相遇"主题，"2019 上海城市空间艺术季"展馆搬到杨浦滨江段原上海船厂旧址地区的船坞和毛麻仓库之中；明华糖厂的老仓库，通过"去芜存精"，特别是拆除了后期的部分搭建，重现了老建筑中最具历史特色、最有感染力的精华部分……此外，曾经是杨树浦纱厂英商大班的住宅，已经有百年历史，改建为"怡和 1915"咖啡馆；"东方渔人码头"始建于 1938 年，曾是上海历史上著名的鱼市场，在保留建筑主体框架的同时，被修缮成为汇聚餐饮、购物、娱乐等多功能商业空间；原上海市国棉十七厂，其呈锯齿状的老厂房极具特色，已被创新改建为上海国际时尚中心。

据不完全统计，杨浦滨江岸线贯通后，新建公共绿地 12 万平方米，近百种的乔木、灌木总数已超 30 万株，还有连片的草甸、野花……"绿之丘"，曾经的烟草公司机修仓库，后经减量、生态化改造，已更新成为一座"空中花园"，以其丰富的景观视野、独特的空间体验变身为网红打卡地；"雨水花园"采用海绵城市设计理念，水、陆植物错落有致，还能实现雨水的"渗、蓄、滞、净、用、排"六项重要功能，可调蓄雨水量约 738 立方米，被誉为最具"呼吸感"的滨水空间，它曾是上海最早的外资纱厂——英商新怡和纱厂旧址，为了与周围杨浦滨江老建筑整体风格相契合，采用钢结构打造的栈道，以 9 块钢板镌刻怡和纱厂发展历程中的重要时点，让市民（游客）在游览中阅读历史，工业遗迹与生态绿地的交织重新焕发区域活力。

基于"以工业传承为核心"的设计理念提炼工业元素，把"无形的记忆"融入公共空间细节中。例如，路灯由曾经的水电管道设计改建而成，水管灯序列极具特色，令人印象深刻。结合黄浦滨江空间贯通，很多工业遗存"活化"再利用叠加了与市民（游客）、游憩者的互动功能：在原毛麻仓库里看一场美术展……"绿之丘"中欣赏生态美景……"皂梦空间"内做一块手工肥皂……杨浦滨江段已从"生产岸线"（以工厂、仓库为主）转型发展为"生活岸线""生态岸线""景观岸线"（以公园绿地为主），逐步复合商业办公、娱乐休闲、体育健身等生态、生活和文化功能，曾经见证过上海历史上很多"工业奇迹"的杨浦滨江"工业锈带"，已变身为"宜业—宜居—宜乐—宜游"的最有温度的"生活秀带"，它也是上海不断拓建可阅读、可漫步，吸引公众触摸文化、感知艺术的高品质滨水公共空间的缩影。

当代社会正处于激烈演进的"百年未有之大变局"中，各种复杂性和不确定性因素使得城市正在加速演变。再次回溯杨浦滨江公共空间更新历程，可以发现：杨浦大桥以西滨江段岸线，2017年12月首先对外开放，长2.8千米；杨浦大桥以东岸线，2019年9月贯通，长2.7千米；2020年9月，在获评2020年上海文化旅游推广窗口之后，杨浦滨江"生活秀带"位列第一批国家文物保护利用示范区创建名单！杨浦滨江2019年已建成漫步道5886米、跑步道5631米、骑行道5394米……杨浦滨江文化内涵不断提升，杨浦滨江之所以能入选文物保护利用示范区的"国家队"，不仅源于其特色工业遗存，更是得益于工业遗存的"活化"再利用。

三、城市地标植入模式

城市地标的建设（新建或改造）不仅有助于打造城市独特的消费与文化体验之地，还能够带动其周边区域整体环境更新。无论是对外来游客，还是本市居民来说，城市各类地标性景区（点），通常都是市民（游客）必打卡之地。在编制城市总体规划或者是城市分区规划时，为了准确把握时代变革的脉搏，加速促进新的城市公共空间及地区中心的形成，通常都会设计建设能够展示或代表其地区形象的城市地标建筑物（如标志性景观建筑、大型公共服务设施、大型商业购物中心、星级酒店或以市民广场等为主体的休闲游憩空间等，集文化、休闲、娱乐、购物、运动健身等诸多功能于一体），不仅能够为提升城市能级和打造城市核心竞争力做出贡献，还可以为城市发展开新局、育新机。例如，城市大型文体场馆的建设，在为城市举办大型活动提供空间场所的同时，还极大地促进了城市形象的宣传推广。

再以上海市著名的商业地标——南京路步行街为例，它东起外滩中山东一路，西至西藏中路，全长1599米，是上海开埠后最早建立的，也是最著名的一条商业街，为国务院确定的全国首批高品位步行街11个试点之一，有"中华商业第一街"美誉。南京路步行街的中央设立一排灯柱，像一条金带镶嵌在步行街上，两侧蜚声海内外的上海老字号商店及商厦鳞次栉比，路中间还有慢速观光游览车来往，供市民（游客）观光使用。到了夜晚，华灯初放，在霓虹灯的映衬下，南京路步行街各具特色的建筑美轮美奂，吸引众多购物者、美食客、游客纷至沓来，络绎不绝的客流营造出一片熙熙攘攘的热闹繁华之景，不仅是上海商业核心地段，也是上海对外开放的窗口，传统与现代的交织融合，为历经百年风雨的老街增添了别样的魅力。

南京路最早起源于 1851 年的花园弄（Park Lane），1865 年正式定名为南京路，道路两旁的商业街也随之开始兴建，逐步发展成为上海城市最繁华的街道之一。南京东路 1908 年开始通行有轨电车，但在 1953 年将有轨电车铺设的铁藜木路面拆除，改铺混凝土。由于新兴的商业竞争激烈，历史上的南京路商业街沿线商铺曾刷新过多个"亚洲百货业"纪录：率先在百货公司中开设"空中花园"，第一个将百货公司和游乐场、舞厅、影剧院、咖啡厅、茶室、顶级餐厅等业态融为一体，南京路上琳琅满目的各色商品和流派纷呈的花卉、盆景、书画展览等共同交织成一道五光十色的繁华风景线，成为众多市民（游客）购物休闲旅游目的地。

进入 21 世纪以后，南京路步行街开启新一轮升级化调整，通过公共空间改造，业态调整升级，街区整体商业面貌焕然一新。伴随着时代发展及商业迭代更新，南京路步行街商业版图持续调整，很多店面改换门庭，新的商号也不断涌入。1999 年 9 月，南京路步行街（西藏中路—河南中路）改造竣工，成为中国第一条全天候步行街，集购物、旅游、休闲、商务、展示等功能于一体；2020 年 9 月，南京路步行街东拓段（河南中路—外滩滨江岸线）开街，不仅贯通"近在咫尺"的"外滩万国建筑群"，更重要的是商业业态焕新升级，众多老字号与新品牌同台亮相，特别是入驻品牌的年轻化、科技化，如华为技术有限公司全球最大旗舰店落户南京路步行街，国际知名高端品牌集聚度超过 90%，全球零售商集聚度达到 55.3%……相关统计数据显示，南京路步行街东拓段每天客流超 20 万人次，最高瞬时客流突破 6 万人次。作为上海城市最热门的商圈，南京路步行街东拓段积聚效应及商业辐射效应进一步显现，助推周边街区（后街）"人气超预期"，并与步行街联动发展、互融互补。南京路步行街以购物及相关体验为主，聚焦"新、老、首、夜"特色，正在积极打造"世界会客厅"。

南京路步行街的繁荣得益于它始终走在创新潮流之巅，注重与未来科技潮流结合，这不仅是商业和文化娱乐活动相互促进的结果，也是品牌的橱窗、时尚的前沿，更是文化的高地、艺术的舞台。依托深厚的文化底蕴和丰富的商业与旅游休闲资源，南京路步行街举办了一系列有新意、有影响、有特色的时尚艺术活动，吸引了很多年轻群体参与。例如，通过 5G 等科技手段打造具备高科技和高触感、系统数字化和全场景运营的全业态商业体，进一步完善商圈生态闭环，以标志性、多功能性和便民性的崭新面貌，成为空间更为延展、功能更为丰富的海派韵味综合街区；面对线上、线下新商业生态的融合与趋同，在城市消费升级大潮中，吸引各种概念店、旗舰店、融合店等落地，包括新品牌体验店、老字号焕新店等，并通过首店和新品首秀不断丰富升级步行街的商业业态和品牌；政府及相关部门积极推进部分历史建筑的修缮与风貌整体提升，使得沿街历史建筑的轮廓更加凸显；在街区形态更新中，还见缝插针增加一些景观小品与休憩设施，为市民（游客）营造更多可以停留、休憩的公共空间，细节上处处体现人性和温度，充分展示出南京路高品质步行街"最上海""最国际""最时尚"的标杆形象。

第四章　政府供给/（生态）基础型：
公园绿地建设管治

作为城市游憩公共空间的典型代表类型，公园绿地是指城市中向公众开放，以游憩为主要功能①，有一定游憩和服务设施，同时兼具健全生态、美化景观、科普教育、应急避险等综合作用的绿化用地。在相关学术文献研究中，公园绿地被界定为具备城市绿地主要功能的斑块绿地，相对集中独立、对公众开放、具有游憩功能、可以开展各类户外活动、规模较大的绿地，包括中心城区公园绿地、近郊公园、郊区城镇公园绿地、环镇绿化等。公园绿地不是"公园"＋"绿地"的并列或叠加，而是对所有具有公园作用绿地的统称，不仅表征着城市整体生态环境质量水平，也是衡量城市文明程度、反映市民生活水平的重要指标。简而言之，公园绿地就是公园性质的绿地。

公园绿地是现代城市最重要的绿色基础设施，也是城市自然生态环境与社会文化活动和谐交融的空间场所。在人类文明发展进程中，公园绿地与城市化相伴而生，是城市化的产物，随着城市社会需求而产生、发展和逐步成熟。作为高密度人类聚居地——城市的主要开放空间，公园绿地在限制城市无序扩张蔓延态势，缓解城市热岛效应，改善城市生态环境，促进城市社会经济发展，塑造城市景观特色等方面起着至关重要的作用，同时也是与市民生活联系最密切的，是市民开展户外游憩活动不可或缺的城市公共空间。在倡导生态文明建设的时代背景下，随着我国城市建设以"创新、协调、绿色、开放、共享"新发展理念为引领的新型城镇化战略的实施，重新审视城市公园绿地内涵和外延，尝试探寻城市公园绿地空间生产机制，演绎推理城市公园绿地更新迭代的路径选择，对于城市公园绿地健康可持续发展有着重要的实践指导意义。

第一节　城市公园绿地时空演化

美国著名规划师奥姆斯特德（Olmsted）将城市公园定义为"城区非灰色地带的功能性公共绿色空间"，该定义强调了公园的公共性、功能性、绿色性（灰色地

---

① 《城市绿地分类标准》（CJJ/T 85—2017），住房和城乡建设部 2017 年 11 月 28 日第 1749 号公告发布，自 2018 年 6 月 1 日起实施。

带是指城市中以人造物包括道路、建筑、广场及各种设施等为主的地带)。《上海市公园管理条例》中明确"公园是公益性的城市基础设施,是改善区域性生态环境的公共绿地,是供公众游览、休憩、观赏的场所",强调了公园具有"公益性"的属性。《城市绿地分类标准》划分"公园绿地"的主要内容是"向公众开放,以游憩为主要功能,兼具生态、景观、文教和应急避险等功能,有一定游憩和服务设施的绿地",反映出公园绿地的特性之一还有开放性等。综合来看,公共、开放、公益、绿色、游憩等均是公园绿地属性判定的关键词。

1843 年,英国利物浦的伯肯海德公园(Birkenhead Park),占地 125 英亩(50 公顷),由政府出资(税收)建造,公众可免费使用,标志着世界第一个城市公园的诞生。19 世纪下半叶,欧洲、北美掀起了城市公园建设的第一次高潮,被称为"公园运动"(park movement)。1867 年,奥姆斯特德在波士顿公园系统规划设计中,将数个公园连成一体,在波士顿中心城区形成了景观优美、环境宜人的公园体系(park system),即著名的波士顿"翡翠项链"。而波士顿公园体系的成功,也对城市游憩空间发展产生了深远的影响,如 1900 年的华盛顿城市规划、1903 年的西雅图城市规划等,以城市中的河谷、台地、山脊为依托,形成了城市游憩地的自然框架体系。

1868 年,上海英美租界工部局筹建的"公共花园"(今黄浦公园)建成开放,成为中国近代第一座城市公园。1978 年我国改革开放以后,随着城市经济的快速发展,城市化进程的加速,城市建设用地由中心城区不断向外围蔓延扩展,城市建成区空间膨胀和城市人口的爆炸型增长(1978 年,全国有城市 193 个,城区人口7682 万人;2019 年,全国城市数量达到 679 个,城区人口增加到 4.35 亿人),同时市民的环境意识、人本意识逐步增强等,均促使我国城市公园绿地需求及建设力度不断加大。相关统计数据显示,我国城市人均公园绿地面积已从 1981 年的 1.5 平方米[①]增加到 2020 年的 14.8 平方米(图 4-1),全国建成绿道近 8 万千米[②];全国城市建成区绿化覆盖率也由 1986 年的 16.9%拓展到 2019 年的 41.51%[③]。

由于所处自然地理环境、社会经济发展背景等不同,不同城市之间的人均公园绿地面积差异巨大。例如,2019 年,北京市的人均公园绿地面积已达到 16.4 平方米,是同期上海市人均公园绿地面积的 1.8 倍。虽然上海城市公园绿地建设已经取得显著成绩,但如果仅以城市人均公园绿地面积来考量(图 4-2),上海在全国城市中始终属于"贫绿"城市[以城市人均公园绿地面积来考量,在全国 31 个省区市(港澳台除外)排名中,上海基本位列倒数第一的位置。2020 年,上海市的人均

---

① 《城市建设统计年鉴》中"人均公园绿地面积"指标 2005 年及以前年份为"人均公共绿地面积"。
② 《2020 年中国国土绿化状况公报》,全国绿化委员会办公室,2021 年 3 月 11 日发布。
③ 资料来源:《2019 年城市建设统计年鉴》。

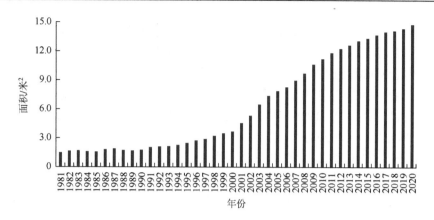

图 4-1　1981～2020 年全国城市人均公园绿地面积增长情况

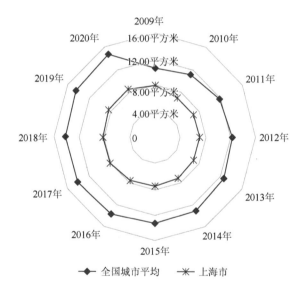

图 4-2　2009～2020 年全国城市和上海人均公园绿地面积差异情况

公园绿地面积增加到 8.5 平方米，仅相当于同一时期全国城市人均公园绿地面积平均水平的 57%]。

一、城市公园绿地发展阶段划分

上海城市公园绿地建设经历了由无到有、由局部到整体、由慢到快、由量变到质变的发展，上海人均公园（公共）绿地面积从"一双鞋"增长到"一页报""一张床"，再发展到"一间房"，具有明显的阶段性特点。1949 年，上海市区有公园 14 座，人均公共绿地面积仅 0.13 平方米，被形象地喻为"一双鞋"。自 1978 年改革开放以后，上海城市绿化建设取得突破性进展（表 4-1），城市绿化覆盖率大幅提升，绿色基础设施不断得到完善，城市绿化布局更为科学合理。上海公园绿地快速生长着：1993 年，上海的人均公共绿地面积 1.15 平方米，被形象地比喻为"一张报纸"（"一页报"）；1998 年底，上海城市公园发展到 108 座，人均公共绿地面积 2.96 平方米，实现人均"一张床"；2003 年，上海实现了创建"国家园林城市"的目标；截至 2020 年底，上海城市公园数量增加到 406 座（其中 389 座免费开放，约占总量 96%），人均公园绿地面积飙升到 8.5 平方米，达到人均"一间房"，上海着力建构"公园城市"成效初现。

表 4-1　1979～2019 年上海城市公园数量与面积变化情况

时期	公园增加数量/座	年均增加公园数量/座	公园增加面积/公顷	年均增加公园面积/公顷
1979～1990 年	34	2.83	380.49	31.71
1991～2000 年	37	3.70	461.08	46.11
2001～2015 年	48	3.20	1123.74	74.92
2016～2019 年	135	33.75	748.06	187.02

回溯上海城市公园建设发展历程，综合来看大致可划分为五个发展阶段，即新中国成立初期的城市复苏缓慢增长阶段，"文化大革命"时期有公园被挪作他用的增长停滞阶段、改革开放后随着城市建成区的扩张及城市更新的快速增长阶段，进入 21 世纪后为创建"国家园林城市"及迎接 2010 年上海世博会召开稳步推进公园新建及改造、"十三五"时期注重公园品质的均衡增长阶段。

（一）缓慢增长阶段：1949～1960 年

1949 年，上海共有 14 座公园，其中大部分公园（黄浦公园、鲁迅公园、复兴公园、衡山公园、昆山公园、襄阳公园、霍山公园）皆为当时的租界工部局建设，其余为寺庙园林、私家花园等古典园林和民国时期建设的公园，公园规模较小且分布不均，主要集中于沪西的虹口、徐汇和黄浦区。1951 年 4 月，上海市委、市政府明确了"为生产服务，为劳动人民服务，并且是首先为工人服务"的建设方针，把园林绿化列为当时的城市建设任务之一。1950～1952 年经济恢复时期，在修复被破坏公园的同时，园林部门利用市区和城郊的空地、荒地、墓地、垃圾堆场和一些庭院辟建公园。1950～1960 年，共新增 30 座公园。人民公园、上海动物园、杨浦公园、和平公园、长风公园、静安公园、淮海公园和浦东公园等成为各区的骨干公园，极大地改善了城市公园的分布格局和规模，奠定了上海公园的基本框架。莘庄公园、桂林公园、醉白池公园、豫园、曹杨公园、康健园、张堰公园等许多私园也被修复或改建，并对外开放。

（二）增长停滞阶段：1961～1978 年

进入 20 世纪 60 年代，因当时国家经济困难而削减城市建设投资，此后数年园林绿化建设处于低潮。经过三年调整，1964 年上海城市园林绿化有了转机，1965 年继续有所发展。但"文化大革命"时期，上海城市公园建设进入停滞期，许多公园还被侵占或挪为他用。截止到 1978 年底，上海城市公园数量为 42 座，公园面积 309 公顷，年度公园游园人数为 3876 万人次。

（三）快速增长阶段：1979～2000 年

中国改革开放以后，作为城市基础设施之一的园林绿化被重新纳入城市建设规划。上海城市园林绿化得到持续稳定的发展，几乎每年都有新的公园建成开放。上海大观园（136.48 公顷）、上海植物园（81.86 公顷）、共青森林公园（124.74 公顷）及东平国家森林公园、佘山国家森林公园、上海野生动物园等大型城市公园先后建成（新建或改建）开放，新建 33 个居住区配套公园（如沪太公园）和城镇规划建设公园（如川沙公园），这使得全市公园类型更加齐全，城市公园空间分布更趋合理。

20 世纪 80 年代后期，城市生态建设得到前所未有的重视，公园建设不再是仅仅单纯辟建或增加几块公共绿地，而是从系统上完善城市生态功能。1990 年浦东开发开放政策推出，1992 年《浦东新区总体规划》制定，这使得上海城市建设中心转向浦东新区，陆家嘴中心绿地、滨江大道、上海野生动物园等相继建成，浦东新区的公园绿地面积大幅增加。1994 年《上海市城市绿地系统规划（1994—2010 年）》出台，明确了公园对城市的重要性，公园建设被纳入城市总体发展大局之中。"九五"计划期间，上海郊县开展"一镇一公园"建设，城市公园发展趋向郊区，使得公园空间分布的均衡度得到很大改善。截至 2000 年底，上海城市公园数量达到 122 座，公园面积 1153 公顷，年度公园游园人数达到 8184 万人次。

（四）稳定增长阶段：2001～2015 年

自上海市政府 2000 年首次提出创建"国家园林城市"的设想后，经过三年的不懈努力，上海相继建成了世纪公园、黄兴公园、太平桥绿地等 16 座总面积达 170.31 公顷的公园（开放式大型公共绿地）。2003 年，上海顺利地通过建设部考评，荣获"国家园林城市"称号。为了迎接 2010 年上海世博会的召开，2005 年以后，上海启动新一轮的公园改造计划，重点对 20 世纪 80 年代之前建成的老公园进行改造更新，同时新建上海滨江森林公园、世博公园、后滩公园等一大批对标世界级水准的城市公园。

随着城市建成区扩展，公园绿地中心由内向外转移非常明显。2010 年以后，在城市更新和城市功能提升大背景下，面对土地资源的约束和生态游憩空间的缺乏，上海城市公园建设重点转移到郊区，先后建设多个面积规模较大的公园。例如，2007 年，上海滨江森林公园（120 公顷）、吴淞炮台湾国家湿地公园（53.46 公顷）建成开园；2009 年，顾村公园（一期 180 公顷）开园；2011 年，上海辰山植物园（207.63 公顷）开园。2013 年上海发布《上海市郊野公园布局选址和试点基地概念规划》，试点规划 21 座郊野公园。截至 2015 年底，上海城市公园数量达到 165 座（公园面积 2407.24 公顷，年度游园人数 2.22 亿人次），城市绿道长达 203 千米。新增公园仍以政府投资建设为主，同时也出现企业（开发商）投资建造的公园，如世纪公园、上海汽车博览公园、四季生态园等。

（五）均衡增长阶段：2016 年至今

在上海城市建设用地总规模负增长即空间资源增长受限情况下，无论是新建公园绿地还是公园改造，都开始更加注重公园绿地品质。上海积极拓展绿色生态空间，城市绿化建设也取得了超常规跨越式发展，"环—楔—廊—园—林"生态格局基本形成，城市绿化覆盖率和绿视率均显著提升。上海城市公园体系和郊野公园体系建设全面实施，特别是中心城区重视利用城市建设"边角料"空间，新建或改建"口袋公园"，使得中心城区"公园绿地 500 米服务半径覆盖水平"显著提升（2016 年为 70%，2020 年基本达到 90%），而城郊地区试点建设的 7 座郊野公园陆续建成开放（2016 年，廊下、青西、长兴岛三座郊野公园开园；2017 年，浦江、嘉北、广富林三座郊野公园试运营；2018 年，松南郊野公园开园），为人们开展游憩活动提供了更加多样化的选择。

上海城市绿道建设"十三五"时期如火如荼。2016 年，《上海市绿道建设导则（试行）》发布；自 2017 年起，上海绿道建设连续多年被列入市政府实事项目，且每年以 200 千米的增量持续延伸推进；2018 年底，上海建成 671 千米绿道；2019 年底，上海绿道总长 881 千米；截至 2020 年底，上海绿道已"生长"至 1093 千米。上海注重探索"小＋多＋匀"的城市绿化布点方式，加快推进最贴近市民生活、充盈人情味的街心花园（"口袋公园"）建设（新建或改造）。相关统计数据显示，截至 2020 年底，上海已拥有城市公园 406 座（其中 230 座街心花园），九成公园延长开放时间。

二、城市公园绿地空间布局变化

自进入 21 世纪以来，上海城市公园绿地空间在规模上的增长总体呈现扩张状态（图 4-3）。公园绿地数量上的增长、规模上的扩大、空间分布是否均衡等直接影响城市生态环境质量和市民（游客）游憩活动的开展，为了更加客观地了解上海城市公园绿地空间分布情况和建设水平，综合考量城市公园绿地空间布局的科学性与合理性，借助 ArcGIS 软件，对改革开放以来的 40 多年的上海城市公园绿地空间演进规律与分布特征进行分析，重点截取 1978 年、1990 年、2000 年、2015 年四个时间节点（1978 年改革开放后，园林绿化作为上海城市基础设施开始得到稳定、持续的发展；1990 年浦东开放，上海城市生态建设得到前所未有的重视；自 2000 年进入新世纪以后，上海市政府首次提出创建"国家园林城市"的设想；2015 年为"十二五"收官之年）进行对比分析，以推演上海城市公园绿地空间格局的变化，数据来源主要为相关年度的《上海园林志》《上海统计年鉴》《上海年鉴》及上海绿化和市容管理局网站。

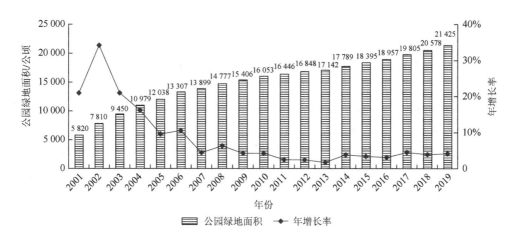

图 4-3　2001～2019 年上海城市公园绿地面积增长情况

（一）空间分布集聚性

运用 ArcGIS 软件中的平均最邻近距离工具（average nearest neighbor）得出四个年份的最近邻指数及其显著性检验结果（表 4-2），上海城市公园绿地在空间分布上呈现出单中心结构的集聚分布特征，且大多数公园绿地散布于轨道交通线和快速干道周边，市民（游客）到各个公园绿地的交通可达性良好（环线内居民目前基本实现出门走 500 米就能进入 3000 平方米以上大型公共绿地）。上海中心城区的公园绿地面积相对较小，空间布局呈现出紧凑型特点。以位于上海老城区的黄浦区为例，辖区内道路网密集，交通便捷，20.46 平方千米面积内集聚17 座公园（资料来源：2020 年《上海统计年鉴》），不仅有人民公园等综合公园，还有豫园、淮海公园等专类公园及社区公园，小桃园绿地、玉兰园等街心花园。

表 4-2　上海城市公园绿地分布的最近邻指数

年份	平均观测距离/千米	预期平均距离/千米	最近邻指数 I	z 值	p 值
1978	3.54	4.14	0.86	−1.86	0.06
1990	3.60	4.70	0.76	−4.02	0.00
2000	2.97	4.06	0.73	−5.54	0.00
2015	2.46	3.87	0.64	−8.93	0.00

　　就上海城市公园 1978 年、1990 年、2000 年、2015 年四个年份空间分布的最近邻指数变化来看，其中最近邻指数最高值为 1978 年的 0.86，小于 1，但是 z 得分 −1.86<−1.65，p 值 0.06<0.10，因此有 90%的置信度可以确认 1978 年上海市城市公园空间分布特征属于聚类模式；1990 年、2000 年、2015 年的最近邻指数均小于 1，且越来越小，这表明集聚程度越来越高，z 值越来越小表示置信度越来越高。伴随着城市用地空间整体扩张，上海中心城区公园数量占公园总数的比重由 1978 年的 80.43%下降到 2015 年的 67.88%，公园面积由 89.87%下降到 44.65%，下降的幅度更大，在不考虑人口分布、交通等其他因素的条件下，虽然中心城区公园数量占比出现下降，但是 1978～2015 年最近邻指数数值表明，上海城市公园空间分布始终是集聚模式，且随着时间演化最近邻指数值越来越小，说明整体空间分布集聚趋向一直在强化，即上海城市公园绿地空间整体分布极化现象并没有得到缓解。

（二）空间拓展方向

　　以上海城市坐标原点为中心，画一个能够覆盖整个上海市的大圆，然后以 45°为一个方位把大圆切割为八个方位，可以每个方位上的公园数量的增长变化情况来衡量城市公园空间分布方向的动态变化。运用 ArcGIS 软件中的连接功能，把四个时间节点上的点坐标依次与大圆连接，进而依次统计出四个时间节点上每个方位公园的数量。综合比较，可以发现上海城市公园绿地分布密度明显呈现出从中心城区向近郊区、远郊区递减的趋势。

从上海城市公园空间分布方向总体来看，虽然不同时间节点公园绿地扩张方向有一些差异，但四个不同年份公园绿地空间分布（图4-4）大致均呈现西南—东北走向（与黄浦江的整体流向相吻合）。究其原因，主要在于上海城市绿化建设遵循"见缝插绿"向"规划建绿"转变，随着《上海市城市绿地系统规划2002—2020》《上海市中心城公共绿地规划》《上海市基本生态网络规划》等的发布与实施，结合城市基础设施建设、老旧社区更新改造，特别是黄浦江、苏州河沿岸综合治理开发等，围绕不断发展的城市"绿心"，构建上海城市"环-楔-廊-园-林"绿色网络，上海滨江森林公园（120公顷）、上海辰山植物园（207.63公顷）等多个面积规模较大的公园相继建设，上海城市公园绿地数量与面积均大幅增长，公园绿地空间分布更趋合理、均衡。

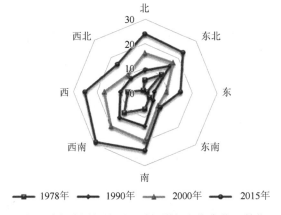

图4-4 上海城市公园绿地不同时间增长方位变化（单位：个）

例如，2000年，上海中心城区有公园绿地83个，主要分布在黄浦江以西的中环线以内，其中黄浦区、静安区分布密度最大，标准差椭圆呈现东北—西南为长轴指向的分布。2000～2003年，随着延中绿地、华山绿地、太平桥绿地等大型开放式绿地在上海中心城区建成，城市"绿心"不断发展，初步形成上海城市"环-楔-廊-园-林"绿化总体空间布局，公园绿地的空间分布均衡水平得到很大改善。为迎接2010年上海世博会的召开，自2005年开始上海在城市绿化过程中，不仅注重活化城市原有生活生产空间，同时开辟建设很多新的城市公园，如世博公园等。2010年，上海中心城区有公园105个，公园绿地分布的密度依旧是从中心城区向近郊区、远郊区递减，标准差椭圆基本仍然呈现东北-西南为长轴指向的分布。

（三）空间分布重心

为了进一步明确上海城市公园绿地空间格局在不同阶段变化的总趋势，将公园看作单一的"点"要素，采用不考虑权重的平均中心，根据拾取的公园绿地坐标，运用 ArcGIS 软件分别计算出不同年份的平均中心（空间分布重心），同时根据重心点的地理坐标位置计算出 1978～2015 年上海城市公园空间分布重心点的移动距离和移动方向（表 4-3）。将相关数据对应到上海城市空间地图上，经计算发现研究时间内（1978～2015 年）上海城市公园空间分布重心总体移动方向为 23.414°（北偏东 23.414°），移动距离 1.061 千米，年均移动距离 28.676 米。其中，东西方向上，向东移动 0.409 千米；南北方向上，向南移动 1.037 千米，说明上海城市公园空间分布重心在南北方向上的变化大于东西方向上的变化，即上海城市公园空间分布在南北方向上更加均衡，在东西方向上存在着差距。

表 4-3　上海城市公园绿地空间分布重心位置、移动距离、方向和速度

年份	空间位置		移动距离/千米	移动方向	移动速度/（米/年）
	经度	纬度			
1978	121.430°	31.211°	—	—	—
1990	121.423°	31.208°	0.756	236.657°	63.025
2000	121.427°	31.209°	0.363	63.704°	36.297
2015	121.435°	31.220°	1.463	29.143°	97.533

注：移动方向按方位角计算，正北为 0°/360°，正东为 90°，正南为 180°，正西为 270°

从具体的空间位置来看，上海城市公园的空间分布重心，1978 年位于徐汇区，1990 年和 2000 年位于长宁区，2015 年移动到静安区，虽然上海城市公园空间分布重心在不断移动变化，但始终都没有离开上海中心城区。再从上海城市公园中心的空间移动速度、空间移动距离来看，2000～2015 年移动速度最快、移动距离最远，说明在这个时间段上海城市公园空间扩张最显著，新增公园数量较多。例如，2000～2003 年，通过土地置换等多种形式，上海新开辟公园绿地面积达到 10 336 公顷，超过前十年增长的总和。而延中绿地、华山绿地、徐家汇公园等多个大型开放式城市公园绿地在上海中心城区相继建成，更是助推上海城市生态环境质量实现了跨越式发展。

（四）公园绿地可达性

除了公园绿地的面积、形状和品质等公园自身特征因素外，空间距离和时

间花费也是影响市民（游客）能否有效使用公园和衡量城市公园绿地布局合理性的核心要素。而公园绿地功能能否得以充分发挥，又取决于市民（游客）对公园的真实使用情况。从 1978 年至 2019 年，上海城市公园面积总量及平均公园面积总体上虽然呈现持续增长态势（2015～2019 年，上海平均公园面积呈现逐年递减的原因主要是上海中心城区有很多面积相对较小的社区公园、街心花园建成开放），但并不意味着公园绿地游园人数的增长也与之"同频共振"，上海城市公园的平均游园人数变化情况实际呈现波浪式分布状态（图 4-5）。因此，开展公园绿地可达性测评，相对能够更准确了解上海城市公园绿地被接近的可能性程度。

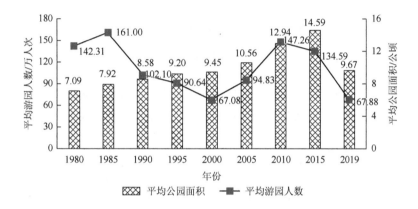

图 4-5　1980～2019 年上海城市平均公园面积及平均游园人数变化情况

　　借助 ArcGIS 中计算可达性的两种工具方法——多元缓冲区分析法和最邻近距离分析法，对上海中心城区[①]公园绿地可达性进行测评（计算居住小区到公园绿地的最邻近距离[②]，由上海市绿化和市容管理局公布的面积大于 3000 平方米的165 个公园绿地）。再结合居住用地[③]和人口分布数据（相关街道的 2000 年第五次全国人口普查、2010 年第六次全国人口普查数据），以探寻 2000～2010 年上海城市公园绿地服务效率（指不同功能和等级公园绿地服务能力在空间上的反映，评价指标主要包括各类公园绿地的服务面积比、服务人口比等）变化（表 4-4）。

---

　　① 参考相关研究，本书将上海中心城区界定为外环线（A20）以内，包括黄浦、静安、长宁、虹口、徐汇、普陀、杨浦及宝山、闵行、嘉定和浦东新区外环线以内地区，面积 667 平方千米，属于典型的高密度城市化区域。

　　② 资料来源：上海市绿化和市容管理局 http://lhsr.sh.gov.cn/。

　　③ 住宅小区资料来源：链家网 http://sh.lianjia.com/xiaoqu，2016 年 9 月 30 日至 10 月 14 日两周，搜集上海市外环线以内的中心城区内住宅小区数据。

表 4-4　上海中心城区公园绿地效用值占比量表

年份	效用值等级	街道数量/个	街道数量占比	服务面积/千米²	服务人口/万人	面积占比	人口占比
2000	高（0.80～1.06）	32	24.43%	74.34	273.22	11.20%	25.60%
	较高（0.60～0.80）	38	29.01%	132.96	338.51	20.03%	31.72%
	中（0.25～0.60）	19	14.50%	113.35	170.28	17.08%	15.96%
	差（0～0.25）	42	32.06%	343.08	285.22	51.69%	26.72%
2010	高（0.80～1.00）	43	36.13%	114.48	357.42	26.36%	17.23%
	较高（0.60～0.80）	26	21.85%	100.09	288.99	21.31%	15.07%
	中（0.25～0.60）	19	15.97%	147.53	258.62	19.08%	22.21%
	差（0～0.25）	31	26.05%	302.18	450.86	33.25%	45.49%

结论一：城市公园绿地的服务效率从市中心到郊区递减趋势明显，呈现以城市主干道路的内环线、中环线为临界线的圈层结构。2000～2010 年上海城市公园绿地的服务效率实现小幅提升，约 58%的街道处在较高的水准上，空间拓展具有较强的连接性，实现中心城区高效用值街道向外拓展，中环线内服务效用值水平有显著提高。其中，综合效率值低的街道减少最明显，逐渐缩小在外环线以内的街镇，服务效率空间格局的不均衡、不合理问题有了较大改善。但以城市主干道路的内环线、中环线为临界线的圈层结构基本不变（公园绿地大多散布于城市轨道交通沿线和快速干道周边，市民到公园绿地的交通可达性良好），如表 4-4 所示。

结论二：2010 年较 2000 年在人口服务效率上出现下降是人口郊区化或者人口分布离散化引起的。2000 年和 2010 年上海中心城区公园绿地覆盖面积和人口数量绝对值（图 4-6）都出现小幅上涨势头（公园绿地数量从 2000 年的 83 个增加

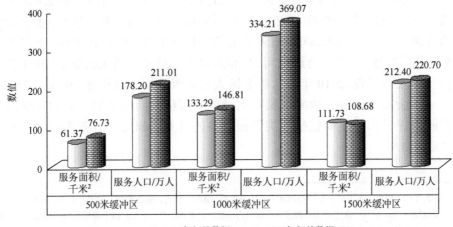

图 4-6　上海中心城区公园绿地缓冲区服务面积、人口对比（2000～2010 年）

到 2010 年的 105 个），虽然覆盖人口总数和面积在增加，但服务人口比却出现下降，原因是人口郊区化（中环线-外环线之间地区人口增长较快，占总人口比重迅速增加）使得人口效率值降低。而上海中心城区公园绿地增长的空间区位同人口增长空间趋势不完全吻合，也导致覆盖人口比重下降。

结论三：最小邻近距离分析结果表明：2000～2010 年上海中心城区公园绿地可达性总体上明显改善（表 4-5），合理性不断提高。上海中心城区的公园绿地类型比较丰富，公园绿地布局渐趋合理均衡，内环线内基本实现市民出门步行 500 米就能进入 3000 平方米以上的大型公共绿地。超过 60% 的居住小区，距离公园绿地的最小距离低于 1000 米，这表明大多数的市民能够公平享受公园绿地所提供的各项功能及服务，但仍有很多空间有待进一步优化。

表 4-5　基于最小邻近距离分析住宅小区数量

年份	0～500 米		500～1000 米		1000～1500 米		1500 米以上	
	个数/个	比重	个数/个	比重	个数/个	比重	个数/个	比重
2000	441	24.18%	680	37.28%	371	20.34%	332	18.20%
2010	637	24.42%	965	36.99%	509	19.51%	498	19.09%

结论四：公园绿地的数量是影响城市公园绿地服务效率的关键，公园绿地的分布中心和人口分布的几何中心相一致也同等重要。比较而言，中心城区公园绿地面积小、数量多，呈现紧凑型的特点。以综合平均效率值超过 0.7 的虹口区为例，从北至南有凉城公园、曲阳公园、鲁迅公园等 7 个公园绿地，且分布较为均匀，相对有效覆盖了整个区域，从而减少了覆盖死角的出现。虽然闵行、嘉定、宝山和浦东新区邻近外环线地区综合服务效率值最低（原因是公园绿地缺失），但由于闵行、宝山、浦东新区等城市主干道和轻轨周边的防护绿地和生产型绿地较多，且彭浦新村、莘庄、锦绣家园等地居住小区内部多附属绿地，较好的居住区环境缓解了此类公共供给不足的矛盾。

三、城市公园绿地存在问题分析

我国城市公园整体发展态势良好，但尚未形成成熟的城市公园系统与完备的绿地规划管理体系。与国际一流城市乃至国内绝大多数城市相比，上海城市公园绿地规模总量虽然呈现稳步增长态势，但依然面临着人均公园绿地面积指标数低，且未来增量压力大等困境；城市公园绿地空间整体分布不均，各行政区之间差异显著；公园绿地在中心城区聚集分布，公园绿地体系结构零乱，城市绿道空间布局等未形成网络化；公园绿地主题特色不突出，可识别性差，公园之间、公园与周边环境缺少联系，呈碎片化"孤岛"现象；公园绿地内部缺少游憩设施，植物品种单一，绿化品位不高，游憩氛围不足，整体环境品质有待改善；公园逐步实行全年延时开放后，相应服务管理内容不断增加，公园管理不到位现象突出；建设（新建或改造）成本和运维难度增加，公园绿地养护管理水平有待提升，服务范围内部存在着不公平现象，过度与低效使用共存等各类公园管理矛盾日益突出并亟待破解。此外，在塑造资本青睐的绿色空间景观，通过公园绿地建设（新建或改造）带动地区经济增长的同时，不可避免地也会引发周边地价及租金上涨，造成不容忽视的地区绅士化现象（"绿色绅士化"）。

（一）公园绿地总量不足且空间分布不均

自 1978 年改革开放以来，上海城市公园绿地规模（公园面积、公园数量）保持不断增长态势（图 4-7），但源于上海城市经济发展迅猛（上海地区生产总值多年来高居全国城市第一），同时由于城市人口集聚增长过快，市民对公园绿地的需求强烈，新增的城市建设用地受到严格限制，上海人均公园绿地面积远远低于全国其他城市（仅相当于全国城市平均水平的 60%左右），且上海不同行政区之间公园绿地空间分布（数量/面积）的区际差异较大。例如，2020 年上海评定四星级以上公园 64 家（由上海市绿化和市容局组织开展分级分类测评，其中五星级公园 30 家、四星级公园 34 家），各行政区的高等级公园（五星级和四星级）空间分布密度，尤其是中心城区和郊区之间差异极大（图 4-8）。

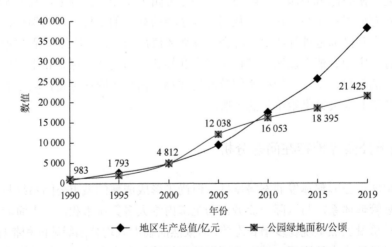

图 4-7　1990～2019 年上海地区生产总值和公园绿地面积增长情况

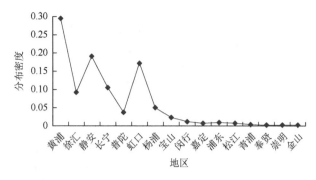

图 4-8　上海各行政区高等级公园（五星级和四星级）空间分布密度

再就平均公园面积和平均游园人数而言，上海不同行政区之间差异也很明显（图 4-9）。以平均游园人数最高的虹口区为例，该区虽然拥有曲阳公园、鲁迅公园、和平公园等，但因该区公园面积及数量在上海中心城区中均属最低，同时由于该区人口密度在上海各行政区中最高（2019 年，虹口区人口密度 33 816 人/千米^2，是上海市平均人口密度的 8.8 倍），因此虹口区公园平均游园人数最多（2019 年，虹口区公园平均游园人数达到 185.69 万人次/座）。再以徐汇区为例，虽然该区在公园面积和公园数量上不占优势，但因其是上海城市副中心和上海十大商业中心之一，也是城市游憩活动集中地，因此该区公园的平均游园人数很高，名列全市第二（2019 年，徐汇区公园平均游园人数 177.87 万人次/座）。

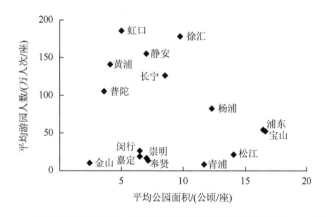

图 4-9　上海各行政区平均公园面积和平均游园人数情况（2019 年）

（二）公园游憩质量不佳及文化氛围缺失

实地调研发现，每到周末或节假日期间，上海城市各类大小不一的公园绿地中均人满为患，城市公园游憩体验质量差，未能满足居民的游憩需求。上海从 2000 年开始实施破墙"透"绿,并且规定新建公园不设置围墙(大部分老公园依然有栅栏或围墙)。虽然大量新建的公园绿地都是 24 小时开放,没有围墙更方便广大市民开展休闲、锻炼、社交等活动,但实际情况却是人们更喜欢到传统的老公园,究其根本原因则在于游憩"硬件"设施、"软件"服务不足导致游憩质量不佳及文化氛围缺失。新建的开放式公园绿地,一定程度上可以说只是在城市绿地中增加一些配套设施,基本感受不到公园的文化氛围。存在以下一些问题,诸如公园水体质量差、缺少娱乐健身器材、公共厕所位置不合理、没有夜间照明设施、避雨设施不够、设施老化损坏缺乏维护、公园保洁卫生状况差、绿化养护不到位及公园内一些集体活动扰民遭到投诉等。

(三)公园管理力量不足与服务水平有待提升

自 2004 年起,上海市政府加快实施"还绿于民",逐步推行公园免费政策,免费公园数量不断增加。截至 2020 年底,406 座城市公园中有 389 座免费开放,收费公园只有 17 座(主要为古典园林、专业园及企业参与投资建设等)。虽然公园免费,但所提供的服务不应打折。特别是公园实行全年全天延长开放后,公园管理力量不足导致相应公园服务水平的提升明显跟不上市民(游客)多元化、个性化服务增长的速度。为了提高公园管理水平,维护公园环境和谐有序,《关于加强本市公园园长责任的指导意见》(沪绿容〔2017〕497 号)于 2018 年 1 月 15 日发布,明确公园园长(大多数是由公园养护企业的项目经理和班组长担任)作为公园管理的主要责任人,建立"专职园长为主,市民园长为辅"的"双轨制"公园管理模式,缓解了部分公园服务管理力量不足的矛盾,但公园园长的实际到位率、在岗率并不高,没有充分发挥市场机制和公众参与的作用。

(四)公园绿地"碎片化"没有形成体系

城市公园绿地空间分布均衡,可以从整体上改善市民的工作生活环境和城市生态环境。由于发展的历史原因,以及城市公园管理和经营理念上的不同,"围墙建园"曾是我国很长一段时间内城市公园绿地的最大特点之一。时至今日,很多城市为了便于公园管理,仍用砖墙和高大乔木将公园围合起来,以城市道路隔断公园与周围建筑物、设施、社区等周边环境的联系。城市公园绿地就像一个个孤立的"点"被植入城市空间肌理之中,公园内道路、景观、公共服务设施与周边环境被生硬地划分,成为墙内、墙外两个割裂的系统,没有形成以公园绿地为中心,向四周辐射的向心式构架,降低了社会公众使用的可达性和便利性,导致公园绿地在城市生态联系与社会交往活动方面的作用被弱化,无法有效带动周边地区景观与经济的发展。

第二节　城市公园空间生产机制

随着生态文明建设及城市更新的深化、城市功能日益完善，我国城市公园绿地建设（新建或改造）蓬勃发展，不仅城市公园单体数量和占地面积均有了大幅度提升，公园绿地空间分布也日趋均衡，在推进城市公园绿地免费或延时开放、丰富公园绿地类型、构建城市公园网络及绿道体系等方面成效显著。公园绿地等城市生态基础型游憩公共空间总体上应由政府供给，它也是政府服务职能的一种体现。当然，由政府供给并不意味着政府包揽公园绿地空间的全部生产、提供（同时作为公园绿地空间的生产者和提供者），从我国城市公园空间生产实践来看，目前大多采用"政府主导、市场参与"的运作模式。

政府在城市公园绿地空间生产中起着主导作用，即政府主导城市公园空间生产，不仅通过制定宏观政策和运用规划、地价、税收等调控工具与手段，推动引导城市公园绿地建设（新建或改造），同时还应将市场机制引入城市公园空间生产、提供之中。另外，社会第三方组织、城市居民也起到推动作用。因此，城市公园空间生产提供本质上是"政府、企业、相关社会组织及居民"等之间基于不同利益重塑城市公园绿地空间。

一、城市公园更新迭代动力

作为驱动城市复兴的绿色增长引擎，公园绿地的功能、价值对当代城市发展尤为重要。回溯城市公园绿地建设发展的历史脉络可以发现，当人类社会发展进入后工业化时代，城市增长的动力引擎逐步由"工业生产"换挡为"消费驱动"，在城市"退二进三"政策和产业调整更新进程中，城市绿化方针政策、城市化发展进程（扩展速度及扩展方向等）、城市居民日益增长的优美生态环境诉求和受城市重大事件影响等都是推动城市公园绿地空间更迭的主要驱动力。城市公园更新（新建或改造）是诸多因素长期合力作用与影响的结果，其主要动力源于"四轮驱动"，即"两轮"外推动力（政府政策规划推动、城市重大事件带动）和"两轮"内驱动力（居民绿色需求拉动、地方经济利益驱动）。

（一）政府政策规划推动

在城市更新实践和城市功能提升大背景下，公园绿地建设（新建或改造）与城市绿化政策及规划的制定和实施始终密切相关。政府主导公园空间生产动力在于通过公园改造和升级，促进产业升级与城市转型，改善城市生态—人居环境，优化城市功能空间，传承城市文脉，提升城市竞争力；通过公园建设获取土地出让金，在增加财政收入的同时转嫁基础设施建设及提升政绩；通过公园空间功能的置换，改善当地原住居民的居住生活条件，也可以为社会公众提供高品质游憩公共空间/场所，保障市民利益的同时提升市民幸福指数。

从某种角度来说，城市规划始于政府对社会的干预，也可以看作政府的职权工具，即政府通过规划、土地供应等手段来实践对公园绿地的构想和期望，进而主导城市公园空间生产进程，涵盖公园改造（整治）、空间功能和景观的重置。以上海城市公园绿地更新迭代为例，由于绿色基础设施"欠账"严重，自 1978 年改革开放以来，上海市政府高度重视城市绿化及公园建设，不断加大对城市公园绿地的建设投入，进而深刻影响着城市公园绿地发展。从"见缝插绿"到"规划建绿"，从"圈地为绿""拆房建绿""围墙透绿"到"还绿于民""免费开放"，上海通过制定系统规划与调整城市绿化政策，逐步引导公园建设由封闭式造园转向开放式绿地，更加注重管建结合、规范发展。

1986 年，上海市第一个经国家批准的城市总体规划方案《上海市城市总体规划方案》，提出在中心城区周围建设城市公园、绿地，构成环城绿带。

1994 年，上海第一个全市整体性的绿地系统规划《上海市城市绿地系统规划（1994—2010 年）》，提出"政府引导""多渠道筹资，多元化投入"的建设方针，通过土地置换等多种形式进行公园绿地的营造，同时把 1994 年作为环境保护年、城市绿化年，绿化建设列入上海市政府实事项目，并开始分批推进公园向市民免费开放。

1998 年，城市绿化建设方针开始由"见缝插绿"向"规划建绿"转变，结合大市政建设、旧城改造、污染工厂搬迁等，开辟出成片土地进行公园建设，上海城市绿化建设取得突破性进展并步入快速发展期。

2000 年，上海市政府首次提出创建国家园林城市，郊区开展"一镇一园"建设和营建大面积人造森林的活动。

2002 年，《上海市城市绿地系统规划（2002—2020）》提出构建以"环、楔、廊、园、林"为特征的绿化布局框架，明确结合中心城区旧城改造，加快公共绿地建设。

2003 年，上海市荣获"国家园林城市"称号，《上海市中心城公共绿地规划》提出建设中心城区绿地系统格局和绿色空间体系，形成以"一纵两横三环"为骨架，"多片多园"为基础，"绿色廊道"为网络的生态景观格局结构。

2006 年，为了迎接 2010 年上海世博会的召开，上海市政府开始实施世博行动计划，结合老旧社区城区改造，推进黄浦江、苏州河的沿岸综合治理开发。同时，加快实施"还绿于民"的方针政策，不断增加免费公园的数量。

2013 年，上海进入后世博时代，面对土地资源的约束和生态游憩空间的缺乏，上海城市公园建设工作重点转移到郊区，《上海市郊野公园布局选址和试点基地概念规划》提出在郊区布局建设一批具有一定规模、自然条件较好、公共交通便利的郊野公园，逐步形成与城市发展相适应的大都市游憩空间格局，成为市民休闲游乐的"好去处""后花园"。

2015 年，为市民高品质生活构筑便捷可达、开放共享的"绿色廊道"，上海正式启动编制《上海绿道专项规划》，并以规划为先导，分步有序推进城市"绿道"建设。

2019 年，为进一步提升上海城市绿化品质，《上海市公园绿地"四化"规划纲要》发布实施。《上海市生态空间专项规划（2018—2035）》提出完善以国家公园、区域公园（郊野公园）、城市公园、地区公园、社区公园（乡村公园）为主体，以微型（口袋）公园、立体绿化为补充的城乡公园体系。

（二）地方经济利益驱动

打造公共空间的根本目的仍是致力于城市增长。当人类社会进入后工业化时代，城市产业结构发生巨变，在城市更新与产业变革多重动力驱动下，在城市居民游憩需求增长及城市追求生态文明发展大背景下，已经衰败的工业生产及居住用地往往首先成为被改造的对象，20 世纪 70 年代美国西雅图煤气厂公园（Gas Works Park）、20 世纪 90 年代德国埃姆舍公园（IBA Emscherpark）等"工业棕地""失落空间"蜕变公园绿地成为城市更新探索的方向。追溯近代西方国家对工业遗址进行改造的公共项目有：1867 年建立的巴黎肖蒙山丘公园（Parc des Buttes-Chaumont），曾是废弃的石灰石采石场和垃圾填埋场；北杜伊斯堡景观公园（Landschaftspark Duisburg-Nord），其前身是一座面积为 200 多公顷、有 80 多年历史的大型钢铁厂，1989 年当地政府决定对其进行改造，成为由废弃的"工业棕地"改造为公共游憩空间的范例；1904 年，加拿大的布查特花园（Butchart Gardens），由废弃工业矿坑蜕变为种植名花的新境花园、模仿日本庭院的日本式花园、采用规则式种植的意大利式花园等。

我国城市公园建设（新增或改造）往往聚焦城市发展重点区域，并随着城市更新同步实施/推进。以上海市为例，1949～1978 年，结合旧城改造相继建成第一条外滩滨江绿带、肇嘉浜林荫道、人民公园、杨浦公园和长风公园等；1978 年改革开放以后，上海城市建设推行土地有偿使用、引进外资参与等政策，公园绿地的规划更加重视与城市道路交通、市政基础设施及居住区建设相结合，特别是陆家嘴中心绿地、上海大观园、共青森林公园、城市外环绿带等公园绿化建设对激发地区活力成效尤为显著。而就园林绿化市场本身而言，其前景十分可期。相关数据显示，在经济快速增长、战略性产业转型和城镇化率提高的推动下，我国公共园林绿化的市场规模已从 2014 年的 2451 亿元大幅增至 2019 年的 3489 亿元，年复合增长率约为 7.3%。预计到 2024 年底，公共园林绿化的市场规模还将增至 4452 亿元。公园绿地的建设（新建或改造）带动了城市经济发展，即经济利益可以说是公园绿地更新迭代的核心驱动力。

（三）居民绿色需求拉动

公园绿地主要功能是为城市居民提供生态绿化环境良好的户外游憩活动空间场所，它不仅是城市基础设施的重要组成部分，也是一个动态发展的市民共享绿地空间。城市公园空间生产的主要目的应是满足市民（游客）追求诗意栖居的游憩环境需求，即城市居民日益增长的绿色空间诉求变化和生活品质的提升等推动公园绿地空间生产。随着城市社会经济高速发展，城市居民生活水平显著提高且消费结构不断升级，对文旅产品和相关服务的需求呈现持续增长的趋势，在选择居住生活和工作的地区之时，人们越来越关注周边环境质量，更愿意毗邻公园绿地居住。例如，美国国家游憩与公园协会（National Recreation and Park Association，NRPA）2017 年度做的调查表明，各大城市的购房者把自然开放空间、步行道花园、野生动植物区域及社区游憩活动中心等，排在最重要因素的前 4 位，占比分别为 87%、82%、77%和 74%。

为满足城市居民日益增长的渴望接触自然、亲近自然、走向自然的环境需求，不同城市都在不断加大公园绿地的建设力度，这也可以从全国城市人均公园绿地面积指标数据逐年增长反映出来。虽然公园绿地的游客群体结构类型和数量、游憩活动行为方式和公园绿地使用频率等方面也发生巨大的变化，但以公园城市理念满足市民对城市美好生活的向往，即在居民需求调研基础上，基于多样化、精细化供给等角度应对市民日常与节假日休闲游憩需求，持续扩展相关业态和促进服务提升，是城市公园绿地更新迭代源源不断的内在动力，反映并折射出城市居民消费需求及生产生活方式的变迁。各大城市还通过举办丰富多彩的园艺文化活动、开展"市民绿化节"等，给予居民一定的话语权，引导居民关注身边的绿化，积极参与城市公园空间生产，无疑有助于提升公园绿地的社会服务水平、市民参与度和自豪感。

（四）城市重大事件带动

因具有强烈的政治色彩和较强的市场号召力，大型节事活动已然成为城市政府进行空间生产的有效手段和强有力的工具。城市重大事件对公园绿地空间生产的影响，主要体现在能够产生一定的带动作用。例如，1990 年，上海浦东开发开放，这使得向东发展成为一段时期上海城市快速扩展的主要方向，陆家嘴绿地、世纪公园等相继建成向社会公众开放，这使得浦东新区的公园绿地数量和面积均大幅增长。作为上海近年来最具影响力的重大事件之一，以"城市，让生活更好"为导向的2010年上海世博会的筹办，更是对上海城市公园建设（新建或改造）产生直接推动作用。首先，为了筹办世博会，上海积极推进市容环境的综合整治，市政府改造了很多老旧公园。在对1990年之前建造的80座老公园现状调查和评价的基础上，颁布《上海市公园改造规划与设计指导意见》，自2005年起，上海城市公园建设集中力量重点对老公园进行更新改造。其次，新建世博公园、后滩公园等，这使得黄浦江两岸环境得到了逐步治理，黄浦江两岸地区公共空间更新成为驱动上海城市可持续和弹性发展的重要引擎。

二、城市公园建设管理模式

作为城市中最重要的生态保障型游憩公共空间（公园绿地也是满足市民、游客生态绿色需求最直接的服务窗口），公园绿地主要由代表社会公众利益的政府供给。我国大多数城市公园绿地的建设、运营、管理等均采用政府主导、市场参与提供的模式，公园绿地的建设资金主要来自政府的财政拨款，建成后（新建或改造）也实行由园林绿化管理部门自管自养的管理模式。以上海市为例，上海市绿化和市容管理局总体负责城市公园管理工作，包括编制并实施公园绿地发展规划、专项规划，制定并组织实施公园分级分类管理办法，协调推进公园绿地的建设及老公园改造等，而具体的公园（特别是社区公园）养护管理基本上由企业负责实施。

政府宏观层面对城市公园的管理，主要通过"城市公园名录"管理（表4-6）和组织开展公园的星级评定（图4-10）等推进。上海每年度发布调整城市公园名录，由各区申报，上海市绿化和市容管理局组织专家现场踏勘和研究讨论及综合评估，对已经具备城市公园条件的公园绿地，纳入"城市公园名录"管理，并明确具体的公园养护管理标准，以及具体参加专业测评和社会评价的时间等。各区绿化（公园）管理部门参照《上海市绿化养护概算定额》，协调财政部门支持，落实公园运营维护费用；对照《公园设计规范》《公园服务基本要求》等，及时增加完善公园内公厕、座椅、路灯、垃圾箱、监控等配套设施，持续提升公园服务水平。

表4-6　2017～2021年上海新纳入"城市公园名录"情况

年份	公园数量/座	公园面积/公顷	公园类型			
			综合公园/座	社区公园/座	街心花园/座	专类公园/座
2017	26	115.73	1	25	0	0
2018	57	369.28	2	45	9	1

年份	公园数量/座	公园面积/公顷	公园类型			
			综合公园/座	社区公园/座	街心花园/座	专类公园/座
2019	52	188.66	1	42	9	0
2020	55	239.88	0	41	13	1
2021	33	258.32	0	33	0	0

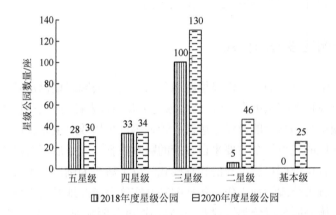

图 4-10 2018 年和 2020 年上海公园的星级数量变化情况

上海公园星级命名每两年统一调整发布。为进一步加强公园管理工作和提升公园服务质量，上海市绿化和市容管理局根据年度工作要求，结合《上海市城市公园实施分类分级管理指导意见》，制定相应年度《公园管理考核细则》，按照公园所属类别，主要考核各公园"园艺养护项目""园容卫生项目""设施维护项目""规范服务项目""安全保卫项目"等内容，采用日常检查（权重约 60%）与重点工作评定（权重约 40%）相结合，专业测评与社会评价相结合，经综合测评（公园综合考核和市民满意度测评等），评定各公园的星级水平（按星级标准，由高到低 5 个等级分别为：五星级＞四星级＞三星级＞二星级＞基本级）。同时，相关测评结果要求纳入各区绿化年度绩效考核。

（一）案例：长兴岛郊野公园

长兴岛郊野公园位于上海市长兴岛中部，总占地面积 29.8 平方千米，在上海首批七座城市郊野公园中面积最大。其中，一期项目紧邻长江隧桥，占地面积 5.58 平方千米，2016 年 10 月 22 日建成试开园。上海市长兴岛开发建设管理委员会办公室成立了建设指挥部，并按项目土地属性、经营模式、管理权限"三个不变"原则，确定上海前卫实业有限公司为长兴岛郊野公园建设和运营主体（图 4-11）。同时，前卫公司成立上海长兴岛郊野公园管理委员会，负责长兴岛郊野公园功能提升，协助郊野公园驻园单位开展独立的经营运作；同时建立上海前卫旅游发展有限公司，开展园区日常运营管理。长兴岛郊野公园由总经理领导，下设综合管理中心、运营服务中心、市场营销中心、公园管理处、农业小组及旅行社，共同构成长兴岛郊野公园运营管理机构。

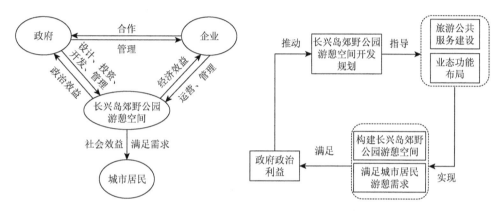

图 4-11 长兴岛郊野公园游憩公共空间提供机制运行逻辑

长兴岛郊野公园自筹资金投入近 5000 万元，并通过土地租赁、政企合作的方式引入市场投资。为进一步丰富郊野公园服务项目，引进莲趣园、前卫马术俱乐部、前小桔创意农场及长岛庄园等多家驻园企业（图 4-12）。同时，园区内设长兴岛郊野公园拓展部（属于郊野公园内开展多种团队活动的部门，由私营企业上海思淼体育文化发展有限公司和长兴岛郊野公园共同运营），以长兴岛郊野公园为平台，提供多种拓展活动服务项目（包括场地租赁、道具租赁、舞台背景音响等）营利性租赁业务。

园区内部"保安服务""保洁服务""绿化服务"三项服务，长兴岛郊野公园通过竞标、合同外包的方式由三家外包公司负责具体的运营管理（图 4-13）。专业化服务外包实现部分服务项目管理权的转移，使得公园相关服务提供更加高效。

从长兴岛郊野公园运作机制来看，政府将部分公园空间生产提供完全交给各驻园企业、外包公司，政府从政策上予以扶持和引导，无疑减轻了政府提供资金、管理、运维的负担和风险。郊野公园通过所有权、经营权相分离，各驻园企业自负盈亏、独立经营，充分发挥市场机制的有效性；部分公共服务外包，由各外包

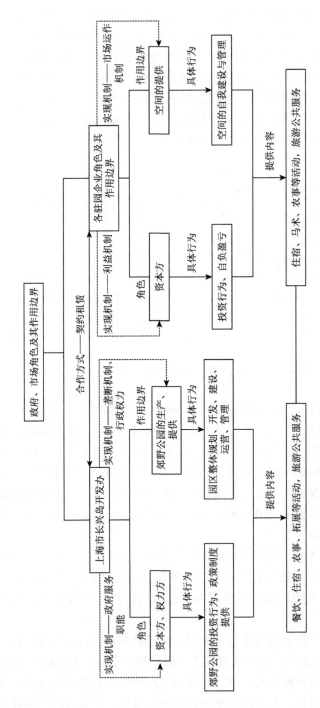

图4-12 长兴岛郊野公园游憩公共空间提供主体角色及作用边界

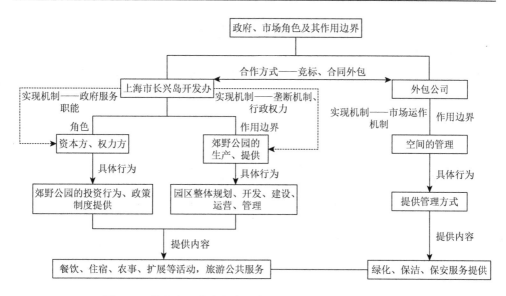

图 4-13　长兴岛开发办与各外包公司之间的角色及作用边界

公司进行专业化的运维管理服务，进一步提升了园区整体经营和管理效率。但从实际项目考察来看，此种政府主导、市场参与提供模式也存在着局限性。例如，由于驻园企业和政府之间的复杂关系，容易在公共服务统一管理上存在分歧，同时各外包公司之间也存在职责不清等现象。因此，为确保郊野公园中各驻园企业提供游憩公共空间的有效性，需要政府部门进行统筹的顶层设计，如制定并实施明确可操作的市场竞争-准入-退出机制。

（二）城市公园绿地管理发展方向

秉持绿色发展理念，政府（部门）主导城市公园空间生产，能够相对有效地保证生态基础型游憩公共空间的公共性和更好地保障城市居民的基本游憩活动需求，但在公园绿地实际运营管理上仍然存在诸多问题：政府主导，运营管理主体单一，只能确保提供基本的休憩功能；绝大多数依赖政府行政拨款，资金缺口大，容易导致公园的公共服务设施、设备维护不足，以及公共绿化的养护管理存在问题；管理体制不健全，各部门之间分工不明确，存在管理混乱现象；政府（部门）及市场（企业）的实际作用范围难以界定清晰，缺乏相关的法律法规来约束规范，引入市场主体（企业）需要明确准入条件，应建立充分的竞争和退出机制。综合来看，城市公园绿地管理发展趋向下列方向。

一是管理主体多元化，实行公园绿地所有权、管理权、经营权分离，并明确各管理运营主体的职责。将公园绿地的生产管理运营由单一的政府提供转向多元提供（政府、企业、社会第三方组织和个人共同提供）。可以通过立法等形式，保障"三权分立"的顺畅。积极吸引社会（民间）力量的参与，引导社会公众主动参与到公园的规划、建设、管理的全过程，增加市民对城市公园管理的参与感，而不是被动接受。同时，重视引导社会公益组织的积极参与，以充分发挥公园绿地的环境教育功能。

二是改变原有依赖土地的融资方式，探索多元化的融资模式。借助税收、土地、债务等多种融资方法，引入市场化的融资模式，以政府为引导、多渠道筹资、多元化投入，实现融资模式的良性循环。例如，通过招商引资，对公园所需的商业服务设施向社会公开招标筛选，由选定企业向公园支付管理费用后在公园内部长期开展商业服务，既能够缓解公园的资金缺口问题，也能满足游客更高层次的游憩服务需求。此种模式不同于以往的公园通过直接购买方式，先由企业建设完成后交接给公园来维护管理，而是直接由企业来进行长期建设、管理和维护，避免了公园自身管理运营不当等问题。

三是应采取"自上而下"和"自下而上"的双循环管理机制。政府（部门）"自上而下"对公园绿地进行宏观调控监管（如制定相关政策法规等）。目前，我国各地城市公园管理机构差异较大，职责分散，偏重对公园绿化和安全方面的管理，对公园绿地游憩服务方面的管理相对缺乏，急需专门机构来统筹管理。借鉴国外相关成功经验，可由相关管理部门抽调人员组成新的城市公园绿地行政管理机构，统筹管理解决公园的生态、安全、游憩服务等问题。企业、社会第三方组织及个人等"自下而上"对公园绿地进行实际的管理运营及监督，并反馈给上级。

四是公园绿地管理运维手段向生态智能化转变。通过科技赋能、技术创新，促使公园绿地生产和消费均转向绿色低碳、集约高效、可持续发展，让上海公园绿地更美好和更全能。以智慧绿道建设为例，绿道沿线的灯杆经过智能化改造，可以同时具备照明、提供无线网络、安全监控、电子屏幕显示便民信息等多种功能。例如，园林多层次感观技术开发，使得公园绿地可以为游客提供丰富的感观体验，而不再只有视觉冲击，通过强化嗅觉、听觉、触觉等方面的感受，让公园具有消除不安与急躁情绪、增加游客活力的新功能。

三、经验借鉴：美国纽约高线公园

纽约高线公园（New York Highline Park）改造前是一段废弃的城市高架铁路，改造后仍保留了高架铁路的线性特征，成功的景观设计使其成为一座漂浮的共享公园（绿色更新的典型案例），吸引了源源不断的客流，已成为纽约市最具特色和吸引力的城市公园及领跑全球的网红打卡地。芝加哥606公园步道、巴黎小腰带、东京代官山、柏林三角公园等或多或少都受到纽约高线公园的影响。

同时，新景观"盘活"纽约高线公园周边社区，提升了公园周边地产价格，餐饮、文化店面或机构纷纷进驻沿线地区，使得高线铁路周边原本颓败的旧工业区变身为资本趋之若鹜的城市新增长点，即高线公园的绿色更新重新焕发了地区生机。

高线铁路遗迹记录着纽约曼哈顿西工业区的兴衰烟云，已经成为城市文脉的一部分，带着城市印记的废墟被保留下来，即纽约高线公园基本保留铁路原线的本来面貌，它既不是完全拆除，也不是原样保留，而是进行适当改造，并注意充分利用原有植物，使其拥有意境荒芜的生态系统，杂草丛生于废弃的铁轨之间……铁路线蜿蜒漂浮于曼哈顿林立的高楼群中，因悬于空中，高线公园景观良好，远望能够看见自由女神像，俯首可见纽约车水马龙、霓虹交错的街道景观。高线公园已经成为纽约新地标，周末访客数量达到 6 万人次/天，其中当地居民约占 30%，其余均为游客。

（一）高线公园改造更新历程

纽约高线铁路建于 20 世纪 30 年代，原是为缓解交通运力建造的一条贯穿纽约曼哈顿西区的高架铁路货运专用线，位于曼哈顿岛的西侧，接驳曼哈顿切尔西（Chelsea Manhattn）的工厂和仓库，从南到北跨越纽约市区的 12 个街区，Meatpacking（肉库区）、West Chelsea（西切尔西）和 Clinton（克林顿）都可以看见高线铁路。高线铁路整体长约 2.4 千米，宽 15 米（局部地区宽窄有变化），距离地面高约 8 米。高线铁路周边地区曾经是美国工业社会时期最具活力的工业区。20 世纪 60 年代开始，高线铁路货运业务逐步萎缩；20 世纪 80 年代州际公路发展迅速，高线铁路的运输功能停止并被关闭废弃，周边的工厂也面临转型。20 世纪 90 年代末，由于高线铁路停用成为衰败工业区，破坏城市景观、威胁周边社区治安并阻碍地区整体开发，纽约市政府曾将高线铁路拆除议案提上议程，并已着手准备签署拆除令。

为了更好地保护高线，避免其被拆除并能够转化为公共设施，以约书华·大卫（Joshua David）和罗伯特·哈蒙德（Robert Hammond）为首的铁路爱好者，1999 年成立非营利组织高线之友（Friends of the High Line），提出将高线改造更新为公园的绿色转型思路，不仅成功保留高线，并将高线公园理念付诸实践。高线之友联合很多纽约政界和文化界的名人，包括政治家、建筑师、设计师，长期为高线铁路的保护与更新寻找出路。委托公共空间设计信托对高线铁路的保护与再利用的途径进行了详细的可行性研究；发起国际性设计竞赛，吸引 36 个国家的建筑师和艺术家提供 720 份设计作品，对高线改造更新发展提出大胆的设想。经由 James Corner Field Operations（詹姆斯·科纳场域运作事务所，JCFO）操刀改造高线公园——利用后工业建筑物加以创造性设计，最终建成贯穿曼哈顿的空中花园走廊。

（二）高线公园建设运维资金

对高线铁路的再利用和绿色增长理念被植入高线公园建设，其本质上是纽约市政府为了促进地区经济增长和提升竞争力，即以公园为名的城市增长项目，其背后的驱动力是可观的经济收益预期。以纽约市政府、高线之友为核心的城市增长联盟，成为高线公园建设的融资主体。2004 年，高线公园景观重塑开启，纽约市政府拨款 4300 万美元作为启动资金。高线公园分三期建设，2009 年，高线公园一期建成开放；2011 年，高线公园二期逐步建成向市民开放［项目总长 1.6 千米，回收利用 Gansevoort（甘瑟弗尔特）大街到西 34 大道之间的旧货运铁路线，也是绿道规划在都市运用的成功案例］。前两期建设费用 1.52 亿美元，其中纽约市政府拨款 1.12 亿美元，高线之友筹措约 3000 万美元（投资多来自城市精英的捐赠），纽约州政府每年拨款 40 万美元等。高线公园三期，2014 年建成，总费用 9000 万美元，其中纽约市政府拨款 1000 万美元，其余资金通过高线之友募集或由相邻地块的地产开发商提供。高线公园建成后，成功地带动了周边地产升值，为西切尔西区及纽约市带来丰厚的经济收益。

在纽约市公园与娱乐管理局监管下，高线之友负责公园公共项目、公共艺术监督、定期活动组织等具体运营。首先，开辟多样化的募款渠道。通过招募会员获得稳定收益，分为普通会员（年费 40～750 美元）、创始人朋友圈（每年捐赠 1500～3000 美元）和高线议会（每年捐赠 5000～50 000 美元）。其运营资金也来源于每季度酒会式的高端筹款晚宴，入场价格最低 2500 美元，已成为纽约名流社交的重要方式。企业合作和其他非营利性组织也为高线公园的日常维护及活动组织提供了资金。其次，开展广泛的社会合作。与企业、学校、社会组织合作，定期策划覆盖各年龄段不同人群的兴趣活动，在提高公园活力与影响力的同时，鼓励更多人参与公园管理和维护。高线之友招聘约 110 名固定员工从事常规的公园服务、园艺、行政等工作，还定期向社会招募志愿者提供导游解说、园林修剪、设施维修与更新、展览准备等服务。

（三）高线公园改造更新经验

高线公园改造更新之所以成功，可借鉴的经验主要来自三个方面。第一，离不开政府、商业企业及社会组织、城市精英、媒体等多元主体参与形成城市"增长联盟"。与政府和企业（开发商）缔结而成的"政企增长联盟"不同，高线公园"增长联盟"是以高线之友为核心，形成以政府支持、公众参与，民间力量为主导，城市精英、建筑师、摄影师、时装设计师、媒体等多方合作形成企业化联盟，共同参与高线公园建设、活动策划和运营管理等。第二，高线之友以"自下而上"的方式，充分利用社会各界的力量，吸引公众参与高线绿色景观设计过程优化方案，向城市精英募集高线建设及运维资金等，争取到了社会最广泛的关注和支持。第三，开发权转移的政策创新避免了高线公园改造更新中的土地经济价值流失，即将高线开发权转移到邻近街区创造出极大的地产价值，容积率奖励、高度控制等政策，确保了高线公园改造更新的品质。政府给予税收上的优惠政策等，充分调动捐资者积极性，也是高线公园得以改造更新成功的关键。

第三节　公园绿地更新路径选择

世界知名的城市公园，如美国纽约的中央公园（New York's Central Park）、英国伦敦的海德公园……追求的不仅仅是"多"和"大"，公园的生态效应、"以人为本"往往才是这些公园绿地规划设计与建设的聚焦点。随着很多大城市的中心城区高密度住宅和文化社区建设，在城市复兴浪潮及城市生态空间约束之下，明确城市刚性的绿色生态空间管控边界，通过巧妙选址和弹性设计来引领城市社区复兴，即在寸土寸金的大城市中心城区建设（新建或改造）可容纳更多市民公共生活的公园绿地，防止城区无序蔓延与扩张，并通过科学细致的管理提供丰富多样、合理有序的游憩活动（服务），倡导、更健康、尊重人性的现代城市生活，进而推动城市"宜居—宜业—宜游—宜文"，即城市公园越来越成为现代高密度大城市空间中市民生活的重要场所。借鉴国内外城市公园绿地建设成功经验，上海城市公园绿地更新（新建或改造）应着眼于公园绿地与城市的融合发展，在重点挖掘公园绿地文化内涵提升品质，引导社会公众参与协同管理，培育壮大"绿色增长联盟"，构建城市公园网络体系以发挥整体效应等方面进行探索创新，助力上海打造"公园城市"。

一、空间布局均衡化：公园与城市融合发展

公共性、开放性、公益性等是城市公园的基本属性。相关研究表明，有约 1/3 的游客有夜间游园需求，市民对公园延长开放的需求强烈，且公园本身为公共资源的一种，不断扩大开放力度与程度，是民心所向，大势所趋。因此，延长开园时间、拓展开放空间、发挥社会公益性等，是城市公园绿地未来的发展趋势。例

如，在广泛征求市民、游客和绿化管理部门意见的基础上，上海积极推进公园绿地延长开放工作，中山公园、华山绿地、徐家汇公园、黄浦公园等先后逐步实现24小时全天免费开放。从封闭收费到免费全时（全年全天延长）开放，中山公园等城市公园在被打造成一片"没有围墙"的公共绿地的同时，也见证了上海城市公园管理模式的发展转变：坚持目标导向，提升服务标准；坚持需求导向，依托科技手段；坚持问题导向，强化协同治理等。

城市公园绿地开放式管理，几乎是世界发达国家和地区的通行做法。英国的伯肯海德公园、圣詹姆斯公园等城市大型公园绿地从建园初期便实行免费开放政策；美国纽约的中央公园、费城众多社区公园也都长期实行开放式管理，任居民和游客休憩停留。当城市大规模扩张被严格限制时，迫使城市生长由以外延增量为主的粗放低效方式向着以内涵存量为主的集约高效方式转变，结合城市更新，在推进公园绿地增量提质的进程中，孤立、围合、封闭形态的公园绿地由封闭到开放再趋向"溶解"（国内有学者提出"溶解公园"的概念），逐步向生态开放式的公园绿地形态发展（弱化或不设围墙、围栏，不收费，可自由出入），同时与城市其他开放空间（如街区）保持延续性，并与城郊自然生态景观高度融合成为城市"生态、生产、生活"的基底，叠加产业创新、生态恢复等实现"公园—城市、街区、区域"融合协同发展，园中建城，城中有园，城园相融，使得未来城市本身就是一个"公园城市"，即同步推进"城市里的公园"建设和打造"公园里的城市"。

二、参与主体多元化：培育"绿色增长联盟"

作为生态型和基础保障类城市游憩公共空间，公园绿地由政府供给责无旁贷，但也不能完全依赖政府力量建设（有其局限性，受到多种因素限制和制约），应扩大多元化投资渠道，吸引更多企业（包括团体、个人）投资建设（新建或改造）公园绿地，即着力于引入市场机制提高公园绿地服务管理效率，充分发挥社会第三方组织参与公园协同治理方面的作用，通过培育"绿色增长联盟"参与公园绿地的建设、管理、运维，也可以说是推进多元主体参与公园绿地的共建、共享、共治。"增长联盟"主体应包括各级政府（部门）、企业（商业集团）、社会第三方组织（民间社团等非营利/公益组织）和个人（高收入人群、热心公益的志愿者、社区居民等）及媒体等利益群体（他们与公园绿地更新及城市发展利益休戚相关）。

在城市公园建设（新建或改造）中，除了加大各级政府的财力投入，制定激励性财税政策，通过以奖代补、捆绑建设等形式，引入社会（市场）资金，激发企业（商业集团/开发商）参与公园绿地建设（新建或改造）力度。在《公园服务基本要求》《城市公园配套服务项目经营管理暂行办法》《上海市公园绿地游乐设施管理办法》《上海市公园绿地市民健身体育设施管理办法》等国家及上海市相关规章制度的指导和约束下，为满足市民（游客）日益增长的多元化游憩需求，公园绿地内很多设施及服务可以直接交由企业（社团组织）来建设、运营、管理。事实上，在公园绿地实行全年全天延长开放后，公园绿地维护管理工作量大增，既需要专业部门和人员来建设与养护，也对游憩者提出更高管理要求。为了推进公园管理规范化、制度化发展，应深化"公园—社区—志愿者"三位一体管理机制，充分利用新闻报道、公益宣传、新媒体等加强宣传引导，广泛动员社会各方力量，共同参与公园绿地服务管理，维护文明和谐的游园环境。

三、活动项目品牌化：发挥文化的引领作用

早在 2015 年底，国家统计局上海调查总队关于"文化提升城市生活品质"的调查发现，85.8%的受访城市居民认为公园绿地设施和服务能基本满足需求，每年去一次及以上公园绿地的占 88.6%。公园绿地已经取代了过去的街巷或弄堂，成为城市居民新的情感依附空间。每一种类型的公园绿地都有其特殊价值功能，例如，综合公园以单个或多个城区范围内居民和外来游客为服务主体，主要为人们提供假日游憩活动；社区公园，以社区范围内居民为主体，主要为周边居民提供日常游憩活动。在一定的城市公园绿地总量情况下，城市公园绿地更新应由增加数量转向关注提升质量，即分类优化整合推动公园绿地建设（新建或改造）由偏重数量规模增长向注重质量内涵提升转变，在促使公园绿地转向质量型、效益型发展进程中，应进一步挖掘公园绿地深层次的社会文化价值，着力打造公园绿地活动项目品牌。

文化是城市发展的灵魂，一座城市最有味道、最具魅力的，就是其文化。城市公园的一个重要作用是为个人和文化的多样性提供一个展示的空间。作为城市最重要的开放空间、城市公共客厅和城市"绿肺"，公园绿地为市民（游客）提供自然化的游憩生活境域，不仅是城市居民开展户外休闲游憩活动的重要空间与载体，也是市民文化、城市文化、地方文化的展现和传播平台、展示场所，某种程度上代表着一个城市的形象，其社会、生态、景观、游憩、文化等功能在城市中发挥着重要作用。公园绿地为城市带来的巨大效益不仅体现在对改善城市生态环境和经济效益的贡献，更重要的是对城市社会、文化效益的贡献。通过公园绿地活动项目的差异化设计，充分挖掘公园绿地的文化内涵和上海城市文化特色，将市民（游客）喜闻乐见的传统文化风俗融入公园绿地的各项活动中，如在公园绿地里开展露天音乐会、文化艺术展、啤酒美食节，增设创意文化展示、科技创新展览、自然探秘等科普教育活动，形成独特的文化氛围与历史积淀，即塑造公园

绿地的文化张力和项目内涵，创建富有浓郁海派文化底蕴的绿色景观，以激发并更好地满足市民参与文化体验的潜在诉求，让人们沉浸其间获得独具魅力的文化体验和美学感受，城市凝聚力和市民获得感、归属感、幸福感也随之能够得到进一步提升。

四、公园网络体系化："点＋线"建构"网"

完善健全的城市公园体系，能够满足市民多元化的休闲游憩需求。随着我国城镇化进程加速和城乡一体化发展，在深度探索与综合统筹利用城乡游憩资源构建城乡一体的绿地游憩体系中（图 4-14），对公园绿地的广义理解，应逐步延伸并拓展到城市外围绿地（市域范围以内、城市建设用地之外）的风景游憩绿地（特别是郊野公园、森林公园和湿地公园），加快探索由"点"和"线"（带/环）架构而成的城市公园网络。在上海城市基本生态网络"环—楔—廊—园—林"框架下，从丰富和完善城市公园体系（"一环两带多线多点"）角度，将各类"点"状的公园（中心城区纳入城市公园名录管理的街心花园/"口袋公园"、城市郊区的郊野公园/森林公园/湿地公园）通过"线"性的城市绿道连接，"串珠成线""长藤结瓜"，各级绿道相互叠合串联成网络，使得公园绿地之间彼此不再被割裂呈"碎片状"，无疑可以最大限度地发挥公园绿地体系的功效。

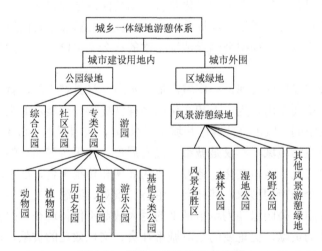

图 4-14　城乡一体绿地游憩体系

作为后工业人文精神回归大背景下的产物，"绿道"（greenway）也被称为公园路（parkway），通过建立专用自行车道、步行道等，将呈"碎片化"具有相对较高自然生态和历史文化价值的各类郊野公园、湿地公园、森林公园，以及风景名胜区、自然保护区、历史文化风貌区和不同级别的历史古迹等"线性"串联形成游憩线路，在改善城市生态环境质量、维护生物多样性、提高景观丰富性、提升市民生活质量等方面发挥着关键作用。"绿道"是串联各个公园绿地节点的动脉。自2010年"中国绿道运动"掀起后，"绿道"在中国各地区快速"生长"。上海于2015年启动编制《上海市绿道专项规划》，2016年上海市绿化市容局出台《上海市绿道建设导则（试行）》等，积极推动绿道建设。作为高度城市化地区和全国相对"贫绿"的城市，虽然上海城市绿道建设选址面临着用地紧张、难以串联成网等诸多难题，但《上海市城市总体规划（2017—2035 年）》蓝图描绘2035年完成2000千米骨干绿道①，应是上海未来城市更新及城市绿化建设坚定的目标，让城市绿道、公园、森林和河湖交织构成上海韧性生态之城的基底。

---

① 《上海市城市总体规划（2017—2035 年）》，上海市政府2018年1月发布。

第五章　市场供给/（生产）消费型：
商业（购物）中心变革

进入 21 世纪以来，发展迅猛的城市大型商业（购物）中心以其所具有的多业态复合、多样化功能、提供"一站式服务"等特点，不仅是容纳消费者的购物空间（场所），还同时满足了消费者餐饮、社交、文化、艺术、休闲娱乐、旅游观光、运动健身等多种游憩活动诉求。购物行为被看作是一项娱乐与社交活动，即消费者的"逛商场"使得其本身也成为游憩体验对象。伴随着大型商业（购物）中心在各大城市如雨后春笋般涌出，购物中心（商业综合体）之间的竞争日趋激烈。鉴于城市商业（购物）中心公共空间最能体现其特色形象及品质，因此很多商家（企业）日渐重视购物商场的公共空间建设，这使得新建或存量改造购物中心（商业综合体）自建成开门营业后，就快速成长为"商业—旅游—文化"融合发展的重要载体、平台和城市商业游憩集聚区，乃至新的城市旅游购物地标，进而成为社会公众（消费者）开展各类公共活动的重要场所/活动空间。

为加快促进消费融合创新，打造一批商旅文体联动示范项目，国家及各级地方政府先后发文明确要求加快商业街（步行街）改造，进一步推动了实体商业（购物）转型升级，如促进传统百货商店等转型发展成为消费体验、休闲娱乐、文化时尚中心等。而作为商业（购物）中心建设及运营主体，为了尽快提升购物品牌影响力，众多商家（企业）积极探索业态创新，纷纷致力于将多种游憩活动要素向购物空间渗透。究其原因，或者是为了吸引更多消费客流及打造旅游购物品牌，或者是企业的社会责任感增强及更好地回馈社会，多种游憩休闲体验业态消费空间占商业（购物）空间比重持续增长，加速了游憩和商业（购物）的有机融合共生，特别是中心城区存量改造及新建的"宜商（购）—宜游—宜文"大型体验式商业综合体（购物中心），往往以城市新地标的态势快速崛起，吸引众多市民（游客）络绎不绝前往打卡。

第一节　城市商业（购物）中心更新迭代

"购物中心"英文翻译为"shopping center"或"shopping mall"，其中"center"意为"中心"，有汇集各类商业活动的特点，"mall"意为商业街、林荫道，表明公共空间的形态，又可称为购物广场、购物街区、步行商业街等。购物中心（商业综合体）是多种零售店铺、服务设施集中在一个建筑物内或一个区域内，向消费者提供综合性服务的商业集合体。通常包含数十个甚至数百个服务场所，以购物为主导，融合餐饮、娱乐、文化、教育、健身等多项功能活动，业态涵盖大型综合超市、专业店、专卖店、饮食店、杂品店及娱乐健身休闲场所等①。它是由多个使用功能不同的建筑空间组合形成的，是一个多功能、高效率、复杂且统一的综合体。商业（购物）中心一般是由投资者（企业）有计划地开发管理运营，即开发商（物业公司）建楼、出租场地，运营商（专业商业管理公司）实行统一招租、管理、促销，承租户分散经营，实行的是市场租赁制。因此，从严格意义上讲，它是业态不同的商店群和功能各异的文化、娱乐、金融、服务、会展等设施以一种有计划地实施的全新的商业聚集形式，有着较高的组织化程度。

城市商业（购物）中心可以说是一个复合多种功能、高度活跃的城市空间，也是个性消费、体验消费等消费文化集中展示的城市空间，汇集着多样化、差异化的消费符号。它依托优越的交通条件、城市区位等，是以消费类型不断丰富的城市商业零售业态为基础，复合餐饮、娱乐、社交等多样化功能的城市购物空间，满足了消费者"一站式"购物消费和文化、娱乐、休闲、餐饮享受。自20世纪90年代以来，购物中心（商业综合体）在我国很多城市开始大量建设（包括传统百货商场的存量改造），导致市场竞争日趋激烈。顺应时代发展及消费者需求变化，特别是在网络购物及电商的激烈冲击下，各大商业综合体（购物中心）也在不断进行着或主动或被动的自我革新，尝试通过增加不同的购物体验和感受来吸引消费者，多种游憩（设施）活动要素的持续引入，在确保购物环境品质显著提升的同时，商业（购物）业态的更新迭代趋向体验化、娱乐化、主题化等发展，即商业综合体（购物中心）之间的竞争逐步由数量规模转向追求内涵品质。

一、城市商业（购物）中心变迁历程

在全球经济一体化背景下，科技、交通、信息技术的更新迭代缩小了城市之间的时空距离，消费的逻辑与以往相比更多地表现为改变城市空间（物质形态和社会的空间）的作用下，以及消费具体是如何改变原有城市空间，呈现出"生产性消费→大众消费→个性消费→体验消费"。文化成为消费空间生产的一种重要的动力，甚至成为创造消费需求的媒介，包括充当权力与资本的黏合剂、重新组织空间的手段甚至创造性破坏的途径等，作为城市经济增长驱动力，能够成功破解城市各类危机。特别是随着服务经济及互联网信息技术产业的迅速发展，体验消

---

① 《零售业态分类》（GB/T 18106—2004）和《购物中心等级评价标准》（T/CECS 514—2018）等。

费逐步成为主导性消费文化。在消费文化变迁的影响下，资本通过符号运作推动着城市空间的生产和发展。作为消费、资本、符号凝聚的空间载体，城市商业（购物）空间发展变化也体现出深刻的消费文化演进逻辑。因此，城市商业（购物）中心演变阶段大致与消费文化的发展阶段基本相吻合（图 5-1）。

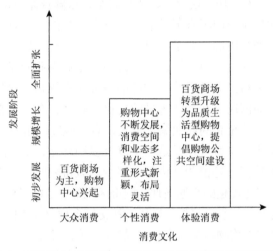

图 5-1　城市商业（购物）空间发展阶段及消费文化类型划分

（一）初步发展阶段：大众消费（1978～2000 年）

1978 年改革开放之前，我国实施计划经济，以生产性消费为主，仅满足人们衣食住行等基本生理及生活消费需求，即消费需求由生产主导，缺少发展、享受型消费需求。这一时期，社会总体消费需求比较弱，商业发展极为缓慢，城市购物空间以百货商店为主，绝大多数以公营的组织形式由政府控制，为城市居民提供吃、穿、用等方面的基本生活用品。以上海为例，最具有代表性的是公营上海市日用品公司门市部，于 1949 年 10 月 20 日成立，是上海市第一家国营百货商店，也是上海第一百货的前身，它仅具备商品交换功能，前台后柜，空间逼仄狭窄，其内部公共空间仅以步行空间为主。

随着 1978 年改革开放，我国由计划经济体制向市场经济体制转化，特别是 20 世纪 90 年代以后，国内市场经济体制改革迅猛，城市居民消费水平明显提升，大众消费需求普遍增长，例如，1978 年上海城市人均地区生产总值仅为 2500 元，2000 年增长到 30 307 元。大众消费文化的形成，即由生存型消费逐步发展为享受型消费，进一步推动了城市购物空间较快增长。伴随着国外先进商业管理经验及零售经营模式的引入，大量业态复合度较高的城市新型购物中心开始陆续建成开业，且规模（面积）不断扩大，并逐步增添一些游憩活动要素，功能趋向多样化。

虽然这一时期城市购物空间仍以百货商场为主导，但受到大卖场、专业店等新兴业态的影响，家具店、五金店等退出百货商场，自发形成专业型街区或商场；而传统百货商场则引进超市、咖啡厅等休闲、社交功能空间，通过业态结构调整、升级和优化，进一步提高了整体活力。

借鉴发达国家商业（购物）中心开发模式，上海尝试建成一批购物中心范本。例如，上海大型商业空间的典型代表——徐家汇东方商厦于 20 世纪 90 年代初建成，该商业建筑注重空间和环境的营造，其室内中庭的设计与建设，成为当今城市购物空间内部公共空间的雏形。1994 年，上海第一家购物中心——华庭国际购物中心正式进入试运营状态；1997 年，梅龙镇广场开门营业，不仅引入名店运动城和伊势丹百货，保持购物中心既有购物功能，还通过引入环艺影城、大食代美食广场、百佳超市等娱乐、饮食类消费场所来进一步丰富商场业态。20 世纪末，室内主题街区的开创者——上海港汇广场横空出世，借助徐家汇商圈的集聚优势，引进国外购物中心模式，率先建立室内怀旧文化街区，并引进了加拿大桥外侨大型科技乐园、音乐酒吧、DISCO（迪斯科舞厅）、3D 影厅等娱乐项目的"华尔街"，将城市文化与娱乐文化汇集在同一购物空间内。

（二）规模增长阶段：个性消费（2001～2015 年）

21 世纪初至第三次消费升级之间，我国社会经济发展迅猛，城市居民消费水平迅速提升，居民的消费需求日益增长，消费理念多元化，社会整体消费由"量"转向"质"的消费形态，开始追求消费的个性化，时尚消费、娱乐消费、奢侈品消费等比重不断提高，越来越注重消费背后的符号意义和文化内涵。这一阶段，市场高额回报吸引着大量国企及外资机构投资，城市购物中心呈现蓬勃增长态势（图 5-2），传统的家具业、五金和绸布等逐步退出城市商业中心，相对增加珠宝、

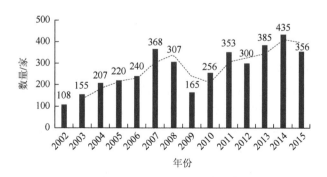

图 5-2　2002～2015 年我国新开业的大型购物中心数量变化情况

统计范围为商业建筑面积≥3 万平方米的集中型零售物业

手表、化妆品等很多新型商业（购物）空间，城市商业（购物）空间功能配置日益多样化，购物场所环境不断改造升级，公园、文化设施、娱乐城等休闲体验空间被逐步搬进了城市购物中心、百货商场，以文化体验为特色的酒吧、咖啡屋、主题餐厅等餐饮区、美食街等纷纷进驻大型城市购物空间，总体上城市购物空间内休闲、娱乐、教育、康体消费的业态比例不断增加。

2010年上海世博会的成功举办，加速提升了上海城市更新的步伐，地铁广场、直销中心等新型购物消费空间不断涌现，不仅丰富了上海城市购物空间（载体），且呈现规模持续扩张的态势。例如，作为集聚消费者的城市活力空间，五角场万达广场、虹口龙之梦购物中心、长风大悦城、环球港等纷纷涌现，并成为上海城市购物空间格局的重要节点。这一阶段，上海城市购物已经形成南京东路、南京西路、淮海中路、四川北路、徐家汇、五角场、豫园、不夜城、浦东新上海商城和中山公园等十大市级商业中心为核心的网络空间布局。

（三）全面扩张阶段：体验消费（2016年至今）

在第三次消费升级背景下，符号消费、体验消费渗透到城市居民消费理念中，消费者更加注重提升个人生活品质的消费，追求舒适、精致的品质化生活方式，尤其关注商品的体验价值。随着城市居民消费结构向品质型消费升级，城市各大商业（购物）中心纷纷重视新型业态引进和创新，体验式购物空间逐渐兴起，百货商场开始寻求转型（改造）升级，生活式购物中心顺势崛起。为吸引更多消费者，各类融入城市商业（购物）空间的游憩活动要素更加丰富多彩，很多城市购物空间通过商业建筑的附加物营造购物IP（intellectual property，直译为"知识产权"，可以理解为所有成名文创包括文学、影视、动漫、游戏等作品的统称），以突出地标化和差异化；引入网红店、品牌首店及新式书店，增设美术馆、亲子烘焙教室、创意手工制作等，打造沉浸式文化娱乐体验空间，以及不定期开展各类艺术展、音乐节、美食节等文化娱乐活动，提升城市商业（购物）空间的文化品质、功能和体验度。

这一阶段，全国每年新开业大型购物中心数量整体保持相对平稳的趋势（图5-3），商业地产投资开发商（运营商）日趋理性，不再片面追求快速开店。其中，以上海最为活跃（图5-4），"首店"经济迅猛发展、夜间经济持续繁荣，成为全球零售商进驻的重要目的地，全球零售商集聚度达54%，世界知名品牌集聚度超过90%。由于受到新冠疫情影响及消费市场的不确定性，很多商管头部企业放慢招商延迟开业，2020年上海新开商业综合体/购物中心（3万平方米以上）只有18家，包括南翔印象城MEGA（以34万平方米的体量，创新上海单体量最大纯商业购物中心的纪录）、上海广场等，上海新天地时尚I（"I"为数字符号）个别购物中心试营业，存量改升级造，如港汇恒隆广场"焕新"亮相，陆家嘴滨江金融城尚悦西街正式开街等。

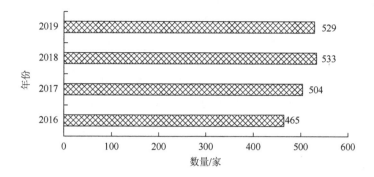

图 5-3　2016～2019 年我国新开业的大型购物中心数量情况

资料来源：联商网统计相关年度我国新开业的大型购物中心数量（单体商业建筑面积 3 万平方米以上，部分为存量改造项目）

图 5-4　2013～2019 年上海城市商业综合体（购物中心）数量及年营业额增长

　　虽然市场上新开业的购物中心数量由"激增"状态转为"骤减"（比 2019 年减少 16 家，减少商业建筑面积 95.8 万平方米），2020 年上海全市社会消费品零售总额仍然达到 1.59 万亿元，规模稳居全国城市首位，对全市经济增长贡献居各行业前列（2020 年上海购物中心对全市社会总消费品零售总额的贡献率为 11.4%）。城市大型商业综合体/购物中心的经营业绩令人瞩目，在 2020 年全国购物中心销售额榜单中年销售额超过 100 亿元的有 9 家，其中上海有 3 家（上海国金中心 IFC 主场 ESP 电竞文化体验中心——主场 ESP 购物中心引进了全国首家为"王者荣耀职业联赛"电竞赛事打造的专业赛馆等、上海环球港、上海恒隆广场）。

在互联网和文化消费的新的时代语境下，面对快速变化的消费市场，很多大型百货商场纷纷通过存量改造谋求转型升级，商业综合体（购物中心）内部公共空间类型更加多样，并从室内延伸到室外，从地上延伸到地下乃至屋顶，十分重视绿色环境空间再造等。城市大型商业（购物）中心的屋顶通常被打造为特色休闲公共空间。例如，K11 购物艺术中心建成屋顶花园，百联中环将屋顶改造成为特色体验菜园，上海第一百货商业中心将其改造为露天电影院等，成为商家维系消费者情感的重要场所。这一阶段，上海城市购物空间由点轴扩散向多核心空间网络形态转变，形成了南京东路、虹桥商务、五角场、南京西路、淮海中路、国际旅游度假区、中山公园、真北、四川北路、徐家汇、陆家嘴、豫园商城等 12 个市级商业中心（商圈）为核心的网络空间布局。

二、城市商业（购物）空间分类建构

城市商业（购物）空间分类有多种（表 5-1）。基于不同的研究目的等，学者关于城市商业（购物）空间的分类依据及具体细分类型有所差异。例如，徐潇和徐雷（2017）从商业建筑的空间表达角度出发，根据不同的主题类型将商业综合体分为时间历史类、自然生态类、艺术文化类及娱乐休闲类等四类主题商业综合体。多元化消费需求产生多样个性化的商业业态，马璇和林辰辉（2012）将其划分为以"符号消费"为导向的酒吧街、小资弄堂、文化艺术商业街区，以"体验消费"为导向的游乐场所、度假街区等，以"时间消费"为导向的一体化商业综合体及以"空闲消费"为导向的诸如空港经济区、沿路商业街区及郊区商业公园等。

表 5-1　城市商业（购物）中心分类

分类依据	细分类型
选址和商圈 （美国购物中心协会）	邻里型、社区型、区域型、超级区域型 主题型、时装精品型、大型量贩型、工厂直销型
《购物中心等级评价标准》 （T/CECS 514—2018）	社区型、市区型、城郊型
开发商背景及经营管理模式	物业型、百货公司型、连锁型
规模（建筑面积）	巨型/超级（24 万平方米以上）、大型（12 万~24 万平方米）、中型（6 万~ 12 万平方米）、小型（2 万~6 万平方米）
《购物中心运营管理规范》 （DB31/T 865—2014）	都市型、地区型、社区型、工厂直销中心
不同国家或地区	美国加拿大式、以法国为代表的欧洲式、日本式、菲律宾和泰国之东南亚式

　　目前，城市商业（购物）发展整体处于新环境、新消费、新零售等大变革时期，尤其是在更加方便、快捷的电商冲击下，实体商家（企业）洗牌加速，在探索把握市场脉搏、精准进行行业业态调整及线上线下融合互动等差异化经营方面成效显著。从商业综合体（购物中心）的业态结构来看，虽然零售业一直占据主导地位，但是随着消费升级，社会公众消费观念的改变，餐饮业和健身休闲、教育培训、生活服务等其他服务业的增长在城市商业综合体（购物中心）的比重持续升高。结合对上海城市商业（购物）空间的实地调研数据，本节将城市商业（购物）空间内部的消费场所划分为六种类型（表5-2）。

表5-2　城市商业（购物）空间内部消费场所类型

类型	商业业态
饮食消费场所	餐饮店、咖啡店、甜品店、烟酒、副食品店
康体消费场所	运动健身馆、舞蹈室、皮肤管理中心、口腔诊所、美容会所、游泳馆、溜冰馆、保龄球中心、迷你高尔夫
娱乐消费场所	酒吧、游戏厅、KTV、VR（virtual reality，虚拟现实）电玩、戏院、剧场、电影院、室内动物园、室内游乐场
文化消费场所	书店、艺术展览、音像店、儿童教育
创意消费场所	绘画、烘焙体验店、陶艺DIY（do it yourself，自己动手）
生活消费场所	珠宝店、电脑手机店、高端时装服饰、超市、生活精品店、化妆品店

（一）依据商业（购物）空间文化主题分类

　　上海也是一座因商而兴的城市，繁荣的商业始终是上海城市最靓丽的名片。作为全国第一大经济城市、全国最大的消费城市和新零售新模式新业态新产品的"试验田"和"竞技场"，上海也是国际零售商、国际知名品牌聚集度名列全球前列的城市，有研究认为上海全球零售集聚度位居全球城市第二，"国际消费中心城市发展指数"排名全国第一[①]。消费已成为上海城市经济持续繁荣的"稳定器"和"压舱石"。目前，上海正着力建设国际消费城市，通过世界级商圈（商街）、重塑彰显海派文化特色的商业地标建设，丰富"上海购物"的内涵，并进一步深化商旅联动，以旅游节、购物节双节联动为龙头，举办欢购乐游黄浦行、环球港旅游

---

　　① 世界知名的五大房地产咨询机构之一仲量联行参考商务部关于《国际消费中心城市评价指标体系（试行）》的评判标准，借鉴以纽约、伦敦、东京等为代表的传统国际性消费中心城市和以新加坡、曼谷、迪拜为代表的新兴国际消费中心核心指标，筛选了截至2019年末的相关数据，通过国际知名度、城市繁荣度、商业活跃度、到达便利度、消费舒适度、政策引领度六个维度，制定"国际消费中心城市发展指数"，研究结果显示，上海、北京、成都的"国际消费中心城市发展指数"排名位居前三。

文化购物节、四川北路欢乐节、"老凤祥杯"上海旅游纪念品设计大赛、"凤凰杯"上海骑游节等系列活动，引领"上海购物"新时尚。

在城市规模扩张和存量更新背景下，上海城市商业（购物）空间不断优化完善，涌现出很多新兴旅游购物地标，如将摩天轮引入购物空间的静安大悦城、将艺术人文自然三大核心元素融合的全球性原创品牌 K11 购物艺术中心等。上海城市商业（购物）中心数量众多，单体类型丰富。沈欢欢（2020）采集 301 条上海购物的休闲目的地，过滤旅游景区所含购物点（如迪士尼乐园的米妮米奇同心铺、森林百物、海昌海洋公园内主题购物公园的人鱼宝藏等）、专业型商场（如兴旺服装场、新尚数码广场、宜家家居、花卉市场）、独立特色专卖店（如芭比旗舰店）、商业街、大型家居店、免税店、超市、便利店等数据，筛选出上海购物目的地共 116 条。从消费空间所体现的文化理念角度出发，即依据城市商业（购物）空间各自的主题文化定位不同，大致划分为四大类型（表 5-3）。

表 5-3　城市商业（购物）空间主题文化类型及特征

类型	主题文化	消费理念	空间特征	典型商场
娱乐休闲型	娱乐文化	娱乐休闲消费，追求身心愉悦和购物消费的体验感	购物空间具有时尚潮玩特征，娱乐休闲消费空间多样化	上海静安大悦城、新世界城
城市文化型	城市历史文化	城市情怀，感受历史文化氛围，具有怀旧情怀，是城市记忆的标志物	位于传统商圈内，建筑设计体现城市历史文化和地方特色，具有复古性	上海第一百货商业中心、上海国际时尚中心、1933 购物中心
创意文化型	创意文化	个性消费，追求或时尚、或艺术、或虚幻的文化创意理念	创意体验和参与感较强，富有个性，艺术氛围较强	K11 购物艺术中心、爱琴海购物公园、华润时代广场、兴业太古汇、东渡蛙城
复合主题型	兼具娱乐文化、城市历史文化、创意文化中的两种或以上	兼具娱乐、城市文化、个性创意等消费理念两者及以上	购物空间内消费空间多样化，能够满足不同类型消费群体的消费需求	港汇恒隆广场、LCM 置汇旭辉广场、上海双子楼来福士、百联崇明广场

依据相对典型性的原则，先后从样本中选取港汇恒隆广场、上海静安大悦城、上海第一百货商业中心、K11 购物艺术中心，分别作为城市商业（购物）空间的复合主题型、娱乐休闲型、城市文化型、创意文化型商业（购物）空间的典型代表，并对四家大型购物商场进行了实地现场调研，获得现阶段各购物中心内部消费业态的第一手数据。

上海第一百货商业中心（图 5-5），其前身是老上海"四大百货公司"之一的大新公司，曾因其规模之大、设备之先进、管理之新颖而被誉为全国百货公司之冠，它凝聚了一代又一代消费者的归属感和认同感，承载着悠久的上海历史文化，已经成为上海城市文化的特殊符号。自 20 世纪 30 年代建成开业以来，其商业建筑历经时代的洗礼，仍保留着历史建筑的完整性，也增强了其本身的城市文化风貌，在 C 馆（原东方商厦南东店）以老上海文化为灵感而打造的大戏院、"梧桐庭院" 和 "弄堂" 系列的主题零售空间就是最好的印证。由于以表现城市海派文化为重点，重在保护商业建筑和海派文化的空间主题表达，保留部分百货业态，因而娱乐消费场所相对较少。

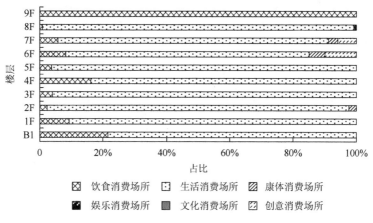

图 5-5　上海第一百货商业中心消费场所楼层分布及构成

港汇恒隆广场（图 5-6），1999 年 12 月 28 日开业，是室内主题街区的开创者，建设有室内怀旧文化街区，加拿大桥外侨大型科技乐园（设有超前的 VR 电玩、镭射战争、室内高尔夫），拥有音乐酒吧、DISCO、3D 影厅等娱乐项目的 "华尔街"。

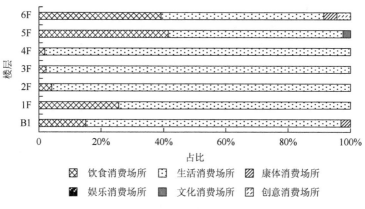

图 5-6　上海港汇恒隆广场消费场所楼层分布及构成

　　上海静安大悦城（图 5-7），自建立之初，就明确其面向的是年轻消费群体，以时尚潮玩的娱乐文化为主题，国内首个屋顶悬臂式摩天轮及摩天轮下街区——摩坊 MOREFUN 166，为消费者打造亲密社交活动空间。其商业空间除基本的饮食、生活消费场所外，康体、娱乐、创意等消费场所均融入了娱乐体验要素，同时关注消费者的精神文化需求，以年轻消费群体的情感为切入点，多样化的主题空间创造了沉浸式体验娱乐氛围，消费场所类型较为齐全。

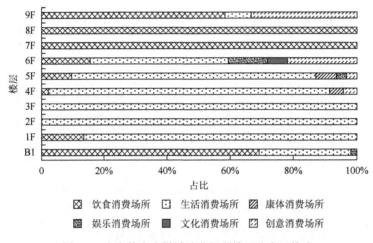

图 5-7　上海静安大悦城消费场所楼层分布及构成

　　K11 购物艺术中心（图 5-8），其前身是香港新世界大楼，2013 年正式开业。作为上海淮海路商圈的地标建筑，主打艺术、人文、自然三大核心元素，是兼具购物、艺术、环保、旅游、人文等功能和理念的绝佳时尚创意购物新地标。它主

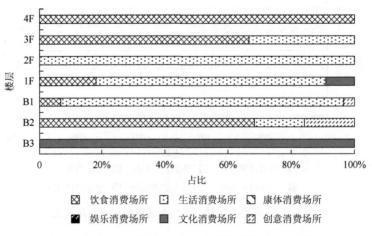

图 5-8　上海 K11 购物艺术中心消费场所楼层分布及构成

要面向追求现代生活、享受生活品位及拥有一定经济能力的中高端商务人群和社会消费群体，缺少康体消费场所及娱乐消费场所。但重在创意空间的营造，依靠艺术融合定位，其地下商业空间成为艺术展览馆和创意体验型消费场所的集中展示区域，汇聚了多样化创意性的生活方式体验店，商品陈列方式与艺术设计相结合。此外，还运用浓郁的香水刺激消费者的嗅觉体验，从而唤起消费群体的购买欲望，进而带给消费者全新的购物体验。

（二）依据商业（购物）空间功能分类

随着城市商业综合体（购物中心）发展日趋成熟，为了更广泛地满足不同消费群体及顺应时代消费需求变化，商家企业（投资商、开发商、运营商）开始在城市商业（购物）空间中不断拓展融入动漫、医疗、电竞、体育赛事等多元化、个性化服务功能。城市商业（购物）空间营造更加注重满足消费者文化、休憩、娱乐、审美、观演等精神需求。依据功能的不同，城市商业（购物）空间可以大致划分为主题型、娱乐型、演艺型、休憩型、景观型五种类型。

主题型商业（购物）空间，强调创意性，着重体现城市文化、艺术文化、爱情、动漫等主题，这使得消费者在购物的同时能够接受历史、艺术、文化等熏陶。例如，上海第一百货商业中心"100弄"海派文化展示空间、"100里"及"梧桐庭"；静安大悦城不定期开展主题活动的中庭空间，以及K11购物艺术中心的艺术馆，等等。

娱乐型商业（购物）空间，提供很多娱乐性设施设备以供消费者休闲放松。随着娱乐性设施设备被引入城市购物空间，娱乐消费比重增加，诸如封闭式小型唱吧、抓娃娃机、抓口红机、拍照、美容舱的中庭空间或较宽阔的步道等，为驻足的年轻消费者提供娱乐休闲场所。

演艺型商业（购物）空间，通过定期或不定期开展文娱商演活动，特别是在室外开阔的购物中心广场上，如环球港·演艺中心打造上海文艺新地标；五角场的下沉式广场中心设置露天舞台和移动式座椅，提供商业演艺活动；徐汇日月光中心的室内广场也有类似的舞台装置，以供商家活动所需；上海港汇恒隆广场的39级大台阶文化艺术广场等演艺活动，均能够为大型购物商场聚集人气（吸引消费者）、营造活跃氛围。

休憩型、景观型商业（购物）空间，不仅是为消费者提供休闲社交功能的空间载体，也是商家（开发商、运营商）凸显特色、树立形象的空间场所。休憩型，提供凳子、按摩椅等休息设备，供消费者歇脚，主要设置在餐饮店前、室内中庭空间、影院内等。景观型，指借助自然或人造景观元素满足消费者亲近自然及多元化审美的消费需求，大多设置在购物空间内中庭空间、步行道的拐角及商店附近、屋顶花园、喷泉型商业广场等。

三、城市商业（购物）空间演变趋势

传统商业（购物）中心相对业态单一，对游憩功能考虑较少。随着城市社会经济发展及市民生活水平快速提升，城市休闲游憩功能日益凸显、消费者对商业（购物）中心的休闲游憩功能需求增高、社会公众个性化体验式消费需求增强，追求时尚潮流的体验式消费理念、注重商业（购物）空间环境的舒适和品质，已迫使或者说倒逼着商家、开发商（企业）将各类游憩活动要素更多融入城市商业（购物）空间更新改造（升级）建设之中，更加注重消费者体验质量的提升，即以消费者需求为导向，增加配套休闲娱乐设施、改善购物环境和注重商业中心文化氛围的营造。随着时代车轮滚滚向前及消费者消费理念的变迁，投资商（开发商、运营商）更趋于理性，不再一味追求快速开店，城市商业（购物）中心已从大幅快速扩张转向稳健可持续增长，追求更科学合理的业态布局，城市商业（购物）空间总体呈现出空间组合多样化、商业空间公共化、公共空间游憩化等演变趋势，购物中心公共空间的处理手法也趋向丰富化、自然化、人性化、娱乐化等。

（一）城市购物空间由中心城区向郊区蔓延

20 世纪 50 年代以前，我国传统商业（购物）活动几乎都集中在城市中心地区，各城市至少有一条中心商业街。随着城市化进程提升及城市经济快速发展，城市空间规模不断扩大，在城市社会居民消费升级换代调整的大背景下，城市商业（购物）空间呈现出由中心城区向城市郊区转移扩张的发展态势。从商业（购物）空间布局来看，以中心城区商圈为核心的空间格局已然发生改变，城市新增的大型商业综合体（购物中心）向各区域分散式扩增，即逐步形成多核心的城市商业（购物）空间格局。综合来看，由于受到地价、人口向郊区迁移等多种因素影响，就城市商业综合体（购物中心）在空间分布或者说区位选择上，中心城区内传统的老牌百货商店不断探索转型升级路径，即通过存量改造及品质提升，逐步向城市商业综合体（购物中心）转型发展；新建的商业综合体（购物中心）则不断向城市郊区推移。

以上海市为例，目前已形成"市级商业中心—区级商业中心—社区级商业中心—特色商业街区"网络化的商业网点层级体系。上海中心城区的商业（购物）空间数量始终呈现稳步增长的发展态势，已形成以商圈为核心的连片区域。虽然百货商店因为其业态结构单一、消费环境老旧等因素在走下坡路，但已开始逐步探索向购物中心的发展模式转型升级，市区很多商业综合体（购物中心）纷纷进行存量改造、焕新亮相，助推上海中心城区商圈如徐家汇、南京东路、淮海路等典型购物空间更新迭代发展。同时，上海郊区商业发展也十分迅速，新兴的商圈快速崛起，很多新建的大型商业综合体（购物中心），沿着城市主干道路向浦东新区、宝山、杨浦、嘉定、松江等城郊延伸。

相关统计数据显示，2017 年，上海既有商业综合体数量达到 225 个，其中黄浦区和静安区的数量最多，分别有 23 个；而崇明区最少，还没有实现零的突破。再以各行政区商业综合体的密度排序，由高到低排名靠前的 7 个行政区分别为：黄浦区＞静安区＞长宁区＞虹口区＞徐汇区＞普陀区＞杨浦区，均位于中心城区（图 5-9）。城市商业综合体密度低于全市平均水平的 6 个行政区分别为：崇明区＜金山区＜奉贤区＜青浦区＜松江区＜嘉定区，均属于上海城郊地区。

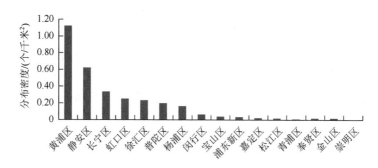

图 5-9　2017 年上海各行政区城市商业综合体分布密度

资料来源：《上海市产业地图》

另外，据统计，剔除存量改造项目 2 个，2020 年上海新增购物中心 16 个，新增商业建筑面积 144.06 万平方米（图 5-10），其中，上海中心城区（中环以内）

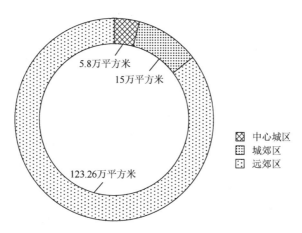

图 5-10　2020 年上海新增购物中心空间分布状况

新增 1 个（面积 5.8 万平方米，仅占新增总量的 4.03%）；城郊区（中环外—外环内）新增 2 个（面积 15 万平方米）；其余 13 个均位于远郊区（外环外），建筑面积 123.26 万平方米，占新增总量比例高达 85.56%。其中，浦东新区和青浦区各新增 4 个，奉贤区新增 2 个，宝山区、崇明区、嘉定区、闵行区、松江区和普陀区各新增 1 个。

（二）城市购物空间更加重视主题氛围营造

主题也是具有象征性、符号性、体验性的文化消费。赋予购物空间场景以明确的主题特色，可以为消费者提供多样化的消费体验场景。例如，以绿色自然空间、复古人文情怀等营造购物空间独特的文化氛围，并引入丰富多彩的活动，可以吸引到更多消费者，提升影响力，即购物空间主题化经营已成为商家（企业）创新经营的核心。吸引力大、聚客力强的城市商业（购物）中心无一不是以独特文化为主题内涵的，在新时代消费文化引领和推动下，传统的百货商场改造升级的核心就在于其文化理念的再定位，并以此作为主线对购物空间进行更新迭代。

2019~2020 年上海新开业的大型商业综合体（购物中心）（表 5-4），中庭空间、室外广场、屋顶空间等已然成为商家（企业）营造主题购物氛围的重点，兴建了多种主题型购物街区。例如，北京侨福芳草地购物中心的公共空间中布满了各类艺术展品。再以大悦城品牌为例，大悦城购物中心非常重视屋顶空间建设，打造出多样化屋顶公园，上海静安大悦城的屋顶摩天轮、烟台大悦城的屋顶海景婚礼、长风大悦城的高登公园和粉色凌空跑道等，在屋顶花园、屋顶跑道、屋顶菜园、屋顶娱乐设施及开放式屋顶电影成为消费者空间体验场所的同时，也极大地提升了该购物空间的文化辨识度。

表 5-4　2019~2020 年上海新开业的部分大型商业综合体（购物中心）消费空间特色

商业综合体（购物中心）	消费空间特色
上海梦中心	东方梦工厂、梦想巨蛋、IMAX 影院、兰桂坊生活街区、餐饮酒吧
虹桥丽宝乐园	六大特色主题空间"宴遇九份""秘密花园""留忙坞""和风日丽""食色工坊"及"明日世界"，打造魔都首个全主题式商业乐园
前滩太古里	集艺术、文化、商业、娱乐、居住及世界级运动设施于一体
华润时代广场	艺术感较强，剧场和商场结合，屋顶花园、幕布设计、无边界社交
复地万科活力广场	浦东首个大型魔幻中国风主题街区、上海首个室内冲浪馆
上海永乐广场	6000 平方米的超大广场，152 米长的瀑布水景，大型绿植墙
森兰花园城	国际化的主题餐饮、高阶时尚、创意街区、艺术场景

续表

商业综合体（购物中心）	消费空间特色
Tx 淮海剧汇	麦吉 machimachi、OAKBERRY、CARINO 及潮牌、网红品牌
上海新世城	世界最高室内攀岩、全球首家"火影忍者世界"主题乐园等多个互动区域
淮海南丰荟	全落地玻璃设计，坐拥众多国际奢侈品牌
LOVE@大都会	以"爱"为主线，13 个主题广场、宽 24 米的步行街、梦幻双层旋转木马
百联崇明商业广场	下沉式崇明特色风情街
东渡蛙城	独特的"氧吧景观"，配置水景瀑布、森林梯田、海盗船、开心农场等
宝杨宝龙广场	"未来森林、港口小镇、奇幻乐园"为主题的中庭空间充满探索感，户外设置开放性和延展性的儿童乐园、运动天地、互动水景、休憩空间、活动空间等场景
青浦万达茂	万达汽车乐园和约 6000 平方米儿童乐园
南翔印象城 MEGA	"一日微度假胜地"，三大沉浸式生态空间、双下沉式广场、天空跑道、屋顶花园、萌宠乐园、露天酒吧等特殊主题商业空间构成超级体验中心

（三）城市购物空间业态趋向关注创意体验

随着消费文化发展趋向体验式消费，城市购物空间的商业业态更新更加侧重于体现社交、娱乐、教育等功能。例如，崔喆等（2020）提出商业中心的发展趋势为"强社交重体验"，应该提高商业中心游憩娱乐等体验型消费业态、提高商业中心内部核心产业集聚强度和"生产"与"生活"的联动发展。近年来，包括商业综合体（购物中心）在内的城市体验消费业态发生了前所未有的变革，体验式业态配比呈上升态势，即商家（开发商、运营商）引入更加多样的创意体验消费业态，融入现代科技、时尚文化创意元素等，为消费者营造出全新的消费娱乐体验。各类体验式门店不仅丰富了消费者的购物场景，更在吸引客流量同时延长顾客的驻店时间。例如，文创 IP 赋能商业综合体（购物中心），静安大悦城、徐汇绿地缤纷城、虹桥丽宝乐园、上海机遇中心 IP MALL 等商家（企业）运用文创 IP 开展国学国货国潮情感体验活动，深受年轻顾客的青睐。

近年来，上海城市整体消费升级明显，上海消费市场已成为全国新消费新高地。伴随着消费者的消费需求从物质需求转向非物质需求，时尚化、文化性、娱乐型、高品质、体验性等逐渐成为市民消费理念，享受型商品比例增速较快，消费升级类产品在居民消费中的比重不断攀升，追求休闲娱乐、社交体验与个性化、多样化、高端化的消费并存，形成一批消费新场景、新模式和新业态。在多样化体验消费驱动下，城市商业（购物）空间内部的消费场所也随之不断推陈出新，形成创意零售、手工体验、虚拟场景、主题餐饮四大类创意体验消费场所（表 5-5）。

表 5-5　创意体验消费场所类别及消费对象

类型	消费对象种类	代表商店
创意零售类	以动漫、电影人物等为核心的商品零售	泡泡玛特、大嘴猴零售店、阿狸主题旗舰店
手工体验类	油画、陶瓷、包袋、绘画、泥塑、香皂等手工制作	手工大师、爱油画吧、不二陶社、毛线街
虚拟场景类	室内主题乐园、VR虚拟游戏等娱乐场所	汤姆熊主题乐园、CARZ虚拟赛车游戏/赛车模拟体验店、密室逃脱俱乐部
主题餐饮类	各类主题式咖啡、美食场所	国漫IP主题咖啡店、猫咖（以猫为主题的咖啡馆）、音乐餐厅

（四）城市购物空间消费场所强化功能多样

为适应和满足社会公众的消费习惯和消费需求的新变化，商家（开发商、经营商）纷纷创新消费业态，并重视新的业态布局，重塑改造并优化商业综合体（购物中心）的空间环境，尝试引领"新消费"，即使是业态全、品类丰富、体量大、更易形成一定的影响力/号召力的商业综合体（购物中心），也十分重视创新商业（购物）新模式，不断深耕体验消费，拓展服务功能，通过打造旗舰店、"首店"、屋顶花园、室内主题街区等，探索行业业态升级及凸显独特的个性品牌魅力。消费需求的丰富直接带动消费场所功能的多样化，推动城市复合功能性商业（购物）消费空间场所的兴起和发展，即基于消费者的游憩体验及对消费空间提供的服务、产品等要求不断提高，城市商业综合体（购物中心）等消费场所逐步呈现功能多样、复合化的发展趋势，并成为城市重要的休闲娱乐场所、体验服务场所、文化艺术展示场所等。

例如，上海广场（原为无限度广场），被美罗、华凌、融创、御沣收购后进行改造升级，2020年9月重新亮相，通过36%餐饮娱乐、8%潮品零售、56%WeWork联合办公为一体的多重功能组合业态布局，由单一的零售功能中心转变为办公生活无边界的艺术消费空间。再比如，在电商冲击下，很多实体书店除了传统图书销售，也纷纷引进咖啡馆、服饰馆、生活馆等多元业态，即转型成为复合型文化消费空间。建在上海中心52层的朵云书店共分七大主要功能区块，集阅读分享、艺术展览、品牌文创、社交休闲服务等于一体，全方位满足消费者的不同需求；上海静安大悦城的"一条"生活日用精品店，在提供基本的购物功能之外还增加了休息场所，与其他同类店相比能够为消费者提供更多休憩服务。

借鉴成功经验和吸取市场失败教训，我国各地区城市商业综合体（购物中心）开发建设（包括新建和存量改造），如雨后春笋般蓬勃发展，同时历经市场磨砺的城市商业（购物）空间发展也逐渐回归理性，涵盖规模、选址、开发理念、前期规划、设计、运营管理、融资渠道等相关研究框架体系逐渐成形。但在电商（网络购物）冲击下，城市商业综合体（购物中心）的盈利模式、管理模式及发展速度过快、重复建设、经营同质化及恶性竞争等问题，已经成为制约其可持续发展的关键因素，迫使很多商业（购物）中心面临生死存亡的绝境（有的抓住机遇完成逆袭）。虽然近年来我国各地区城市大型购物中心的年度开业数量依然保持增长态势，但总体向"存量时代"迈进是毋庸置疑的。特别是城市商业（购物）空间发展存在市场定位模糊、公共空间设计不合理、商业经营状况分化现象，仍未形成有竞争力的购物品牌等，都需要政府部门、商家企业和社会各方携手破题前行。

第二节　商业（购物）空间变迁动力机制

城市商业（购物）空间更新迭代及其多元形态和业态创新发展，不仅是一种市场行为的结果，也是市场主体持续回应市民购物消费需求变化，或者说是不断满足市民购物消费需求的过程。城市商业（购物）空间更新迭代总体上应通过市场机制的纽带作用，在促使其经济增长和社会效益最大化的同时，必然要求全面融入国家（地区）甚至全球市场体系之中。在城市商业（购物）空间变革中，坚持深化市场分工机制和价值链的创造，如文化创意体验类要素的导入与创新融合发展，不仅要确保各类文化创意体验要素能够物尽其用，同时还应最大限度地发挥好服务市民（消费者）的作用。可以说，全面融入市场统一体系的程度决定了商业（购物）空间的价值水平，而目标消费群体的范围大小，决定了其经济和社会效益水平的高低。

一、城市商业（购物）空间相关研究

美国学者最早开始对消费者购物行为进行研究，Golledge 和 Clark（1966）、Rushton（1969）等发现城市居民的经济水平、文化背景等因素影响购物行为偏好。综合比较，国外学者的相关研究主要集中在以购物中心为代表的城市购物空间策划、设计等方面，注重城市购物空间的实践研究，涉及城市购物空间发展趋势、革新的背后逻辑等。例如，德国的施苔芬妮·舒普的《大型购物中心》探讨购物空间的设计。而在实践中，国外很多发展日益成熟且表现卓越的商业综合体（购物中心），如新加坡商业综合体公共空间设计，有关热带气候问题的处理、业态功能的多元复合与城市空间的有机协作、立体化景观布置；泰国曼谷商业综合体公共空间在面临行业竞争与消费形势演变时多次更新改造，在空间体验、主题营造上推陈出新，以及在公共空间的生态营造、地域文化展示等方面的经验，均值得学习借鉴。

　　由于政治制度等体制机制的不同，我国城市商业（购物）空间演化（变革）有其独特性。因此，关于城市商业（购物）空间的相关研究，以国内相关研究文献分析为主。选择 SCI（science citation index，科学引文索引）来源期刊、核心期刊、CSSCI（chinese social science citation index，中文社会科学引文索引）、CSCD（Chinese science citation database，中国科学引文数据库）作为资料源，以"购物中心""商业中心""商业中心区""RBD""CBD"和"CBD＋游憩""购物中心＋游憩""购物中心＋休闲""商业中心＋游憩""商业中心＋休闲"等多种检索词，对 2010～2020 年发表的中文期刊论文进行高级检索，去除报道、资讯等获取到相关文献 285 篇，就不同年度发表论文数量而言整体比较稳定，呈现"下降→上升→下降→上升"的小幅波动态势（图 5-11）。

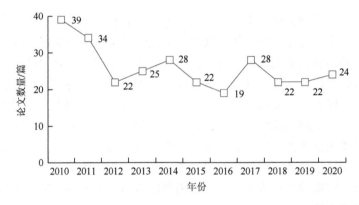

图 5-11　2010～2020 年商业（购物）中心相关研究论文发表数量

　　通过关键词分析，发现研究网络较为分散，以"购物中心""商业中心""CBD"为主要的网络节点展开，主要研究内容包括城市商业（购物）中心的空间结构与布局、城市商业中心的规划与设计、历史演变与发展趋势、功能演进、作用机制等；研究区域以北京、广州、上海、南京等商业发达城市为主；研究主体从城市商业（购物）中心本身的研究转向对消费者的研究，开始关注顾客关系质量、公众参与、体验营销、体验业态、功能提升、商业综合体与 RBD 等内容；研究方法以定性分析为主，近年来利用 POI 数据分析城市商业空间结构和业态集聚特征等成为热点研究领域，GIS 分析方法、地理探测器和相关模型等定量研究也在不断增多。

　　将与城市商业（购物）中心游憩相关的文献按照论文发表年份梳理关键词发现，2010～2012 年的研究关键词较多，学者对商业（购物）中心的规划与设计、空间结构演变、空间分布、空间竞争与消费者偏好、休闲游憩功能、形成机制、消费空间等进行了不同层面的研究。2013～2014 年，比较关注休闲街区、城市滨水区的休闲游憩功能等，以及 RBD 的游憩价值对比分析。2015～2017 年，相关研究方向增多，如游憩空间、游憩用地、无地方性、游憩活动强度和游憩-居住功能联系等，研究商业（购物）中心主体的增多，如探讨顾客关系质量和顾客体验、顾客消费体验和情绪感知等。2018~2020 年对商业（购物）中心的关注减弱，相关研究转向游客地方感、城市居民购物空间行为、功能价值与体验、景区化管理等。

综合比较来看，国内学术界关于城市购物空间方面的研究日渐丰富，研究对象涵盖商业游憩区、购物中心、商业综合体、旅游购物区等，主要研究内容涉及商业（购物）中心公共空间的规划设计、购物空间的改造与重塑、城市购物空间的发展趋势以及形成机制等。例如，王德等（2015）利用手机信令数据对上海市三个不同等级的商业中心进行对比研究，认为整体来看，从大范围覆盖的广域型高等级中心到依托局部高密度的地缘型低等级中心，形成了一种有序的商业中心。林耿等（2019）研究指出城市购物空间的文化属性不断增强。李玉玲和邱德华（2019）以消费行为为切入点，探究我国自改革开放至 2019 年消费行为变化，各时期购物中心空间形态的特点及演变过程。管驰明和崔功豪（2003）研究了以购物中心为代表的城市新商业空间的内涵以及形成机制。刘畅（2018）将影响购物中心空间活力的因素分为商业因素、空间因素及行为因素，并探讨这三个因素对购物中心的作用机理。

二、商业（购物）空间变革动力因素

城市商业（购物）空间更新迭代的背后存在着资本的投资、开发、经营及政府把控、监管等资本-权力关系的运作，通常表现为"政府调控—企业主导—公众参与"的运行方式，也是多方利益平衡的结果（图 5-12）。在社会发展与城市更新进程中，政府机构、商家企业、社会公众（消费主体），以及科学技术、消费文化等因素与城市商业（购物）空间变革有着直接的密切联系。

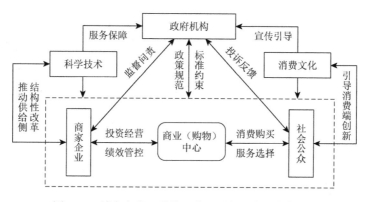

图 5-12　城市商业（购物）中心更新迭代动力机制

（一）政府机构

首先，我国经济体制改革对城市商业（购物）空间变革产生深刻的影响。随着经济体制改革的逐步深化，城市商业（购物）空间呈现出不同特征：计划经济时期，因占据核心地位的是生产性消费，城市购物空间功能单一，仅具备满足市民生活必需的饮食和生活消费场所。1978 年改革开放以后至 20 世纪末，随着人民物质生活得到极大的丰富，在消费需求得到释放形成大众消费文化的同时，各类游憩活动要素被引入城市商业（购物）空间之中。进入 21 世纪，当"消费"开始取代"生产"成为城市发展动力引擎以后，为进一步满足市民（游客）多元化消费诉求，城市商业（购物）空间类型更加丰富多样。

其次，城市商业（购物）空间变革离不开国家（包括各城市政府）政策支持和推动。例如，2016 年 11 月，国务院办公厅发布《关于推动实体零售创新转型的意见》（国发办〔2016〕78 号）；2018 年 4 月，上海市委员会、市政府印发《全力打响"上海购物"品牌加快国际消费城市建设三年行动计划（2018—2020 年）》；2019 年 10 月，商务部等 14 部门联合印发《关于培育建设国际消费中心城市的指导意见》等，对推动城市商业（购物）空间供给侧结构性改革影响深远。

最后，政府统筹城市商业（购物）空间规划。在政府规划引导下，城市形成了以大型购物商场为代表，面向特定消费者实行差异化经营，具有一定辐射范围的不同商圈。例如，上海豫园商圈，汇集众多上海特色名店小吃，面向国内外游客，是最具代表性的上海传统商业（购物）消费空间；陆家嘴商圈，其定位是金融贸易，云集了众多奢侈品牌，以中高端消费为主等。

（二）商家企业

首先，城市商业（购物）中心通常是由开发商（企业）投资建设与运营（或者委托其他公司经营管理），即市场化运作。一方面，电子商务的迅猛发展及同行业竞争日趋激烈，迫使城市各大商业综合体（购物中心）不断求新求变，业态经营企业更加趋向多元化。另一方面，随着卖方市场转为买方市场，消费者在商业零售市场的地位不断提高，商家（企业）开始高度重视消费者的消费诉求、消费理念、消费行为变化，并以更好满足市民（游客）消费需求为核心，持续完善和优化提升城市商业（购物）空间环境和服务质量。

其次，零售业态的变化极大地影响着城市商业（购物）空间变革。在消费升级的推动下，城市商业（购物）空间已从传统的百货商店发展为超市，又发展到连锁店、专卖店、体验店、旗舰店等，城市商业（购物）空间消费场所多样化，也使得市民的消费选择更为自由。以上海为例，上海社会消费品零售总额连续多年位居全国城市首位，2019 年达到 15 847.55 亿元（图 5-13），上海占全国比重为 3.9%。上海每年开设首店、旗舰店数量稳居全国第一，国际知名高端品牌集聚度超过 90%，随着以体验消费为旗号的零售旗舰店不断丰富，以时尚、精致为特色的专卖店、首店数量的增长，上海夜间消费总额也居全国城市首位，在引领新一轮夜间经济发展的同时，消费者购物的便捷度得到进一步提升。

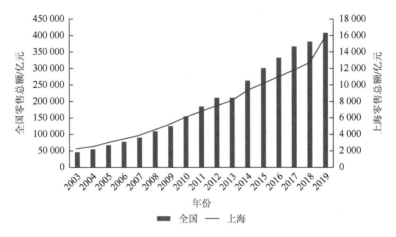

图 5-13　2003～2019 年全国及上海社会消费品零售总额

（三）社会公众（消费主体）

　　城市大型商业综合体（购物中心）、商业步行街的服务对象不仅是本地市民，同时也吸引很多国内外游客前往打卡。而市民前往商业（购物）中心也不再仅限于单纯的购物消费，同时还要求商业（购物）空间兼具餐饮、休闲娱乐、文化艺术、康体健身、社交等活动功能，即多功能的城市商业综合体（购物中心）成为业界发展热点。随着市民消费水平的提升、消费行为的改变，以及不同消费群体消费特征的变迁，或多或少都会引发城市商业（购物）空间发生不同程度的变革。例如，当人们消费水平提升后，开始追求个性化、潮流化消费，为满足消费者文化体验抑或是社交活动需求，商家（企业）纷纷将多种游憩活动要素引入商业（购物）中心，以时尚创意等主题来营造购物空间多样化的文化氛围。

　　不同年龄阶段的消费群体有着不同的消费理念，商业（购物）空间往往也会成为他们建构身份认同的一种重要方式。例如，"90 后"消费群体，大多追求个性潮流消费理念，偏好电影院、游戏厅等娱乐休闲类的消费场所，因而推动了商业（购物）空间内娱乐消费场所，如游戏厅、电影院等发展，如游戏厅采用动漫或电影的主题或场景提高消费者互动体验感，运用 VR 等虚拟技术提高娱乐体验度。"80 后"消费群体，相对更加注重品质消费，追求时尚舒适的生活方式，对家居用品及儿童教育消费等较为重视，进而带动了购物中心或百货商场内以倡导品质生活理念为主的精品生活类消费场所的发展，如亲子烘焙教室等亲子教育消费场所成为各大购物中心竞相引进的品牌。

（四）科学技术

现代科技、交通、信息技术的更新迭代加速缩小了全球各城市之间的时空距离（包括现实物理距离和虚拟网络距离）。在全球化背景下，科学技术对城市商业（购物）空间的影响和改造主要表现在商场的管理系统、空间场景的营造及互联网科技下兴起的电子商务等方面。特别是在虚拟网络、电子商务和网上购物平台的猛烈冲击下，实体经济的单一化购物消费被迫转向通过营造体验化商业（购物）空间来吸引消费者。随着无店铺购物、电子商务等的迅猛发展，实体商业店铺在网络购物（电商）的冲击下如何生存及发展成为社会各界关注的焦点。大数据应用、云购物等现代科技在满足消费、保障消费及创新引领消费等方面，对商业（购物）空间更新迭代做出重要贡献。

互联网技术手段的日新月异与智能手机普及，极大地改变城市居民的消费习惯和消费行为，线上线下混合的全渠道消费受到业界追捧。随着网络购物的兴盛与繁荣，城市实体商业（购物）空间应不断地调整业态结构，推出多样化主题购物活动及体验消费项目，营造沉浸式商业（购物）空间场景，即从空间开发转向场所营造。互联网信息技术发展深刻地改变了城市商业（购物）空间的商业消费场景，也激发了商业（购物）中心供给中的市场机制在更大范围内应用，提供技术支持和保障，如从早期的 POS 机支付方式到目前支付宝、微信、银联等多样化支付方式，线上线下融合，多产业"出圈"不断创新商业场景等，科学技术渗透商业（购物）中心的管理系统，表现为在借鉴国外先进管理经验的基础上引进面向消费者的管理系统，并不断推陈出新和改进优化，即基于互联网技术的智慧运营系统，联通消费者、商户、商场等打造自己的客户（用户）体系，构筑不同商业消费场景，加速推进实现智慧化运营。

（五）消费文化

消费文化主要通过开发商（企业）资本和政府权力操纵及消费者的消费理念、消费行为变化等，逐步渗透到城市商业（购物）空间类型及其文化内涵的迭代更新之中。它深刻影响着城市商业（购物）空间重塑和功能重置。欧美西方国家或地区的商业（购物）空间，如位于城市郊区的"购物中心"大多是在商业资本支持下建成，并形成城市郊区商业（购物）空间率先建设的发展态势。与之不同的是，我国城市商业（购物）空间在资本的运作下，具有代表性、符号性、标志性的城市地标性商业（购物）空间大多从中心城区商圈兴起，并由点状、条带状向多核心组团式的空间形态发展演变。

消费文化变革对城市商业（购物）空间的功能定位、空间载体及空间布局的变化有着持续的影响。自1978年改革开放以后，城市居民生活水平普遍提高，城市社会进入大众消费文化阶段，城市商业（购物）空间功能定位是购物、休闲、社交等消费；进入21世纪以后，市民开始追求消费的独特性，个性消费文化理念变革要求城市商业（购物）消费空间发展转向时尚、个性化；"十三五"时期，当体验消费文化开始迅速发展后，城市商业（购物）空间功能趋向购物消费、休闲社交、文化体验等多功能复合。综合来看，随着社会公众消费理念日趋理性，更加"以人为本"，关注人的内在需求，即品质型、体验型、娱乐型、文化型消费理念变革，丰富了城市商业（购物）空间的文化内涵，推动功能相对单一的传统百货大厦，更新改造为多功能融合的商业（购物）中心。

三、政府在商业购物空间变革中的作用

城市商业（购物）空间的更新迭代，不仅是探索城市商业发展新模式的重要窗口，也充分凸显城市品牌形象的独特魅力。虽然城市商业（购物）中心建设（新建或改造）的主要（核心）驱动力源于市场（投资商、开发商、经营商等商家企业），但是政府（机构）在规划调控及带动城市传统商圈更新改造，政策引导城市商业"新零售"模式创新，拓展消费者服务功能，促进社会消费理念升级，推动"商-旅-文-体"多业态跨界融合（同生共长），既在为城市商业（购物）中心管理和服务的提升提供有力的政策支持和标准规范约束（表5-6），特别是在通过降低制度性成本、开展服务监管，努力营造更好的营商环境，加速促进城市商业（购物）空间创新发展等方面，发挥着不容忽视及不可替代的重要作用（图5-14）。

表5-6　国家发布相关城市商业（购物）中心政策法规标准（部分）

发布时间	政策法规	发布单位或部门
2004-04-13	《城市商业网点规划编制规范》	商务部
2004-06-09	《零售业态分类》（GB/T 18106—2004）	商务部
2011-07-07	《购物中心建设及管理技术规范》（SB/T 10599—2011）	商务部
2012-01-27	"十二五"时期促进零售业发展的指导意见（商流通发〔2012〕27号）	商务部

续表

发布时间	政策法规	发布单位或部门
2012-12-20	《购物中心业态组合规范》（SB/T 10813—2012）	商务部
2014-07-30	《购物中心等级划分规范》（SB/T 11087—2014）	商务部
2016-11-11	《国务院办公厅关于推动实体零售创新转型的意见》（国发办〔2016〕78号）	国务院办公厅
2017-10-14	《商业网点规划术语》（GB/T 34433—2017）	商务部
2017-10-14	《商业网点分类》（GB/T 34401—2017）	商务部
2018-11-01	《购物中心等级评价标准》（T/CECS 514—2018）	中国工程建设标准化协会
2019-08-27	《关于加快发展流通促进商业消费的意见》（国发办〔2019〕42号）	国务院办公厅
2020-02-28	《关于促进消费扩容提质加快形成强大国内市场的实施意见》（发改就业〔2020〕293号）	国家发展和改革委员会
2020-06-02	《绿色商场》（GB/T 38849—2020）	商务部

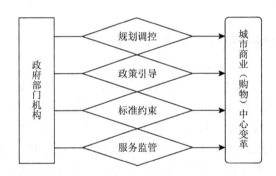

图 5-14 政府部门机构对城市商业（购物）中心变革的作用

在城市商业（购物）空间变革中，既要尊重市场规律，注意充分发挥好市场作用，更要合理运用政府宏观政策调控，确保城市商业综合体（购物中心）理性竞争及良性可持续发展。随着市场规模红利的逐渐消失，在商业（购物）空间增量受限的情况下，未来很多城市必然会将发展转向存量项目改造升级。为了顺应及满足消费者追求时尚潮流体验式的消费诉求，进一步规范城市商业（购物）空间发展，必然会要求对城市营商环境展开革命性流程再造（乃至颠覆式流程重构）。例如，在产业发展政策上，打破既有资源配置的体制机制束缚，充分运用负面清单等措施，构建多要素市场吸引机制；在要素投入机制上，不断创新土地、财税、金融、技术等方面的政策支持，尤其是重点给予城市商业（购物）新业态以必要的企业税费支持力度。同时，还应加强服务监管，促使地区政府多部门机构协同进行综合治理。

以上海市为例，为了进一步引导城市商业（购物）空间理性竞争及有序发展，首先，坚持"政策+活动"双轮驱动，政企联手，区域联动，商家全覆盖等。2014年12月，上海市地方标准《购物中心运营管理规范》（DB31/T 865—2014）发布；2018年4月，上海市委员会、市政府制定并发布《全力打响"上海购物"品牌 加快国际消费城市建设三年行动计划（2018—2020年）》，明确提出建设国际消费城市，推进首发经济、夜间消费、免税经济、文旅消费等。其次，上海强化旅游路线与商圈转型对接，对已公布的10条购物线路加以筛选，集成1~3条具有海派特点的品牌购物游线路进行全球推广与全域宣传，通过"商-旅-文"的消费地标与全域体验创新消费动线。最后，通过"上海旅游节""五五购物节""进口商品节""全球新品首发季"等标志性品牌节庆，重塑南京路、淮海路、豫园等经典购物旅游区，提升徐家汇、五角场、新天地、田子坊等特色购物旅游区，培育陆家嘴、北外滩、杨树浦等新型购物旅游体验区，增加旅游纪念品与游客"见面"的窗口，在南京路、淮海路等热门商店，旅游咨询中心及酒店等人气较高的地方开设旅游纪念品商铺，结合线上线下互动模式，打通全国和全球销售渠道。

再例如，上海北外滩"河滨源Fashion"市集，每逢周五17时至周日22时及法定节假日，北苏州路滨江车行道"华丽变身"为限时商业步行街，自2021年4月16日首秀以来，累计服务商户800户次，吸引客流超30万人次，已成为北外滩"商-旅-文"融合发展新景点。马路集市开办不仅需要考虑场地选址、区域划定、限定时间等问题，还要做好车流管控、交通疏导，灯光、噪声、油烟、食品安全等都是夜集市治理中的痼疾。如何兼顾道路交通功能的同时实现商业重塑？"马路车道"如何快速转为"周末市集"？未来的夜市经营应该怎样健康发展？上海北外滩"河滨源Fashion"市集通过创新疏导及纳管多举措并进，给出了具体的实践答案。

第一，政府规划先行，政策牵引是关键。北苏州路位于上海北外滩核心岸线，由于比较缺乏商业设施，滨水空间价值发挥不足，虹口区提出"还江于民、还河于民"精心打造步行街的建设规划，创立"河滨源"集市项目，相继出台《虹口北外滩滨水空间导则（试行）》《虹口北外滩滨水空间活动管理办法》等政策，实行系列疏导管控举措。

第二，市场主导运营，服务管理是关键。通过市场专业公司统一筹划、统一招商、统一服务，区政府专门机构集中评估、集中审批、集中纳管方式，既让参与商户享受"一门式"服务，又实现"一站式"管理。由于充分发挥了市场主导、政企联动作用，周围商铺、沿街店铺及外区企业积极报名入驻，每周末有50余户商家（经营商户）在夜市集设摊经营。

第三，部门协同共治，监管治理是关键。区市场监督管理局主动靠前服务，对商户进行"一档一户"监管，并在夜集市驻场保障和错时执法；区城市管理行政执法局对临时展棚、沿街外摆设置加强规范指导；区绿化市容局完善灯光、户外广告评估管理；属地街道、社区落实综合协调职能，多部门共商共治、多措并举合力为繁荣夜间经济提供"软环境"保障。

第三节　城市商业（购物）公共空间优化路径

城市商业（购物）公共空间是指城市商业综合体（购物中心）的非购物销售空间，包括建筑内部的公共空间（如中庭、室内步行街）和建筑外部的开放空间（如广场、露台），主要用于消费者购物休憩或其他社会活动及商家/企业开展促销活动，是城市商业综合体（购物中心）的社会化公共开放空间。由于城市商业综合体（购物中心）的公共空间最能体现其品质特色，因此优化商业（购物）公共空间环境氛围尤为重要，它也是构建城市购物品牌、打造国际消费城市的必然途径。在市民消费水平不断升级的大趋势下，全国各大城市新增的商业综合体（购物中心）总量呈现持续增长态势，城市商业（购物）中心从产品消费转向场景、体验、社交消费，商业（购物）空间多元性增强，新业态、新经济模式层出不穷，且城市购物中心公共空间更关注消费者在逛街过程中的游憩体验，即城市商业（购物）公共空间更新迭代趋向游憩化。

当城市社会整体消费由"量"转向"质"的消费形态时，人们开始追求象征性和符号性价值（品质、品牌），注重消费的体验价值（个性化、品质化）。总体来说，空间中融入多样化科技娱乐体验要素的沉浸式主题体验场景，给消费者带来全新的参与互动感及娱乐体验，推动着城市体验消费业态不断变革，而具有文化象征意义的"符号消费"便成为认同建构的新模式。作为个性化、体验化、品质化等多样消费文化的物化场所及城市活力空间，城市商业（购物）公共空间仍需提质升级才能进一步满足消费者不断增长的求新求异的文化消费和创新体验消费诉求。城市商业（购物）公共空间更新策略/措施主要聚焦于政府统筹规划引导，充分发挥市场主体作用及借助科技手段打造智慧化消费等方面。

一、政府统筹：规划城市地标商圈

从政府层面上看，应加强统筹规划引导，合理建构城市商业（购物）中心的空间布局、特色商圈及城市购物旅游地标，助推城市商业综合体（购物中心）有序更新迭代。一般情况下，不同的城市商圈都应有自己独特或特定的消费群体。

在"消费升级""网红经济""首店""体验店"等新时代概念元素风潮迭起背景下，在现代服务业聚集发展日新月异的城市各类商圈中，百货商铺、商务办公、文娱休闲、康体健身等多元业态和谐融合共生，进而使得多种不同类型的城市商圈得以百花齐放。为了最大可能地避免同质化恶性竞争，政府应统筹城市商业规划，总体设计城市各类商圈定位，引导城市不同区域商圈开展个性化、差异化的良性竞争，即政府通过高度重视编制高品质、高颜质的城市地标性消费商圈（商业网点）规划，聚焦定位、业态、设施、管理等，构建层次清晰及系统完善的规划体系，逐步引导城市商业（购物）公共空间高品质发展。

（一）文旅融合着力打造文化体验性购物地标

近年来，随着文化体验消费成为城市居民和游客的消费热点，作为文化和旅游融合的空间载体，城市商业（购物）公共空间的文化主题性得到进一步增强。为了引导市场构建文化体验性购物消费高地，首先，政府应积极挖掘城市特色文化内涵，在城市商业（购物）公共空间的建筑设计、消费业态更新迭代中深度融合历史性和现代性文化要素，打造功能分区合理的大型城市"商-文-旅"综合体，形成时尚多元的商业购物景观和城市特色购物标杆。其次，借助各大节事（节庆）活动的推进，开设城市购物旅游专线，将具有特色的城市商业（购物）中心串联起来打造成为专题购物旅游线路产品品牌，既提升城市商业（购物）中心的知名度，形成口碑效应，同时也客观上推动商业综合体（购物中心）改善和优化其消费业态、服务设施、服务质量等。最后，关注城市特色老字号品牌重塑，在促使消费者形成对城市的认同感和依恋感的同时，延续城市历史文脉，进而提升城市竞争力及城市购物形象。

例如，上海目前正着力打通"商-旅-文-体"全产业链，建设有感知、有温度的商圈生态圈及多层级商业地标，重点推进南京东路世纪广场、南京西路张园、ITC 徐家汇中心（新鸿基地产徐家汇中心称"上海 ITC 项目"，international trade center）、北外滩华贸等一批商业项目建设；打造高品质"夜经济"活力街区，支持黄浦滨江外滩地区、浦东滨江富都—船厂地区、新天地—FOUND158 地区、豫园地区、徐家汇—衡山路地区、吴江路—张园—丰盛里地区、静安寺地区、五角场—大学路地区、吴中路商圈地区、思南公馆复兴公园地区、人民广场南京路地区、环大宁马戏城地区等 12 个地标性夜生活集聚区发展，试点人民广场南京路地区等体验丰富的深夜营业街区；打造一批特色街区和特色小店，加快提升 20 条"一街一主题"特色商业街区品质，建设外滩源集等分时步行特色街区；探索制定嘉定、青浦、松江、奉贤、南汇五个新城商业规划导则，进一步促进"商-旅-文"融合，真正形成面向长三角市场的商业新增长极布局。

（二）创新"夜间经济"打响"购物节"品牌

当"夜间经济"成为城市经济增长的重要引擎时，随着政策引导、消费推动，其贡献率会越来越高。"夜间经济"发展涉及复杂的从业者、多元的消费业态、基础配套设施不足及社会治安管理难等诸多问题，必然要求政府加以规范和引导，秉持"政府引导、企业为主"的原则，即通过政策拉动、市场运作，打造"夜间经济"新亮点。首先，应突出特色、注重创新，试点建设地标性"夜生活"集聚区。在尊重和利用城市已有消费业态和空间布局的基础之上，丰富各类新"夜"态，塑造大型夜间消费活动 IP，促进"夜购—夜食—夜娱—夜健—夜读—夜展—夜游"等多元化夜间消费场景集聚形成夜经济品牌，提升都市人夜间消费"慢生活"的体验感和获得感。其次，做强"夜间经济"，应坚持品牌优先、示范引领，建立灵活高效的服务机制，规范管理和配套保障，大力推动实施夜间交通、市容环境、安全等方面的保障措施，探索试点 24 小时营业区政策等，加强夜间灯光造景，做好街景打造、装饰照明、标识指引，美化亮化夜间购物空间氛围，为"夜间经济"发展营造良好环境，形成统筹推进、业态多元、错位发展格局。

例如，"夜上海"曾是繁华上海的另一个代名词。目前，在政府（部门）和商家（企业）的共同努力下，上海夜市已初步形成"N 星连珠"的空间格局，"1 + 15 + X"的"夜经济"地标形成集聚效应，其中以黄浦江—苏州河沿线地区夜间亮度最强。上海夜生活活力指数评价，人民广场—外滩区域、新天地商圈、静安寺商圈位居前三。在上海举办"五五购物节""六六夜生活节"等活动期间，城市各大商业综合体（购物中心）积极探索业态创新，努力改善购物消费环境，提升购物服务品质，在城市商业零售服务领域起到了创新性、地标性、时尚性的引领作用，进一步扩大和提升了"上海购物"品牌影响力。据不完全统计，2020年，上海 80%的购物中心、社区中心、科创园区、商业街都举办了各具特色的集市（夜市）活动，"安义夜巷""BFC 外滩枫径""外滩源·集""大学路天地创市集"等汇集特色小吃（夜排档）、文创艺术、体育音乐、农副特色产品等极具烟火气的城市集市（夜市），吸引了众多市民（游客）消费娱乐，不仅丰富了市民（游客）的夜生活，也为城市商业综合体（购物中心）等实体商业带来大批客流和销售量。

二、市场赋能：丰富购物消费业态

城市商业（购物）公共空间环境氛围营造、品牌建构、业态调整等，应充分发挥市场主体作用，积极推动各类商业（购物）消费场所及公共空间优化升级。

一方面，源于消费者的消费理念和消费行为发生了巨大的乃至颠覆性的变化。在购物中心新的消费热点，如高端品牌、文化艺术消费、大健康消费等驱动消费升级下，商业（购物）中心公共空间游憩体验的营造成为吸引消费者购物的重要因素，即消费者在城市商业（购物）中心不再单纯满足于购物行为，追求新奇、潮流、有趣的体验性消费行为增强，也推动商业（购物）中心体验消费业态功能组合不断丰富。另一方面，在积极开展体验式营销的同时，随着近两年政策调整及受到新冠疫情的影响等，城市商业综合体（购物中心）开发商、投资商、运营商总体放慢或推迟了招商运营的速度，针对新情况、新趋势调整购物中心等实体商业项目的功能形态布局，在业态布局上更加重视具有场景化的新兴业态，且业态组合更趋场景化、时尚化，以新潮新异、富有特色的消费业态，吸引更多年轻人回归实体商业。

（一）着力创新性发展"首店经济"

首店是指行业中具有代表性或创新性的消费品牌在某区域设立的第一家门店，包括全球首店及亚洲首店、全国首店、区域首店及全市首店等。由于创新能够给予顾客全然不同的购物消费体验感，随着中高端消费群体的扩大，城市各大商业综合体（购物中心）为提升购物消费能级，进一步满足消费者个性化、多样化、高端化的消费需求，提高顾客消费体验度以吸引到更多的客流来消费，都很重视具有创新性的首店品牌招商入驻，这也是提升购物品牌集聚度的有力措施。发展"首店经济"，首先，应扩大消费新业态，积极推动和引进餐饮、零售、休闲娱乐、亲子服务等行业的国外中高端消费品牌的"概念店""旗舰店""定制店"。其次，通过业态创新、模式创新、技术创新等，加快跨行业融合店的开设。最后，借助线上购物平台或社交媒体，如小红书、微博、抖音等开设实体首店拓展线下销售渠道，通过实体首店弥补线上销售。

上海的首店能级近年来持续再攀新高。2017 年，上海有 226 家首店亮相；2018 年，上海先后开张 835 家首店；2019 年，上海新聚集首店 986 家。"首店经济"的热潮，也使得新开业的城市商业综合体（购物中心）越来越关注首店品牌/旗舰店/概念店/跨界体验店的引进。据不完全统计，2020 年上海开业首店数达到909 家，城市各大商业综合体（购物中心）根据各自定位，积极引入首店品牌，其中位于中心城区的大型购物中心最受首店品牌青睐，如黄浦区购物中心就引入首店 213 家，主要集中在淮海路商圈的 K11、TX 淮海、上海广场，南京东路商圈的一百商业中心（上海市第一百货商店和东方商厦合并建立）、来福士、大丸百货，以及购物艺术中心新天地、外滩金融中心等，均是首店的热点聚集地。

（二）购物公共空间设计应"以人为本"

城市商业综合体（购物中心）公共空间设计是以诱导消费者游憩活动获得良好的体验及满足感为目的。更加符合绿色生态要求的人性化、体验化的高品质商业（购物）公共空间环境设计，包括在购物中心公共空间布置庭院、设置树木花草、水体景观及引入自然光线（如上海 K11 艺术购物中心的绿植墙面、成都万象城购物中心类似梯田的退台式屋顶花园等），设置新奇刺激的互动设施和景观设施，举办文化艺术主题展览活动等，不仅营造出与自然融合、趣味高雅的商业氛围，也使得购物公共空间成为生机勃勃的娱乐休闲健身场所，吸引众多消费者纷至沓来。例如，为了吸引到更多消费群体（特别是年轻人），尝试在屋顶的开发利用中，更多引入屋顶花园（菜园、田园）、屋顶健身步道、屋顶市集文化体验场所等；街区式购物中心，重视开放式空间与大自然生态环境融为一体；购物消费体验场景呈现，强化科技感、裸眼 3D 视觉冲击与文创 IP 等多业态组合。

城市商业（购物）公共空间设计应考虑宜人的空间尺度，重视消费者舒适度与行为体验，要求购物中心公共空间层次具有多样性等。例如，在"边界"空间布置/提供消费者驻足或小坐的座椅，可以让顾客将公共空间的美景尽收眼底；台阶式的座椅设置及伸出建筑边界的跳台、观景台和屋顶花园，能够保证人们有开阔的视野；舒适的步行环境，适宜的步行长度（如日本的步行商业街平均长度为540 米，美国为 670 米，欧洲为 820 米。大多数步行街宽度应控制在 9～24 米），减少步行带来的疲乏感，丰富有趣的漫步空间、步行体验提供等，都在鼓励消费者心情愉快的逛街购物。城市商业（购物）公共空间更新改造更趋生活化，如上海五角场苏宁易购广场 2019 年升级改造五大生活空间（"灵魂阅读＋书房"——极物书屋、"海鲜自由餐厅"——苏鲜生、"360°未来之区"——苏宁易购、"C 位出道影院"——苏宁影城、"拜托了，小店"——苏宁小店）。

（三）营造沉浸式主题体验空间场景

通过情怀化、社交化、差异化元素的注入，能够为消费者营造更加良好的购物氛围，在大力引进"新品店""首入店""旗舰店""集合店""体验店"入驻的同时，商业（购物）公共空间更加注重主题、特色营造。例如，为进一步增强聚客力、延长消费者的逗留时间，城市各大商业（购物）中心大多很重视体验消费业态的引入，把生态、艺术等元素与商业元素有机融合，将自然景观融入商业建筑，把文化艺术与科技融合新业态，用时尚体验创新文化场所等，通过主题化、情景化的艺术展览、巡演、集市、电影院、书店、儿童娱乐场所、主题餐饮、创意手工作坊等，以及深受年轻人喜爱的剧本杀、电竞电玩、马术、溜冰场等引入购物中心，极大地提高了消费者与购物公共空间的参与互动。当然，新体验消费业态的引入，应是建立在商业（购物）中心自身的文化主题、市场定位及业态组合基础之上的，不可盲目引进。

鉴于注重游憩体验的城市商业（购物）中心往往会得到更多消费者的青睐，沉浸式主题体验场景营造已经成为存量商业（购物）中心改造升级、新建城市商业综合体购物环境氛围设计的重点。沉浸式主题体验场景应以商场自身的文化主题定位来建构和营造，以凸显主题性艺术文化娱乐场所为核心，在当前购物中心日趋饱和且市场竞争日趋激烈的形势下，传统以零售为主的购物中心迫切需要整合改造转型，如通过存量更新升级为强调各类品质生活方式的精品店以提高购物的乐趣。国内很多大型城市商业综合体（购物中心），纷纷通过打造沉浸式消费体验场景来吸引有艺术追求的消费者前来体验消费，如北京的芳草地主打"艺术文化"路线、武汉的凯德民众乐园开辟"哈哈农场"等，这些均极大地提升了购物消费娱乐体验感，使得城市商业（购物）公共空间充满活力，更加有利于形成良好的购物口碑。

三、科技引领：购物消费智慧化

随着物联网、人工智能、大数据技术等现代科学技术的进步及广泛应用，城市商业（购物）新业态、新模式等创新周期缩短，城市商业综合体（购物中心）等实体商业的"互联网＋"运行效率逐步提升。数字化变革催生新的发展动能，特别是当 5G 技术全面落地以后，城市商业综合体（购物中心）被商业（购物）数字化转型的浪潮裹挟而行已是社会进步的必然趋势。购物中心数字化转型是指购物中心的"人-货-场"通过数据信息化成为一个系统，在"场"内通过数据、视频实施远程的设施设备运行监控等改善优化购物环境，运用数字化手段提高购物服务和管理水平，以达到效率最大化。城市商业（购物）中心数字化运用应基于"顾客端—商户端—营销端—运行端"形成"数字化闭环"，并向深度融合运用转化。商家（企业）应从购物公共空间环境氛围营造、商场导购、支付方式、商品管理、需求管理等多层面入手，打造类型丰富的新零售商业应用场景。

城市商业综合体（购物中心）应围绕细分消费市场的消费需求来营造诸如动漫、电影、艺术创意、科技魔幻等文化主题氛围，促进实体商业线上线下、AR互动、VR 虚拟现实技术等应用与融合，为消费者提供科技感丰富、超越用户预期、多场景新的娱乐消费体验。通过小程序工具等对消费者进行消费喜好画像，并进行精准营销触达，为消费者提供更多体贴、温馨的服务，真正提高进店客流转化率和回头率。此外，各大城市商业综合体（购物中心）还应加强与入驻品牌商户的合作，在开展线上精准营销的同时，门店现场也可以通过线上直播引流带货及利用网上小程序等数字化工具，将线上流量变为线下实体商场有效客流，既能够保持实体商店入驻品牌商户稳定，维护既有客户（会员）不流失，又能培育和壮大忠实会员队伍，扩大销售量从而实现商业利益的提高。

第六章　多元供给/（生活）服务型：
特色街区保护更新

特色街区是城市最有价值的游憩公共空间之一。街区是城市的基本组成单元，从其空间建筑的表现形式来看，为数条街巷（弄堂），或者由数条街巷（弄堂）与道路围合而成，是有具体边界的空间（场所）。街区大多是开放的，作为承载着一定城市功能的区域，也是能够满足多个群体沟通交流的空间（场所）。城市街区的概念出现于后现代主义思潮中，Carmona 等（2005）将之归纳为具有相对较小尺度、混合功能、良好的步行环境（满足但不鼓励使用汽车）、不同类型与尺度的建筑及使用权的多样化。随着全球城市化发展及城市居民游憩需求的日益增长，游憩活动早已经成为当代城市居民的一种日常生活方式。城市更新在当代消费文化指引下如何促进街区新旧空间融合共生，特别是注重对街区历史文化的整体保护及街区游憩功能的开发受到广泛关注。而从城市可持续发展的长远观点看，保护好城市历史文化遗存最终也是为了城市实现更好的发展。

以文化传承与文化保护为导向的城市更新主要是通过对城市历史建筑与历史街区等城市遗产的保护、更新、改造并恢复利用进行的。曼纽尔·卡斯特指出，城市街区的布局形式与建筑风格，反映了城市更新历程中多个利益群体之间的博弈。基于市场经济环境中，在权力和资本的强力钳制下，伴随着土地使用制度、住房商品化制度等改革的深化，很长一段时期内，街区更新曾经大多数是房地产开发导向下的全面改造（拆除重建），在"土地交易→拆迁安置→开发建设"模式下，街区的整体风貌与历史肌理被建设性破坏殆尽，街区原有的社会结构和生活方式湮灭无踪可寻，大规模旧城拆迁改造不仅引起频繁的开发商与原住居民之间的利益冲突，还引发城市历史文化遗产保护问题及街区更新后的被"绅士化"现象等，困扰着转型时期的城市发展。

第一节　城市特色街区开发

特色街区，往往是构成城市多元文化魅力的重要公共开放空间，而一座城市的独特魅力就在于其拥有丰富的特色街道，如中心城区沿街建筑的区位价值是城市空间中最具经济性、最能够彰显城市文化和社会活力的空间（场所）。作为城市生活中最重要的公共空间，街头巷尾也最能展现出城市的人情味和烟火气。

国外有关特色街区的研究主要集中在城市建筑、城市规划和城市旅游等多个领域；国内对特色街区的开发研究，主要集中在主题街区的设计、街区文化的开发等方面。例如，有学者从政治经济利益双驱动下的政府政策导向驱动、市场经济机制下的产业和商家驱动、收入增长下消费观念转变及消费需求驱动、传统与现代结合城市规划新理念下城市社会文化驱动等方面，探讨特色街区的形成背景和动力机制。

关于特色街区概念的界定，学者从强调建筑特色与城市发展、旅游和商业功能融合等不同视角进行了描述。综合来看，特色街区指以城市道路为骨架和边界限定、以同质（主题）元素聚集或因某种突出元素的存在而产生较大吸引力，且吸引大量相关元素聚集形成的，具有一定规模的、开放性的城市区域。它散落杂糅在城市不同空间之中，具有商业购物、文化消费、休闲/娱乐/健身、餐饮等多元功能（特质），其建筑（空间）环境无论是从形态，还是从功能、承载活动等来看，都具有独特的文化性。

以上海市为例，作为全国率先提出风貌保护道路和城市街道设计导则的城市，上海已经在中心城区及郊区44个风貌各异、多元交汇的历史文化风貌区开展了丰富实践与创新探索，全力挖掘和保存街区历史文化，尽量保留城市空间肌理，打造有城市烟火气的街区、留出"口袋公园"等让市民（游客）得益，通过政府推动和社会力量跟进等，实现了对既有建筑的有机微更新以提升街区品质。

一、特色街区类型划分

依据不同的研究目的及分类标准，特色街区类型划分方法（形式）有多种。例如，依据特色街区开发现状，可以分为"保存比较完好""有开发潜力"等类型；按照街区特色元素存在状态（聚集形式）划分（表6-1），可以分为"同质聚集型""主导辐射型""混合型"等；依托实施主体划分，可以分为"历史遗存型""政府或机构主导型""民间或市场主导型"等；根据街区形成方式划分（表6-2），可以分为"自上而下型""自下而上型"等；按照特色街区元素构成划分，可以分为"单一型""复合型"等。

表6-1　根据特色元素存在状态（聚集形式）划分的特色街区类型（部分）

类型	说明
同质聚集型	同类元素聚集产生规模效应，互相独立，共同收益
主导辐射型	有主导元素，周边区域是在其辐射下形成的并为该元素服务
混合型	主要是上述两种的混合

表 6-2　按照形成方式划分的特色街区类型（部分）

类型	说明
自上而下型	功能性较高，由市政、其他投资机构主动建设，有比较完善的规划设计
自下而上型	由市场/空间需求相结合形成，市场决定成长或衰落，动态性较强，与现有规划可能存在矛盾

　　由于特色街区类型多样，虽然不同方法划分的侧重点（角度）不同，它们或多或少都可以为深入研究特色街区提供不同思路，但如果落实到某个具体的特色街区（案例样本），就上述不同系列划分方法而言，不可避免地会有很多重叠，从而给特色街区未来发展的准确定位带来原本不必要的困扰。因此，特色街区类型的主要划分方法，建议选取特色内容作为街区的主导分类依据（表6-3），同时参考一些有价值的辅助分类标准，不仅从专项的角度对特色街区的定位和开发模式的选定有着指导意义，也能够更好地从重构城市产业结构角度进行适度调节和合理引导。

表 6-3　依托特色内容（标准）划分的特色街区类型

主题/特色	街区类型		
历史特色	有形历史街区	文物街区	
		记忆街区	
	无形历史街区	非物质遗产街区	活动性非物质遗产街区
			绝活性非物质遗产街区
	历史著名街区		
人文特色	民族文化特色		
	建筑艺术技艺		
	特色文化设施	院校街区	
		特色文化设施图、展等	
		时尚文化街区、艺术区	
	宗教文化街区		
功能特色	特色商业街区	高档商业街区、专卖街区、美食街区	
	特色活动街区	体育活动、休闲娱乐活动	
	特色城市功能街区	中心商务、交通枢纽	
	特色居住街区	传统民居、大院等时代特色街	
混合特色	—		

二、特色街区基本特征

除了具有一般城市街区所应有的基本特征，如包括街区空间形态的连续性、流动性、可识别性等以外，城市特色街区还具有下列四个方面的特性（特质）。

（一）文化多元

文化是人类智慧的积淀，也是城市内涵（品质、特色）的最重要表征。从"认识论"角度分析，城市更新是历史的，也是具体现实的，诸如街巷、马路、弄堂等自我认证的物化符号，包含着深刻的社会心理、文化"密码"。特色街区的文化多元化特质十分显著。例如，很多具有娱乐休闲文化、饮食餐饮文化、体验风俗风情的民俗文化、购物消费的商业文化、艺术创意文化的街区，已经成功通过更新改造转型为融合古今的城市时尚消费空间。随着城市（更新）演化变迁，特色街区文化多元化已成为特色街区可持续发展的基石，使得特色街区在城市更新中具有了能够持续生存的韧性。

（二）过程体验

随着城市化进程的加快及城市化水平的提升，越来越多的城市发展（更新）走出了早期的"大拆大建（拆除重建）"，无论是城市规划设计者还是城市开发建设者，无论是文保专家精英还是城市普通居民，都已开始在自发地关注着城市历史文化遗存"活化"再利用，要求城市更新应注重保护城市中的老建筑，延续城市历史文脉，保留街区空间肌理，传承城市历史文化记忆。可以说，为市民（游客）提供更好的、高层次的游憩体验环境，是城市特色街区能够具有持久活力之所在。

（三）综合效益

在城市更新中，无论是通过房屋置换、迁出原住居民、整体修旧如旧进行商业开发改造，或者是原住居民自发联合社会各方力量进行小规模渐进式修缮改造，经过重新整治和保护性修缮（保护—挖掘—激活）等，特色街区更新总体上都能够或多或少带动其所属区域的经济效益、社会效益及人居环境的协同发展，即激发（复兴）区域经济是特色街区可持续发展的根本目标，尤其是在特色街区开展的"吃、住、行、游、购、娱"等各类消费活动，带动了城市商业（旅游业、餐饮业）等第三产业发展。

（四）空间开放

特色街区总体上是一个开放式功能复合的城市空间，最能展现城市历史文化风貌及提升城市产业业态功能，也是城市居民参与各类社会公共活动的空间（场所、载体）。因此，积极探索可复制、可推广的特色街区更新整体性工作路径。例如，把城市历史文化风貌街区更新与民生业态保留、品质业态提升统筹兼顾的综合治理路径进一步推广。

三、特色街区发展趋势

如果将特色街区看成是一个有机生命体的话，不同的城市街区都行进在其独特的形成、发展、衰亡的自然生长历程中。我国城市特色街区发展基本趋势与国外城市街区发展呈现很大程度上的一致性。特色街区更新改造（可持续发展）本质上是城市政府、企业（开发商）、社会精英、地区原住居民、市民（游客）及相关社会第三方组织等相关利益主体之间的相互博弈过程，即权力、资本、社会组织、社区居民等多元主体之间的利益博弈，在创新融合商业（购物）、休闲娱乐、旅游与文化等基础上，特色街区发展呈现下列趋势。

（一）街区功能复合型

为了更好地满足市民（游客）日益增长的游憩活动诉求，近年来，我国各大城市的美食特色街区、民俗特色街区、历史文化特色街区、时尚主题街区等不同层次、不同种类的特色街区发展迅速，特色街区功能也逐渐由单一购物型，转型发展成为集休闲娱乐、旅游购物、文化艺术、创意体验等多功能于一体的复合型功能街区，甚至成为市民（游客）的一种"生活场所"。特色街区的多元化选择和功能复合化已经成为构成特色街区吸引力的关键。

（二）空间形态特色化

城市特色街区的功能复合必然会形成不一样的街区空间形态，同时也会带来丰厚的经济、社会、文化效益。虽然，有学者认为城市近现代风貌型消费空间塑造是在商业利益的驱动下，一种营利型的空间生产行为，不涉及真正意义上的历史街区与建筑保护，而且扮演着强行推动绅士化过程的角色。

（三）空间布局合理化

城市特色街区功能多元化与复合化发展，也使得特色街区及周边附近地区形成特色街区群落。特色街区空间形态，往往会从"一条街、两片皮"向"岛区、块状、网格状"转变，即城市特色街区空间布局更加科学合理，已从"杂乱无序的自由发展"转向实施"整体有序+有机协调"。

（四）提供专业化服务

为了更好地帮助指导及监督管控特色街区更新改造工作的推进，很多城市都由政府（部门、机构）出面，成立相关的特色街区建设领导委员会，负责特色街区的专项规划/专项管理/政策制定等，即针对特色街区建设（规划开发、策划设计）及经营管理等提供专业化服务，总体统筹特色街区专业化建设（更新改造）。

第二节　城市特色街区空间更新

在全球化发展大背景下，消费空间的普遍生长与地方蔓延，促使城市更新以市场为导向，开展了大规模的"去地方化"与"再地方化"的重建、重塑。一方面是消费空间对城市地方传统的侵蚀与再造。源于全球化与城市化交织中的城市更新日趋均质化，消解了地方传统，"地方性"逐渐衰退，由此造就了"全球本地化""无地方性的地方"。而地方的历史与传统则遭遇了挑战，正在经历着重大变迁，所谓古城、古镇、历史文化名街均成为商品化的对象，文物古迹与历史遗址的修复实质上也是商业化的改造，地域的本土和当地意义已经被转变为一种标准化的产品。另一方面是城市空间的商业化、不动产的动产化。城市更新不断营造消费景观，城市空间得到重新包装、设计、调整，街道、广场、公园、主题乐园、全球连锁店、专卖店、体验店等均是消费空间的地方生产与再现。"城市正在沦为物质商品成批生产和大众消费的理性化与自动化体系的牺牲品"[①]。由于城市更新追求的是最大化的商业效益、最优化的市场效果，城市的多样性、传统性、文化性遭到破坏，"千城一面"的城市特色逐渐消失，城市更新的被"绅士化"现象等引发了社会广泛关注。

一、特色街区空间重构设计原则

在全球化和现代化发展背景下，以文化为导向的城市更新往往成为城市可持

---

① 哈维 D. 2003. 后现代的状况——对文化变迁之缘起的探究. 阎嘉译. 北京：商务印书馆.

续发展的必然。维护和延续城市特色街区，如以城市更新的全新理念推进老城区改造，妥善处理好历史建筑"留、改、拆"与改善旧区市民居住生活条件的关系，避免历史风貌建筑被误拆，以及改造项目误入歧途，真正做到该保护的保护到位，而不是为保护而保护。特色街区空间重构应遵循下列原则：一是场所精神营造。特色街区更新必须重视街区所蕴含的独特的场所精神营造，源于特色街区建筑本身具有一定程度上的新旧共时性，设计不当会加剧空间感知上的"破碎感""分裂感"。二是新旧秩序重组。一般来说，对于历史遗迹和历史文化，将其渗透到大众生活场景中远比封存在博物馆里的文物更能加强人们关于历史的"集体记忆"。在特色街区新旧秩序的重组处理中，运用可以产生多种空间复合的方式，如缝合、对接、渗透、叠加、借景等，与日常城市生活密切相关的细微的公共空间营造、生活品质提升等是街区设计的重要内容。三是空间形态更新。应关注每一条小街、每一条小巷，通过重构各个要素之间的层次和序列，塑造新的街区空间组织关系。

　　以历史街区保护与复兴实践为例，1933年，国际现代建筑学会在雅典通过的《雅典宪章》首次提出"历史街区"的概念："对有历史价值的建筑和街区，均应妥为保存，不可加以破坏"。1987年，由国际古迹遗址理事会在华盛顿通过的《保护历史城镇与城区宪章》（又称《华盛顿宪章》）提出"历史城区"（historic urban areas）的概念，并将其定义为："不论大小，包括城市、镇、历史中心区和居住区，也包括其自然和人造的环境……它们不仅可以作为历史的见证，而且体现了城镇传统文化的价值。"2002年《中华人民共和国文物保护法》规定"保存文物特别丰富并且具有重大历史价值或者革命纪念意义的城镇、街道、村庄，由省、自治区、直辖市人民政府核定公布为历史文化街区、村镇，并报国务院备案。"历史街区被正式列入不可移动文物的范畴。

　　历史街区保护规划的内容包括宏观、中观和微观三个层面，大到街区用地性质，交通规划，小到每一幢建筑的立面、门、窗等细节都被纳入保护的范围，主要从核心保护区、建设控制区和环境协调区三个层次对历史街区平面、建筑空间立面的传统风貌进行肌理构成的修复。国内外研究趋势向文化旅游地保护与开发、居民参与和政府定位等方面展开。比较而言，美国对于城市历史街区的保护和复兴主要以城市设计的形式出现，在城市设计的总体层面上，注重把历史地段的整治与市中心功能复苏的开发计划联系在一起；法国将城市历史街区和传统风貌保护作为基本出发点，采用多层次的城市规划编制体系，以主导价值取向，从宏观到微观，逐步深化为历史街区的风貌整治提供可操作的规划依据。

　　历史街区的保护也是城市可持续发展的重要催化剂。随着历史街区在城市更新中的价值凸显，作为城市的重要资产，历史街区不仅记录着城市历史发展进程，也体现一个城市独特的地域特征和文化内涵及丰富的城市记忆，不仅包括有形的建筑群及构筑物，还包括蕴涵其间的无形场所精神等。对历史街区保护和复兴，一方面源于其营利性的特征，可以为城市发展提供创造力；另一方面对于复兴优秀传统文化，推动当地文化发展起着不容忽视的作用。对于具有丰富文化价值、历史价值、商业价值、社会价值的城市历史街区来说，其空间的独特格局、怀旧的生活场景等往往激发社会公众产生消费体验诉求，旅游业带动了历史街区的"空间消费"与"空间体验"，也为历史街区在空间格局及建筑维护等方面提供了开拓创新的机遇，促成历史街区新的价值演化及价值重构与提升的更多可能性。

历史街区保护的最终目标应是保持街区特色。其中，整体空间维度和空间记忆是历史街区最重要的价值要素，空间结构、城市肌理、街巷形态等都是城市历史文化载体，都有着原真性要求。同时，强调保护历史街区原住民群体与独特的历史街区氛围，包括街区内的居民及其生活方式的保护与延续。历史街区的发展与城市空间的经济支撑和旅游导向密切相关，源于依托历史街区进行旅游开发的优势显著。为了促进历史街区旅游开发及避免过度开发和盲目追求规模及经济效益，在对历史街区活力重塑过程中应当倡导"以人为本"的价值理念，充分关注当地居民的实际利益，注重他们生存状态和文化环境，采用文化旅游策略，以文化旅游开发为主的模式，实现对城市历史街区真正意义上的保护复兴。

二、特色街区空间变迁的影响机制

街区更新实际上也是一种经济、社会、政治、文化、空间关系调整的过程，政府力量、资本控制、社会网络和街区自身发展等各种利益交织其间发挥作用和相互博弈，特别是瞬息万变的资本流入对街区建筑进行更新改造引致特色街区空间变迁。旧城改造的全面推进，深刻改变着中心城区的产业业态和空间格局。在现有制度框架下进行的街区更新，或者是"拆除重建"，即通过动迁，拆除原有建筑物，后在该地区建造新的高楼大厦；或者在诸如上海新天地示范作用下，通过原住居民整体搬迁，再重新进行商业开发改造等。以生活居住为主的特色街区，如上海中心城区大量利用原有产业用地建设的各类创意产业园区，则是在现有制度框架调整基础上的"非正式更新"，涉及老城区更新、文化创意产业发展、社区再生及中心城区"绅士化"等问题，在对城市街区"小规模、渐进式"保护更新进程中，虽然一些既有制度规范被突破，但新的制度尚未建立与完善，特别是对各种破坏行为无法进行有效约束和规范处理，导致当地原住居民与商户之间的利益冲突并引发投诉纠纷等，已受到不少质疑与批评。

（一）街区空间变迁动力

首先，工业型城市向后工业型城市和消费型城市转型升级的社会需求与出台的相关政策，为特色街区更新提供了社会经济和政策的基础背景。自1978年改革开放以来，我国很多城市都有意识地提出"退二进三""腾笼换鸟"等产业结构调整的政策。例如，从19世纪80年代开始，上海旧城改造基本上以拆旧建新、由房地产公司进行开发为主，所有相关制度也都是建立在此基础之上。对代表着上海城市历史发展脉络和街巷空间肌理的里弄住宅地区，始终缺乏针对以居住为主的里弄更新（"活化"再利用）的相应政策制度来为街区业态可持续拓展与转型升级提供动力，在没有其他制度配套、由居民自发进行零星的"居改非"过程中，不断加剧的对抗性矛盾的出现引发社会激烈热议。面对城市发展战略从"增量"转向"存量"，老城街区更新改造模式也应由大规模"推倒式重建"转向小规模"渐进式更新"，在探索街区小范围"微更新""微改造"的同时，更要强调它的弹性，应为以后发展预留一定的空白，以适应未来需求。

　　其次，特色街区更新是多种社会力量共同作用的结果，空间变迁的背后是权力与资本关系转换和参与主体运作互动行为的变化，即是各种多元利益群体的社会关系重构。无论是"自上而下"政府主导的规划设计开发，还是专家精英、社区居民的自发行动，都需要政府部门、企业（商家）、社团组织与属地社区等全社会的多方参与、支持与合作，并不单纯是资本的逐利与扩张行为，而是以促进"增长联盟"似的利益共同体不断扩大。城市各级政府盘活空置厂房资源、发展地区经济、实现产业升级及产业结构调整（更新）的意愿契合艺术家要求的低廉租金、良好区位、便利交通，特别是其开敞灵活的空间格局受到艺术家青睐，对周边环境的改善也得到社区居民的积极支持。然而，艺术家入驻涉及"居改非"等政策制度变革问题，社会各界力量开始加入，参与到政府相关政策制度如何革新的讨论之中。因此，建构可持续扩展的利益共同体和社会网络并协力推进具有重要意义。城市文化学者、历史文化保护者等针对历史文化街区大规模成片拆除所造成的对城市历史文脉的破坏，提出应积极鼓励推进历史街区保护和再利用；政府主管部门支持创意产业园区发展；城市媒体从文化时尚和迎合年轻人休闲娱乐需求出发，对特色街区更新状况进行持续而广泛的推介；各类商家进驻，消费性设施增加，使得街区被市场及社会公众等共同塑造成为城市典型的标志性休闲娱乐区。

　　再次，充分体现出城市发展转型期的制度困境。转型是一个复杂的综合过程，面对的是已经确定的制度框架、特定的社会群体和物质空间，包括构成社会的文化、经济、政治等方方面面，转型既是在既有制度框架下的运作，也是"破圈"创新——突破有效的制度规范边界，是对既有制度框架的打破和对既定社会关系的改变或重建，即物质空间重塑和社会空间重构。而当既有的制度、社会关系和物质空间出现突破或改变时，往往需要及时进行弥补或修缮以达到新的平衡。特色街区更新直接挑战并冲破了既有的相关制度，但在已经打破既有的制度条件下，往往没有能够及时重建或修补适宜制度而留下制度上的空白,由此造成诸多矛盾,若得不到尽快消解又会反过来制约其进一步发展。

最后,消费文化的渗透是操纵特色街区空间变迁的主要力量。街区用地结构与功能依托旅游线路及游客行为方式发生消费化变迁;街区消费空间符号价值凸显,在消费价值取向转变的过程中,街区消费空间特征发生了多重蜕变。不同生产要素的投入推动街区消费空间不断被改造和更新,呈现出多样化的消费空间类型与特征,不仅对街区空间本身的保护策略有重要意义,对城市街区周边的空间消费更是一种带动式的导向。可以说,"空间消费"的研究对街区环境、文化的原真性保护及商业发展和谐共生具有重要的意义。例如,进入 21 世纪后,上海中心城区很多原工业用地转型的主要策略之一就是发展创意产业,随着大批创意产业集聚区相继设立挂牌,在创意产业园区的快速发展中出现明显的消费化转向,商业购物、休闲娱乐场所甚至在某种程度上成为主导,多功能、多业态的文化消费空间转型发展,有的还成为著名的城市旅游地标,即街区更新促使单纯居住功能置换为"商业、办公、居住、旅游"复合功能。

(二)街区空间变迁主体

经济全球化发展及现代科技进步引发"时空压缩""地球村"等,在世界经济格局发生大变革的背景下,城市与城市之间,为获得更多的发展优势,纷纷在产业、技术、人才、资金等方面展开了激烈的竞争,城市政府如同企业一般"经营城市","企业型"城市政府的诞生,更加期望与要求重塑城市空间,政府工作重点转向改革官僚僵化的城市公共管理部门(机构),提供良好的营商环境,特别是通过制定有吸引力的招商引资政策等,以吸引更多市场(社会)资本参与街区更新改造。20 世纪 90 年代以后,我国开始处于分权化、市场化等制度转型中,随着财政税收、土地使用和行政事务等分权改革不断推进,形成了城市政府的土地财权,即通过不断招商引资、出让土地获取财政资金支持城市建设发展。城市政府、开发商(企业)、社会精英、原住居民、市民(游客)及相关社会组织机构等多元利益主体,或主动或被动,或直接或间接地卷入街区空间更新改造之中。街区空间更新的背后是开发商资本积累、投资及政府把控的权力关系的运作,即资本、权力与原住居民、社会组织等共同参与影响并操控着街区空间更新改造实践。

1. 政府力量

源于全球化发展中的各级地方政府的"企业化"现象,在推进街区空间形态演变进程中,城市政府同时拥有"城市管理者"与"超级企业"双重身份,充分体现了政府在街区更新改造话语中的主导强势地位,政府既是相关街区保护规划、管控条例的"制定者"与"执行者"，也是街区更新改造工程的"推动者"和"协调者"。无论政策环境如何转变，作为经营城市的"超级企业"地方，政府在推动街区更新改造中谋求城市新增长空间，挖掘城市新增长潜力，探索城市新产业（消费）业态，是街区空间变迁的核心驱动力；作为"城市管理者"，地方政府要对城市遗产、历史街区乃至社区居民利益进行保护，划定文物保护单位，保护街区空间肌理和历史文化价值，鼓励市民参与，关注改善居民生活环境等，虽然二者在价值观层面有相悖之处，但都是其不可推卸的责任。

　　开发和保护的双重立场诠释了政府在街区空间更新改造中的矛盾行为，其背负的财政压力也揭示政府主导的"自上而下"式的街区空间更新困境。政府引进市场（社会）资本和运用权力协助街区更新改造工作顺利开展，希望利用市场（社会）资本介入以解决已经衰败的老城区更新改造中资金不足的问题。同时，资本的引入也为权力带来很多可量化的政绩工程，进一步增强了政府权力的行动力，而开发商（企业）则是为实现资本增值。资本与权力结盟本身也是一个博弈的过程，只有当资本与权力的逻辑相互符合各自发展利益时才会达成共识，其间充斥了资本之间、权力之间和资本与权力之间的各种矛盾与分歧。例如，在历史街区改造中，政府主要通过行政权力对制度空间进行规划，而开发商（企业）主要通过资本对物质与经济空间进行打造和控制，即城市新型消费空间的生产是在权力与资本共同作用下完成的。

　　2. 资本增值

　　资本是城市空间变迁的最关键要素之一。城市空间本质是一种建构环境，其生产与创建是资本控制和作用的结果。资本本身的发展必然要求按照自己的设想创造物质景观。在资本市场上，对开发商（企业）而言，获取高额的利润以生产更多的剩余价值是其唯一的准则。随着我国改革开放与市场经济的深化发展，权力渐退，资本渐入，资本在街区空间更新改造中开始占据绝对优势，正如上海"新天地"总设计师本杰明·伍德所言：如果一个建筑或者一个区，它有经济上开发的可行性，它就能够被保护下来，会变得热闹而重新散发活力；如果它在经济开发上不可行，它就会死掉，就不再有活力。所以最重要的是它是否有经济操作的可行性。

　　受到资本力量的牵引，即在经济利益驱动下，掌握资本的开发商（企业）成为街区改造最重要的参与者，以利益最大化为目标的资本按照自身原则对街区环境进行建构或重构，尤其是建立符合自身规律的秩序。由于中心城区的土地升值潜力或投资价值凸显，在由政府规划引导及监管实施的街区空间更新改造中，引入开发商参与承建，即市场资本进驻，开发商在政策"鼓励"下，出于逐利的目的，通过功能置换和新产业新业态的导入等对街区社会、文化和意识形态等方面进行资本的投资积累，重塑街区空间形态，促使街区整体历史文化风貌和空间肌理得以延续，传统街区向"商业、办公、居住、旅游"等综合服务功能转变。

3. 社会组织

社会组织包括专家学者、社会精英和民间社会团体组织等，是城市街区空间更新改造的重要参与力量。出于保护街区历史文化价值的自觉和对有损历史文化空间行为的排斥，专家学者利用其社会影响力，借助不同的媒体渠道，公开表达对城市街区"拆除重建"（大拆大建）及旧城成片改造的粗放改造模式的批评与质疑，引导并获得社会公共舆论广泛的关注与支持等，深刻影响着街区空间更新改造发展模式的变化。同时，为增强社会影响力和获取话语权，各类媒体也会积极追踪报道街区空间更新改造进程中的热点新闻、事件，关注相关权威和精英的声音，如对城市街区拆迁改造进行深刻反思，或追忆街区原住居民的传统民俗生活等。

在街区更新实践中，社会精英的积极支持和主动参与，也成为一种文化保护力量，通过对街区原真性的庇护，引导街区保护与传承"活化"街区的价值观（理念）传输或直接以核心技术力量参与街区规划决策等，提出对延续与传承街区历史文脉的价值诉求，将文化保护与历史传承的理念根植于旧城街区空间更新改造之中，促使政府部门尽快探索街区保护与小规模微更新模式的良性发展，重新提出街区空间保护与规划方案，"自上而下"地推动街区空间更新改造与区域综合治理整治。

4. 原住居民

街区空间改造必然会涉及原住居民的切身利益，表现出追求个人利益最大化与维护家园归属感的集体利益的双重导向。一方面由于既缺乏直接参与政策决定的渠道，也缺乏参与街区开发的资金能力，在街区空间更新改造规划和建设过程中，原住居民始终处于相对弱势的地位，缺乏话语权和选择权，是在权利与利益的裹挟下被动地顺从街区改造。另一方面虽然认同街区的生活环境已在逐渐颓败，但在个人情感和街区地方认同的维系下，呼吁保护旧街空间格局风貌和街区的社会结构与文化价值。原住居民在集体保护意识"觉醒"下对街区改造的"抵抗"及持续不断的自主更新中带动了街区的发展，并获得提高生活品质的机会，都是以居民为生活主体的小规模渐进式自主更新，体现了街区空间更新改造中"自下而上"的自生内动力。

为获得利益最大化，居民大多通过出让建筑产权以获得补偿。而原住居民的大量外迁，使得街区原有的市井民俗的日常公共生活场景逐渐弱化（淡化乃至消亡）。事实上，街区空间本身也在自我更替发展之中，通过搬迁原住居民对历史街区空间的更新改造，某种角度上讲是强行推动城市空间重构及社会空间"绅士化"，并将之马赛克式地镶嵌在原有城市空间肌理之上，且通过对特定消费群体的细化和吸引，剥夺原住居民的话语权和居住权，加剧了城市空间的割裂及潜在的社会排斥，导致城市社会不平等和文化层断裂现象凸显。作为一个重要的平衡，在引入有活力、能够带动所属社区发展和有助于城市文化创新的人群的同时，留住旧城街区的老居民（原住居民），也是对城市历史文化传承及社区利益的尊重。

（三）街区空间更新策略

随着市场经济的快速发展，多方力量通过市场机制运作形成旧城更新改造、城市资源开发的动力，但在各自主导利益动机的驱动下，城市政府（部门）、企业（开发商）、社会组织和原住居民等多方力量的博弈与角逐共同构成了街区空间变迁的动力机制。其中，政府（部门）与企业（开发商）在资本利益驱动下，以"自上而下"的力量推动街区空间更新改造，决定了街区空间演进的结果；原住居民作为街区空间的生活主体、社会组织作为街区保护与更新的技术力量等，二者以维护空间正义和争取空间权利为出发点，形成"自下而上"的作用力量抵抗对街区空间更新改造时的建设性破坏行为。街区空间变迁现象的实质是在资本增值驱动下，权力与资本联合，即政府（部门）与企业（开发商）通过利益联盟关系对街区空间的占有、支配、开发与使用，原住居民作为弱势群体则是被动地参与，整个过程充斥着利益争夺与权力博弈，体现了街区开发与街区保护之间的种种矛盾与平衡点的找寻。

街区空间更新改造应以实现区域公共利益最大化为目标，在传承街区历史文化内涵、维护原住居民的空间权利过程中，仅仅凭借以政府和企业为主导，或者依靠原住居民自主发展等，都有可能使得街区空间更新发展面临顾此失彼的困境。如何在资本市场与行政力量的牵制中，保护好街区空间的历史性与地方性的生活传统，特别是积极地保护自发性的城市生活形态，是全球城市化浪潮中人们共同面临的难题。在具体的街区空间更新改造实践中，应因地制宜地选择最适合其发展的目标定位，重点在市场诉求、城市管理和居民利益之间寻找平衡点，探索相应的利益协调的方式办法。

1. 发挥政府力量，统筹组织协调

在街区空间更新改造中，政府力量始终占据核心主导地位，政府的宏观战略布局直接影响着街区空间演进发展方向。因此，需正确、合理地使用政府力量，依托政府体制环境的创新，平衡、制约和调配其他城市各类资源。首先，应从城市各级政府层面明确振兴老城及街区空间更新改造的社会政策导向，面临日益复杂的社会环境和历史文化保护意识的增强，政府的主要职能应从开发

的"主导者"转换为公共服务"提供者"和市场"监督者"，制定行之有效的制度以保障居民权利、激发街区活力、合理规范街区开发建设行为、促进街区空间可持续发展。其次，作为多方博弈关系中的协调者、空间秩序的管理者，政府应充分发挥社会组织的力量，建立完善的街区空间建设指引、经济产业发展导则、历史建筑开发与管控要求等政策环境，以激发街区空间保护性利用与更新发展的自生动力。

政府（部门）在加大财政投入推动政府购买公共服务的力度，制定相应的税收政策、创新公共服务的供给模式、提高公共服务供给质量的同时，面对市场化与公共服务的冲突，政府（部门）不能让渡本属于自己的监管职能，且还要对服务承包商的业绩和行为负责。例如，上海新天地的开发商瑞安地产，虽然是公共服务的供给者，但政府仍然应该承担基本责任，监督上海新天地在提供基础设施的同时，为所有市民提供享受城市公共资源的权利；田子坊地区管理办公室，虽然通过招标购买了相应缺失的公共服务，但是依然有责任对公共服务的实施过程进行监管。

2. 合理运用资本，促进良性发展

资本在街区更新改造中起着不可或缺的作用，它以强劲的利益驱动力推动着城市街区空间变迁发展。街区空间更新改造总体上应秉持"政府引导、企业为主"的原则，通过政策拉动和市场运作来实施。然而不加约束的市场开发，往往伴随着对空间权利的剥夺和空间危机的爆发。因此，必须合理管控和运用好市场力量。政府是地方公共利益的代表，由于街区空间的更新改造成本巨大，不能单纯仅依靠政府投资，否则街区的基础设施配置和历史建筑保护等项目很容易成为地方发展的负担而被搁置，需要充分调动市场投资的积极性，通过适当的政策税收激励，如给予一定减税优惠政策，鼓励市场（企业）和民间投资商进驻，共同参与街区空间更新改造。同时，为了避免资本的过度侵入造成街区空间更新的过度资本化，侵犯原住居民利益，应同步建立市场监督管理机制，以确保资本投入和生产符合相关街区法规条例的约束条件。

3. 保障居民利益，共享发展成果

街区原住居民本身就是一种文化的体现，是城市形象的真实载体。在街区空间更新改造过程中，权力主导，资本参与，原住居民始终处于相对弱势地位，难以阻挡权力和资本对街区空间变迁的操控。而以街区空间更新改造为代表的资本力量正日益渗透进居民的日常生活之中，某种程度上甚至控制着街区的日常生产与生活。街区空间更新改造应是在城市政府、企业（开发商）和社区居民三者相互制约之下进行。从历史街区的文化载体和生活主体角度思考街区保护与发展的

优化建议，尤其应关注原住居民的空间权利。

街区空间更新改造的核心是"以人为本"，应重视发挥所属街道社区的作用，强调开展形式多样的社会公众参与，关心街区原住居民利益、保障原住居民的基本权利，保留和保存原有的社区认同感和文化认同感。为了维护原住居民表达的自由与权利，应尽快完善居民权利表达机制及反馈的制度途径，可以尝试通过成立代表居民利益和权利的居民协会等方式进行。为了调动原住居民积极主动参与街区复兴，应建立积极的政策措施和利益分享机制，使原住居民成为街区空间更新改造的最直接参与者与受益者，才能够真正公平分享街区空间更新成果。

三、多方博弈下特色街区更新模式

多方（利益）博弈下特色街区空间变迁，表现在物质空间重塑和社会空间重构两个方面，由物质空间变迁与新空间形态生产带来的社会结构与社会关系网络的变化，伴随着对街区空间权利的角逐、强弱力量的碰撞势必产生相应的空间冲突与空间危机。街区物质空间重塑，包括经过更新改造后对街区物质环境的老化、多重空间肌理杂糅的城市历史风貌、产业业态发展及空间权属复杂导致的不可移动文化遗产保护困境现状等"破圈"；街区社会空间重构，包括物质空间老化人口迁移进而导致人口结构老龄化加剧，本地与外地人口混杂导致街区认同感降低，以及原有街区居民社会网络的萎缩和新居民社会网络的重建。

作为旧城更新改造的对象，无论采用何种更新改造模式，特色街区保护性利用要求的是最大化可能地保留原建筑风格与居民生活。例如，通过对衰败的街巷弄堂进行存量改造及部分新建的方式，引入具有文化创意、商务会展、科教体验等特别是服务创新的功能项目，将其打造成为街区乃至区域的地标（表征街区未来生产、生活场景）。由资本主导的街区空间开发，通过符号化、同质化、"去地方化"塑造文化消费形象，地方认同感被削弱，特别是街区空间体验与居民真实的生活空间已相去甚远。"去地方化"在塑造街区文化空间意向的同时，也体现出对地方特性的保护忧患，街区"绅士化"倾向也引发了社会空间隔离。在街区空间变迁与社会结构重构的背后，街区空间性质悄然发生着转变，即通过街区空间符号化的形成，地方特性的消解与重塑及社会空间的分异，促使原本居住型街区已变身为旅游文化服务消费空间。

（一）市场化更新模式：上海新天地

上海新天地的更新改造（图 6-1）是企业市场化运作下的修旧如旧，它通过土地租赁等方式实现管理权、经营权分离，并引入文化、旅游、商业等功能。通过将街区原住居民全部置换搬迁，在仅修缮保存街区传统建筑原有外貌和外部空间格局的基础上，对已经损坏的外部建筑进行清洗修复，室内建筑则按照商铺需要重新进行空间分隔，新增电梯、排水排污系统、供暖制冷设施等现代化的公共基础设施。历史街区整体上被改建成为城市高档文化游憩区/被打造成为城市新地标的同时，该街区原住居民的生活印痕被完全抹平，街区原有的生产生活形态消逝湮灭凋零甚至旧城空间断裂。

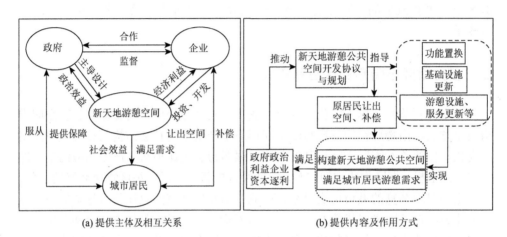

(a) 提供主体及相互关系　　　　　　　(b) 提供内容及作用方式

图 6-1　上海新天地更新改造的运行逻辑

　　为了促进旧城快速改造更新，早在 1992 年之时，上海市政府就制订了"365计划"（涉及 365 万平方米的改造区域）。1996 年 5 月，当时上海新天地所属区政府（原属卢湾区）与香港瑞安集团签订了《沪港合作改造上海市卢湾区太平桥地区意向书》，由开发商注入资本对原新天地所在街区实施更新改造。最初的方案原计划是开发豪华住宅区、商务办公楼，后面由于受到亚洲金融危机等影响，上海房地产市场出现持续疲软态势，瑞安集团随后对原开发方案进行了调整。同时，位于上海新天地附近的中共一大会址（中国共产党第一次全国代表大会会址）纪念馆，被政府列为严格保护对象，这也使得上海新天地项目在某种程度上具有了政治性，促使瑞安集团对开发方案进行调整。在原卢湾区政府完成太平桥地区的基本规划后，国内外很多城市、建筑规划单位参与设计，最终确定将其打造成为商业文化区域。

　　1999 年，上海新天地动工。为了弥补由于新天地和人工湖的建设所造成的开发量逆差，大量具有老上海城市特色的石库门建筑被成片拆除，用以开发高收益的房产。原来在此居住的 2300 多户 8000 居民在 43 天内全部搬迁出去，彻底改变了石库门的居住功能。上海新天地可以说是一个经过好莱坞式改造的上海石库门街区的休闲娱乐城，已不再是最具有上海城市特征的居民生存（生活居住）空间，只是一个有着石库门外壳的梦剧场式的景观。上海新天地的设计无疑属于后现代性质"拼贴"，除了在设计中保留了黑色门扇、扣环、窗、屋顶等很中国化的建筑要素外，同时也把玻璃等现代建筑要素融合进上海新天地的设计中，通过对上海历史风情石库门建筑元素符号的提取和重构，具有怀旧气氛的历史场景为消费者提供了异于现实生活场景的体验。

在上海新天地的美国设计师本杰明·伍德看来，它不是展示厅或博物馆，而是一个商业性空间。上海新天地的目标消费人群是上海乃至国外高收入人群，满足其消费需求是成功的保障。上海新天地汇聚了来自法国、美国、英国、意大利、日本等多个国家和地区的风情餐厅、酒吧、精品商店、时尚影城、大型健身中心、画廊等，诸多时尚消费空间纷纷入驻，每天吸引数千人前来娱乐、购物、用餐、散步、参观、谈生意。虽然每年也会举办很多国际性文化娱乐活动，但大多带有强烈的商业目的，针对特定的高消费群体，被"绅士化"与社会公平缺失等问题始终引发诸多争议。

从本质上看，上海新天地成功开发建设源于——新天地历史建筑是有极大商业价值及增值潜力的"商品"。虽然政府多年来致力于推进对历史文化遗产的保护，并以此尝试重塑城市形象以及重构地方性，在政府（部门）推出的相关举措中，开发商（企业）寻找到利好的市场机会，即开发建设面向高消费群体，烙印"老上海"文化标签的高端豪华公寓（商业消费景观）。在政府（部门）、开发商（企业）、设计师等多方面努力下，上海新天地商业化改造与开发取得"多赢"。在上海新天地改造开发中，不同的利益主体承担的角色是有差异的：开发商——瑞安集团，为上海新天地更新改造（"经济增长联盟"）的主要参与者；政府——原卢湾区政府，是开发商（资本）的合作者；上级政府——上海市政府，为上海新天地改造更新建设的协调者、监督者；原住居民——原街道社区居民是上海新天地更新改造的旁观者。

资本与权力构成了街区更新改造的主要驱动力和重要特征。很多研究均已表明，在商业资本运作下，无论给历史街区贴上多少文化、保护的标签，其本质上的核心驱动力还是追逐商业利益。上海新天地表面上看是瑞安集团为了城市传统文化的保护而"主动"牺牲了利益、向公众让渡出了容积率，但事实上不仅上海新天地本身成为高营利性的商业消费空间，而且上海新天地不过是瑞安集团在太平桥地区巨大开发项目中的一部分，它直接带动所在地区周边房地产项目开发增值，并创造了当时上海住宅均价的新高。瑞安集团通过对此"文化创造"的贡献，又以极其优惠的价格从政府手中在上海新天地附近获得更多的开发用地。

（二）社会化更新模式：田子坊

田子坊的更新改造（图 6-2）是社区和民间推动实施"自下而上"（"软改造"）模式的典型代表。田子坊于 19 世纪 20 年代后期随法租界"越界筑路"辟筑贾西义路（今泰康路）后逐渐兴起，除了部分法租界机构和小型加工厂之外，多为大量的石库门里弄住宅①。原卢湾区政府早期计划拆迁泰康路地段居民，引入房地产公司建造高级花园住宅，但当时的田子坊创意产业已初具规模：位于上海市泰康路 210 弄的工业街区曾是 19 世纪 50 年代典型的弄堂工厂，通过艺术家和居民等民间力量的自发组织，在保留原有生活空间形态、延续传统石库门风貌的同时融入文化创意产业，实现弄堂文化、社区文化和文创产业的交织共生，创意店铺、画廊、摄影展及露天餐厅、咖啡馆等，石库门里弄民居在艺术气息熏染下，已变身成为时尚地标性创意产业集聚区。

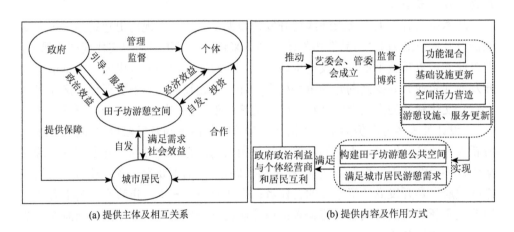

(a) 提供主体及相互关系　　　　　　　　(b) 提供内容及作用方式

图 6-2　田子坊更新改造的运行逻辑

回溯田子坊改造历程可以发现，田子坊创意工厂形成较早，在原街道办事处、文化商人及一些著名艺术家的共同推动下，其知名度不断攀升，创意工厂外溢带动整个地区更新。来自社会和民众的力量促使田子坊得以保留，其更新改造是在保持多产权（居住权）分散条件不变，由使用者多主体自发调整使用功能、逐步

---

① 弄堂是上海独有的城市景观，大多数建于 20 世纪二三十年代，距今已有近百年历史，又可分为石库门里弄、花园里弄、公寓里弄等类型。1949 年以前，约有 85% 的居民居住在弄堂里。2017 年，上海市委、市政府提出旧区改造方式由"拆改留并举，以拆除为主"，调整为"留改拆并举，以保留保护为主"，并且基于中心城区历史建筑普查，明确提出 730 万平方米里弄建筑应当予以保护、保留的目标。

演化扩展进而实现再生，即由居民和社区组织等积极参与逐步修缮改造，使之成为集居住商业和娱乐休闲业融合共生的城市旅游新地标。田子坊更新改造过程大致可以分为三个阶段。

第一阶段是原工业厂房的改造。1990年以后，上海中心城区的工业企业"关停并转"产业结构升级调整，基于将泰康路发展成为文化艺术街的设想，当时的街道办事处将空置的厂房与文化商人合作创办上海田子坊投资咨询公司，通过出租空置厂房、招徕艺术家入驻、吸引艺术商家加盟等方式，打造田子坊创意工厂品牌。田子坊艺术街前期启动中，政府（部门）在其整体规划、功能定位、业态调整、环境的改善和建设方面做了大量工作，并投入了一定的资金。特别是2000年前后，陈逸飞、尔冬强等知名艺术家开始进驻，陆续将泰康路210弄的原工业厂房改建为画家工作室（设计室、画廊、艺术品交易的创意工厂），后经艺术大师黄永玉题名，田子坊声名鹊起。

第二阶段是改造的拉锯战时期。随着创意工厂规模效应外溢，进入21世纪后，田子坊工厂区域变得一铺难求，其周边里弄居民开始主动将自住房屋租赁给艺术家作为画室和工作室。2005年，田子坊被授予上海市第一批创意产业集聚区，并先后获得"上海最具影响力的十大创意产业集聚区""中国最佳创意产业园区"。2007年，借迎世博建设之机，在权衡多种因素后，当时的区政府选择推进"软改造"，为了进一步规范田子坊发展，还制定了相应的制度（政策）。

第三阶段是创意产业园区发展时期。田子坊成为上海创意产业园区发展的典范：2009年被评为上海市首批文化产业园区，2010年被命名为上海世博会主题实践区、国家3A级旅游景点，田子坊外延逐步扩大成为蜚声海内外的上海城市地标。在巨大经济利益的诱惑下、在空间挤出效应的作用下，租赁市场无序失衡，坊内业态格局快速更替，随着商业、旅游、餐饮、休闲等设施增加，不再是单纯的文化创意产业集聚区，变成了商业气息浓厚的休闲街，持续高涨的租金也使得很多文化创意商铺难以为继，艺术家无奈搬离，外来游客、购物者等数量激增，使得当地居民日常生活受到更多侵扰，居民与商家矛盾加剧。

面对居民和商家的矛盾冲突，田子坊地区管理办公室相对处于被动地位：一是管理方没有足够的财力供原住居民搬迁，在其他地方为居民提供产权房或提供补偿；二是管理方的行政权力无法直接支配商家的经营活动。虽然早在2008年原卢湾区田子坊管委会成立，田子坊正式纳入政府管理的轨道。原卢湾区与黄浦区合并后，由新黄浦区接管田子坊地区管理事务，2012年9月印发《黄浦区田子坊地区综合管理办法》指出："田子坊地区管理办公室具体负责田子坊地区综合性的日常管理和组织、协调工作。"田子坊地区办公室既担任服务的提供者，也是服务的生产者。对于行政性服务需求，向政府传递市民对田子坊公共事务管理的需求、意见和建议，通过整合政府资源来进行生产；对于市场性服务需求，田子坊地区管理办公室组织企业为居民提供服务，并建立服务信用管理制度和服务质量保证制度，对承包商进行监管，如制定实施税收优惠政策，商铺如果定期向公众免费提供一些文化产品与文化服务，就可以享受相应的税收优惠；对于公益性需求，管理办公室可以组织社会力量，特别是志愿者来田子坊提供公共文化服务。

田子坊更新改造模式，总体上是一个多主体之间相互争斗和相互妥协的经典案例（也可以称其为"竞合"发展模式，街道社区在其中发挥重要作用）。亚洲金融危机 1998 年开始席卷多地，当时上海的房地产市场大跌（发展疲软），因开发商资金链断裂，迫使很多项目的开发被暂停，在开发商无力于整体改造田子坊（虽然说也为田子坊地区的低投资、再开发提供机会）的同时，很多社区里弄的居民开始将自住房屋租赁给文化创意企业（包括个人）。虽然过程有些曲折，但街道社区（包括居民）的坚持还是成功地让政府的再开发计划被叫停，原卢湾区政府也被说服进而把田子坊地区的发展定位为创意集群，得益于在上海改革开放中实行的行政权下放赋予特色街区所属街道办事处独特的地位和作用，使其能够调动社会各类资源不断扩大利益团体，并争取到广大居民、艺术家、商户和消费者及城市学者、建筑师、历史保护者、各类媒体和不同层级的政府部门的支持，从而可以持续推进特色街区更新。

第三节　历史文化风貌区保护更新

历史文化风貌区是指历史建筑集中成片，建筑样式、空间格局和街区景观较完整地体现上海某一历史时期地域文化特点的地区（《上海市历史文化风貌区和优秀历史建筑保护条例》[①]），也有学者称其为"历史文化街区""历史文化保护区""历史风貌区"等。历史文化风貌区是一座城市历史的遗存，是深厚悠久的文化积淀和集中体现，更是一种城市空间，记录着城市历史变迁与人们的生命历程，是承载延续城市生活文化、承担当代人生活需求的重要场所，一座城市独有的文化和风貌通过承载真实生活情趣的传统风貌区生动展现出来，已成为旅游者追求文化差异的旅游目的地。

在城市更新实践中，历史文化风貌区是对具有一定历史特征与地域特色的历史建筑、历史地段等实施具体保护措施的区域，促进地区功能业态"活化"再利

---

①　2002 年 7 月 25 日上海市第十一届人民代表大会常务委员会第四十一次会议通过；2010 年 9 月 17 日上海市第十三届人民代表大会常务委员会第二十一次会议第一次修正；2011 年 12 月 22 日上海市第十三届人民代表大会常务委员会第三十一次会议第二次修正；2019 年 9 月 26 日上海市第十五届人民代表大会常务委员会第十四次会议第三次修正。

用，传承发展城市文化，其认定应同时具备三个特点：具有大量的历史建筑；具有独特的、有代表性的历史风貌空间景观；具有较完整或可整治的视觉环境。从物质层面讲，它是城市历史传统风貌（形态、景观等）的片段；从文化层面上讲，它是地方文化（风土民情、习俗节日等）的缩影；从城市职能方面看，则是历史上和市民交往、社会生活事件的"孵化器"与载体。简而言之，历史文化风貌区关联着城市居民的集体记忆与城市特色文化的形成。

一、历史文化风貌区保护更新研究

关于历史文化风貌区（历史街区）的研究一直是国内外学术界的热点，很多学者基于旅游的视角探讨历史街区保护与开发等。例如，Ford（2010）经过多年研究发现历史街区的恢复性发展使得其范围内的交易性价格高于周边非历史性街区，反映了历史街区恢复发展的成功。Harrill 和 Potts（2003）探讨历史街区以社区的形式存在于城市中，社区及周边地区旅游的发展与居民的态度存在社区依恋变量的关系。Naoi 等（2007）把历史街区作为一个旅游目的地，基于游客心理状态与历史文化街区特征之间的关系，提出构建一个游客向往到历史街区旅游的理论框架。Dutta 等（2007）从旅游经济学角度研究了发展中国家如何解决历史街区保护与开发之间的矛盾。Frochot 和 Hughes（2000）从服务质量管理角度建立了历史街区文化遗产旅游开发模型，在 SERVQUAL 工具的基础上，针对地段内历史建筑旅游服务特点提出 HIS-TOQUAL 模型来衡量和提高旅游服务质量。

对上海历史文化风貌区的研究，则大致集中在保护规划、整治修缮、更新或复兴、风貌控制等方面。周俭和范燕群（2006）从编制层面、保护对象确定与分类、高度控制、规划技术规定和规划控制内容等五个方面分析该保护规划编制的特点，以明确保护文化遗产与延续历史风貌并重的重要性。金静（2010）从景观学的视角出发，探讨嘉定历史文化风貌区的景观构成，对其景观构成进行了规划设计。伍江和王林（2007）总结"上海历史文化风貌区保护规划"研究课题，在学习国外历史风貌保护体系与制度的基础上，结合上海历史文化风貌区的现状进行城市空间、社会生活、历史文化和技术法规等四个方面的分析，并进一步提出适合上海历史文化风貌区保护规划编制的办法。溪文沁和周俭（2006）从加强风貌区的历史文化风貌特色保护的角度出发，对如何实现保护与更新的协调发展进行了初步探索，提倡风貌区强化特色，提升品质。就上海历史文化风貌区存在的问题，学者基于不同专业，从多学科视角进行探索，提出以下不同的观点与建议。

张琳和刘滨谊（2013）在对上海中心城区 12 个历史文化风貌区长期调研的基

础上，从旅游的视角出发提出将历史文化风貌旅游资源作为一种"资本"进行开发、运作和管理，实现旅游资源的价值增值。从文化特征、旅游活动、物质空间三元互动的角度揭示历史文化风貌旅游的发展机制，并提出博物馆、公共游憩空间、主题旅游、商业旅游、社区一体化、文化创意旅游等开发模式，将旅游功能的提升与物化环境的再生和文化内核的互动相结合，形成历史文化风貌旅游的主题体验空间。

曹子谦（2007）采用假设开发法和街坊模拟法，预估测算出上海市徐汇区肇嘉浜路以北进行历史文化风貌区保护的市场盈利情况，并进行方法比较和评价，对于市场化运作下如何保护和更新改造历史文化风貌区做了阐述。

毛妮娜（2012）通过对上海崇明县堡镇光明街历史文化风貌保护区内建筑、道路、空间、非物质文化遗产等历史文化风貌特征的分析，总结保护中存在的问题和地区发展目标与定位，明确该风貌区的功能定位，确定保护对象和对保护对象的规划控制要求，规划技术指标及管理技术规定不仅包括一般控制性详细规划的内容，同时更突出保护的要求、有效实施保护规划和管理。

杨海（2006）从消费视角出发，对上海城市消费的空间布局的实证研究，考察在消费主义思潮影响下，上海历史文化风貌区在城市空间经济活动中的共性。透过消费主义视角考察外滩、衡复风貌区和山阴路历史文化风貌区的空间效应演进，分析不同时期下，城市空间的消费现象背后的社会、经济驱动作用，尤其是当前经济、社会转型时的空间发展的特征规律，以应对上海历史文化风貌区保护、发展的机遇与挑战。

王立新等（2012）从美学角度出发，深入了解与认识上海典型的郊区仓城历史文化风貌区，阐述历史风貌区形象审美取向迷失的困境与原因、适应历史风貌区的共同审美价值及发展趋向，以及对仓城历史风貌区形象审美进行价值分析并提出更新策略。

沈文佳（2013）通过外滩风貌区来探索上海历史文化风貌区的保护管理对策并提出相应的保护与管理建议。

施澄（2014）从建筑学中的拼贴理论出发，借鉴"拼贴城市"的思想，提出"拼贴块"和"拼贴缝"的概念，对历史风貌地区进行重新解析，再重新考虑原有交通规划设计的技术手段如何应用，以山阴路历史风貌保护区为例，对提出的理论做了有益的实践探索。

除了上海，北京、重庆、广州等城市也是研究历史文化风貌区的重点案例区域。以广州为例，张伟明（2011）通过对广州市均禾墟历史街区进行比较深入和详细的现状调查，分析了广州市均禾墟历史街区保护的现状和存在的问题，对广州市均禾墟历史街区在广州历史文化名城保护中的地位和作用做了详述，提出该地区保护与整治的指导思想、目标和内容及保护与整治规划的若干原则和方法。

梁明珠和申艾青（2015）通过选取广州沙面街区为案例，从游客体验的视角出发，采用 ASEB 法进行分析，提出从扩展游憩活动、发展街区购物、塑造文化氛围和开发产品体系等方面提升游客体验，开发游憩功能。

历史文化风貌区（历史街区）更新保护也是学者研究的重点。例如，张小娟（2009）对白塔山历史文化风貌区的保护价值、发展演变历史、现状及其存在问题等进行分析，探讨了传统历史文化景观在现代城市建设中得以保护与传承的思路方法。郑伯红和张宝铮（2010）表明历史文化风貌区更新是保护重要组成部分，基于空间句法的轴线模型分析方法，分析历史文化风貌区的空间形态特征，从全局集成度、连接度及全局集成度与连接度之间的关联性分析，探索规划可行性和科学性，为历史街区甚至于历史文化名城的保护、更新和复兴提供一种全新的分析方法。刘思敏（2016）以皖中历史街区为案例，探索意象空间感知度及其与实际空间的差异性比较，提取历史街区的特色风貌要素，以期为历史街区保护和再开发等空间规划实践方面提供设计基础。

二、历史文化风貌区游憩空间品质测评

自 1843 年开埠以来，上海城市蓬勃发展，1986 年被国务院批准为第二批"国家历史文化名城"。2002 年 7 月，上海制定并颁布《上海市历史文化风貌区和优秀历史建筑保护条例》。2003 年 11 月，上海市政府批准《上海市中心城历史文化风貌区范围划示》，随后确立中心城区 12 个历史文化风貌区。2004 年 9 月，印发《上海市政府关于进一步加强本市历史文化风貌区和优秀历史建筑保护的通知》（沪府发〔2004〕31 号）。2005 年，再次确定浦东及郊区 32 片历史文化风貌区，使得上海历史文化风貌区总量达到 44 个。2017 年 7 月，上海发布《关于深化城市有机更新促进历史风貌保护工作的若干意见》，明确"以保护保留为原则、拆除为例外"的总体要求，提出要加强组织领导、建立促进历史风貌保护管理制度，历史风貌保护体系得到进一步完善。

（一）上海中心城区历史文化风貌区概况

城市中心区是城市肌体生命运动的核心与原点。上海中心城区范围指外环线以内，包括黄浦区、徐汇区、长宁区、杨浦区、虹口区、普陀区、静安区及浦东新区的外环内城区（浦东外环线以内的城区），总面积约 664 平方千米。2003 年，上海中心城区 12 个历史文化风貌区确立，分别以城市道路、河流等为界，有的甚至跨行政区划定（表 6-4），其中 9 个位于内环线内，3 个位于内环、中环线之间，约占上海城市历史文化风貌保护区总量的 27.3%。虽然不同的历史文

化风貌区的面积、特色等有所差异，但其形成与建立主要是以区内主要的道路为核心并出于保护的目的而促成面上的集合，因此是一种以道路为边界线的围合区域。

表 6-4　上海中心城区 12 个历史文化风貌区空间分布情况

名称	辖区	区域范围
外滩	黄浦、虹口	黄浦江—延安东路—河南中路—河南北路—天潼路—大名路—闵行路
人民广场	黄浦	浙江中路—九江路—云南中路—延安东路—黄陂北路—大沽路—重庆北路—威海路—成都北路—北京西路—长沙路—凤阳路—六合路—宁波路—贵州路—天津路
老城厢	黄浦	中华路—人民路
衡复风貌区	徐汇、黄浦、静安、长宁	重庆中路—重庆南路—太仓路—黄陂南路—合肥路—重庆南路—建国中路—建国西路—嘉善路—肇嘉浜路—天平路—广元路—华山路—江苏路—昭化东路—镇宁路—延安中路—陕西南路—长乐路
虹桥路	长宁	古北路—荣华东道—水城南路—延安西路—环西大道—金浜路—哈密路—虹古路
山阴路	虹口	欧阳路—四达路—宝安路—物华路—四平路—邢家桥北路—长春支路—长春路—海伦西路—宝山路—东江湾路—大连西路
江湾	杨浦	中原路—虬江—黑山路—政通路—国和路—翔殷路—黄兴路—国权路—邯郸路—淞沪路—闸殷路—世界路—嫩江路
龙华	徐汇	龙华路—后马路—龙华港—龙华西路—华容路
提篮桥	虹口	保定路—长阳路—临潼路—杨树浦路—海门路—昆明路—唐山路—舟山路
南京西路	静安	石门二路—石门一路—威海路—茂名北路—延安中路—铜仁路—北京西路—胶州路—新闸路—江宁路—北京西路
愚园路	长宁、静安	乌鲁木齐北路—永源路—镇宁路—东诸安浜路—江苏路—延安西路—昭化路—定西路—长宁路—汇川路—凯旋路—万航渡路—苏州河—华阳路—长宁路—江苏路—武定西路—万航渡路—镇宁路
新华路	长宁	番禺路—淮海西路—安顺路—定西路—法华镇路

上海中心城区的 12 个历史文化风貌区，以第三产业为主，且种类丰富、形式多样。也正是源于中心城区人口、经济的持续增长与繁荣，风貌区更具有强劲发展的推动力与市场需求内生力，并形成以经济为支撑力以发展文化为核心的旅游介入与历史文化街区发展之间的互动。历史文化风貌区最有价值的文脉是由街巷、道路、地块、植物、建筑及其布局所形成历史场所，以及历史文化、社会生活和社会结构等方面的无形文化遗产，而由此构成风貌区各自不同的空间肌理，带给旅游者的游憩体验是不同的，所呈现出的游憩空间特征也有一定差异。中心城区 12 个历史文化风貌区融合上海城市发展进程中鲜明的时代风格，同时也体现着上海城市发展轨迹。根据形成时间、风貌区特征及功能差异，以及空间分布的共异性等将其划分为五大类型（表 6-5）。

表 6-5 上海中心城区 12 个历史文化风貌区类型划分

风貌区	类型	面积/公顷	历史文化表征
老城厢	传统地域文化型	199	古城风貌，传承明清以来上海传统本土城市生活文化
南京西路	公共活动中心型	115	低调华丽的旧上海公共租界代表区域
外滩		101	以各类海派文化经典建筑著称
人民广场		107	上海近代与现代优秀建筑及革命史迹的缩影
衡复风貌区	海派生活社区型	775	法国风情花园住宅
山阴路		129	上海近现代居住展示长廊
新华路		34	上海花园马路住宅
愚园路		223	旧上海花园弄堂博物馆代表
虹桥路	特殊历史功能型	481	19 世纪初幽幽绿荫里的乡村别墅
提篮桥		29	犹太人的"诺亚方舟"，独特的犹太文化建筑
龙华		45	烈士陵园、宗教寺庙等多种形态建筑
江湾	规划遗存型	458	南京国民政府成立之后实施"大上海计划"规划区域

（二）评价指标体系建构

借鉴学者的相关研究成果，从客观供给与主观需求两个层面构建上海中心城区历史文化风貌区游憩空间品质评价体系框架（表 6-6）。遵循的原则包括评价指标体系应尽可能全面、准确地反映游憩空间的实际状况及其满足游憩者需要的程度，所选取的指标数据应容易获取，且容易计算和测量，具有可操作性等。从供需视角考量，客观供给层面要素由"项目评价层"到"评价因子层"具体量化因子进行评选；主观体验层面要素通过扎根理论对游憩者从自身感受出发所表达的游憩体验和心得等进行提炼解读（数据主要来自网络评论或游记，通过"概念化"→"初级范畴"→"次级范畴"→"主范畴"的次序，揭示其隐藏的逻辑关系，从下往上构建理论体系）。当城市游憩空间品质标准变化时，所构建的评价体系指标也应进行相应的调整。

表 6-6 上海中心城区历史文化风貌区游憩空间品质评价体系表

总目标层	项目评价层	评价因子层	评价指标描述
客观供给层面	游憩活动支撑性要素	餐饮住宿	以餐饮住宿店铺的数量/区域面积来量化餐饮住宿的密集程度
		卫生设施	分布密度＝选取独立的公共厕所数量/区域面积
		信息服务	以是否设有旅游咨询点为测算标志
		安全设施	对是否有医院、社区卫生服务中心、安全消防中心和旅游管理中心等进行量化

续表

总目标层	项目评价层	评价因子层	评价指标描述
客观供给层面	游憩活动吸引性要素	风貌景观价值	量化统计具有代表性的历史文化建筑数量、密度、等级及核心保护区完整程度等
		创意文化活动	在相关微信公众号、微博公众号、官方网站中筛选统计举办的主题文化活动
	游憩活动可达性要素	内部交通	通过路网节点密度可视化进行分析
		外部交通	以 800 米为缓冲区半径内可以直达的交通站牌进行测算
主观体验层面	游憩者游憩评论	游憩环境	选择携程旅游网站作为游憩者对风貌区游憩主观感知评价数据获取来源，采用扎根理论进行数据处理
		游憩服务	
		游憩活动	

　　扎根理论，1967 年被提出，是指带着研究问题直接从实地调研着手，从原始资料中归纳、提炼概念与范畴，从而上升到理论的一种自下而上的质性研究方法。考虑到游客并不一定能够准确知道历史文化风貌区信息，因此在携程旅游网中采用模糊替代性搜索法和整体代表性搜索法，即寻找与目标风貌区具有相同概念的不同说法或在选择风貌区中最具有代表性的道路或区域作为搜索词，如"衡山路—复兴路历史文化风貌区"可用"上海法租界"为搜索词，"新华路历史文化风貌区"以"新华路"为关键词进行搜索，从而获取关于 12 个历史文化风貌区的评论信息条数，截取时间为 2015 年 3 月 1 日至 2018 年 11 月 1 日。由于 12 个历史文化风貌区原始评论资料数量庞大，因此首先剔除无关紧要的文字评论、照片全为自拍等评论，对于文字表述意思一样或语句存在重复的现象，采用一次性概念提成总结出初始范畴，按文字表述意思个体出现的频率，将出现频率仅为两次及以下的再进行剔除，编码处理流程如图 6-3 所示。

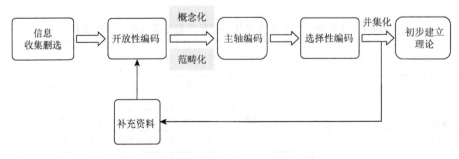

图 6-3　运用扎根理论进行信息编码处理流程

运用扎根理论对上海中心城区12个历史文化风貌区各自的评论信息进行现象定义，运用范例（图6-4）所示，每个历史文化风貌区都有自己的评论语句，经过语言概念化与范畴化整合之后，大部分语句表达的意思是一样的，如"交通很发达""这里四通八达""很方便，直接坐地铁不用转，1号口出来就能找得到"，类似的语句都可以归纳为统一范畴化。在初始化范畴中，12个历史文化风貌区得出的概念化可能存在差异，由于研究对象并不是只有一个，因此需要对12个历史文化风貌区共同的部分进行提取，即提取并集范畴化，最终得出来自游憩者的主观品质认知。

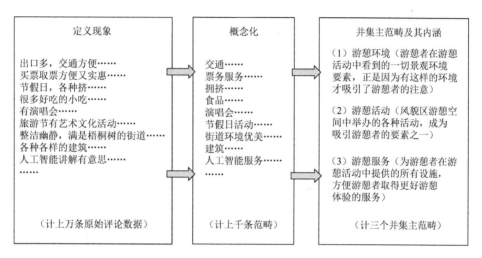

图6-4　运用扎根理论对评论信息进行现象定义举例分析

（三）游憩空间品质测评分析

1. 客观供给层面指数

供给水平的评价主要包括游憩活动支撑性指数、可达性指数、吸引性指数测评。以支撑性指数测评为例，把餐饮住宿、卫生设施、信息服务、安全设施四项指标因子的统计结果分别记录为 a、h、m、s（取各自名词英文首字母），上海中心城区12个风貌区游憩空间的支撑性品质命名为 S，则

$$S_i = a_i + h_i + m_i + s_i, \quad \mathrm{SI} = \frac{S_i}{\sum_{i=1}^{s_i}(i=1,2,\cdots,12)}$$

其中，a_i 为第 i 个历史文化风貌区游憩空间餐饮住宿的密度结果；h_i 为第 i 个历史文化风貌区游憩空间卫生设施的密度结果；m_i 为第 i 个历史文化风貌区游憩空间信息服务的数量结果；s_i 为第 i 个历史文化风貌区游憩空间安全设施的密度结果；

SI$_i$为第i个历史文化风貌区游憩空间支撑性指数，指数越高意味着游憩活动支撑力越强，其反映的品质就越好。同理，分别测量计算得到历史文化风貌区游憩空间可达性指数、吸引性指数。

对游憩空间客观供给部分品质的各个具体指标因子进行综合分析，得出上海中心城区 12 个历史文化风貌区总体的游憩品质水平（图 6-5）。

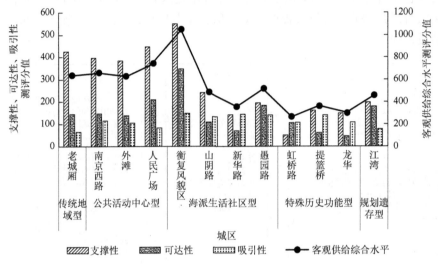

图 6-5　上海中心城区 12 个历史文化风貌区游憩空间客观供给层面品质综合比较

2. 主观体验层面指数

感知度是主观体验性评价的一项最直观表达方式。在规定的时间内，通过对上海中心城区 12 个历史文化风貌区游憩空间在携程旅游网评论数据的爬取，获得有效评论数据量为 45 068 条，记为 GC，其各自的评论数量记为 C_i，其中 C 的量不可能超过 G，PI$_i$感知度记为

$$PI_i = \frac{C_i}{GC}(i=1,2,\cdots,12)$$

经过计算，上海中心城区 12 个历史文化风貌区感知度指数整理结果如图 6-6 所示，按感知度高低排列依次为：外滩＞衡复风貌区＞虹桥路＞南京西路＞人民广场＞老城厢＞江湾＞愚园路＞提篮桥＞山阴路＞龙华＞新华路。

历史文化风貌区游憩空间的感知度与其获取的数据量呈正相关，即数据获取得越多，反映出被游憩者认知的可能性越大，其知名度越高。历史文化风貌区游憩空间品质主观体验性评价由"环境—服务—活动"三个维度构建，即"游憩环境体验—游憩服务体验—游憩活动体验"三个评价指标维度，均是从各个感知数据中获取的，评价样本越多则从中获得的信息也越多。游憩者对 12 个历史文化风

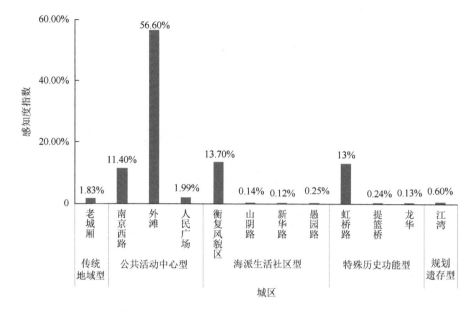

图 6-6　上海中心城区 12 个历史文化风貌区游憩空间品质感知度比较

貌区游憩空间的评论，分为五个等级，即从 1 星到 5 星（类似问卷调查表设定的利克特量表法）。游憩者依据自己体验后的感受给予认为适当的分值。总体上，4～5 星的评论认定为积极性表达，1～3 星的评论列为消极性表达。

依据游憩环境因子态度占比情况可以进一步得出游憩环境感知指数，即积极性表达内容在各自总评论数量中占比与消极性表达内容在各自总评论数量中占比的差：

$$EI_i = \frac{GE_i}{C_i} - \frac{BE_i}{C_i} (i = 1, 2, \cdots, 12)$$

其中，EI_i 为第 i 个历史文化风貌区游憩空间游憩环境感知指数；C_i 为各自的评论数量；GE_i 为第 i 个历史文化风貌区游憩空间关于环境积极肯定性表达的评论条数；BE_i 为第 i 个历史文化风貌区游憩空间关于环境消极非肯定性表达的评论条数。

同理，得出历史文化风貌区游憩空间的游憩服务感知指数和游憩活动感知指数。将上述三项主观体验性评价因子进行叠加，得出主观需求值（图 6-7），分别反映各个历史文化风貌区游憩空间对游憩者的需求满足程度，即主观需求方面的值越高，意味着满足游憩者游憩需求的能力越强，游憩者的满意度也就越高。

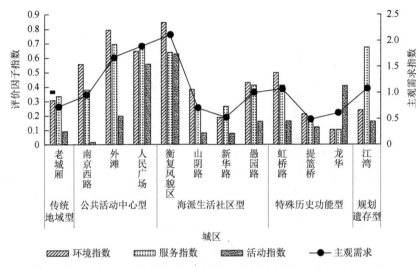

图 6-7　上海中心城区 12 个历史文化风貌区游憩空间主观需求层面品质综合比较

3. 供需综合评价

客观物质性品质是考量游憩空间供给水平，主观体验性品质是评价游憩空间被游憩者感知是否达到令游憩者满意的程度。分别对上海中心城区 12 个历史文化风貌区游憩空间客观供给层面、主观需求层面品质按由高到低进行排序后，依据其排名次序情况以 10 为进制单位赋分，第 12 名，赋分 10 分；第 11 名，赋分 20 分……依此类推，排名越高，得分越高（表 6-7）。

表 6-7　上海中心城区 12 个历史文化风貌区游憩空间品质得分统计

名称	客观供给层面		主观需求层面		名称	客观供给层面		主观需求层面	
	排序	得分	排序	得分		排序	得分	排序	得分
衡复风貌区	1	120	1	120	山阴路	7	60	9	40
人民广场	2	110	2	110	江湾	8	50	4	90
南京西路	3	100	7	60	提篮桥	9	40	12	10
老城厢	4	90	8	50	新华路	10	30	10	30
外滩	5	80	3	100	龙华	11	20	11	20
愚园路	6	70	6	70	虹桥路	12	10	5	80

以客观供给层面为横坐标，主观需求层面为纵坐标，根据上海中心城区 12 个历史文化风貌区的相应得分情况，绘制出上海中心城区 12 个历史文化风貌区游憩空间品质评价四象限分布，如图 6-8 所示（按照 120 分制百分之六十以上的为合格标准，则 72 分为合格线）。

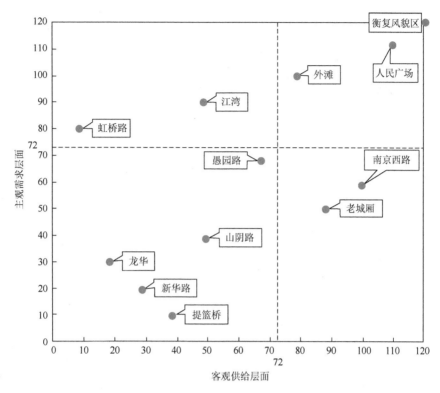

图 6-8　上海中心城区 12 个历史文化风貌区游憩空间品质评价象限分布

　　第一象限的历史文化风貌区有 3 个，分别是衡复风貌区、人民广场和外滩，占总数的 1/4。位于该象限的历史文化风貌区游憩空间品质相对最好。从满足游憩者主观需求和客观供给两个方面比较，衡复风貌区、人民广场都是得分最高的，分别列第一位、第二位。虽然外滩在客观供给层面评价中位于南京西路、老城厢之后，但是其感知度较高，因此其主观需求价值相对更高一些。

　　第二象限的历史文化风貌区有 2 个，为江湾、虹桥路，占总量 1/6。位于该象限的历史文化风貌区，满足游憩者的主观需求较好，但客观供给水平有限。因此，尽快提升各历史文化风貌区的客观供给水平是解决问题的关键。

　　第三象限的历史文化风貌区有 5 个，分别为愚园路、山阴路、新华路、龙华、提篮桥，为四个象限中数量最多的，占总数的 5/12。由于不论是满足游憩者主观需求的能力，还是客观供给水平，都在合格线以下，是游憩空间品质相对最差的历史文化风貌区，如何提升自身的竞争力是各历史文化风貌区必须着手研究并尽快采取措施进行破题的问题。

　　第四象限的历史文化风貌区有 2 个，为南京西路、老城厢，占总数 1/6。位于该象限的历史文化风貌区客观供给能力比较好，但满足游憩者主观需求能力方面还比较弱。因此，为游憩者提供良好的游憩体验应是各历史文化风貌区未来实践探索的方向。

三、历史文化风貌区旅游升级发展路径

（一）样本区域选择

以上海中心城区规模最大且游憩空间品质测评得分最高的衡复风貌区为样本区域。衡复风貌区范围东起黄陂南路，南达肇嘉浜路，西靠华山路，北临延安中路，总面积 775 公顷，共包括 128 个街坊，分别属徐汇、黄浦、静安和长宁四区，主体在徐汇区辖区内，形成于 20 世纪上半叶，是上海中心城区 12 个历史文化风貌区中占地面积最大、拥有优秀历史建筑最多和空间类型最丰富、风貌特色最鲜明显著的一处历史文化风貌区，仅徐汇区域 4.3 平方千米内就拥有优秀历史建筑 950 幢、保留历史建筑 1774 幢、一般历史建筑 2259 幢。

"衡复规划"于 2004 年经市政府批准实施，该区域保护规划编制也是上海市实质意义上第一个针对建成区进行的更新规划，堪称规划管理实践与风貌区保护规划的典范。以之为范例，上海相继完成了所有其他历史风貌区的规划，并确定郊区 32 片历史文化风貌区和 144 条中心城风貌保护道路等。2015 年，徐汇区政府制定并实施《徐汇衡复历史文化风貌区保护三年行动计划》，对衡复风貌区居住环境、商业布局、业态调整等起到积极的作用。然而，随着上海城市社会经济的快速发展，城市更新改造的速度也在同步加快，衡复风貌区内低密度、高绿化、优质配套等优势特征被不断弱化，"建筑功能老化""人口老龄化"等各类"老化"趋势却在持续增强，衡复风貌区旅游可持续发展开始受到质疑并引发诸多热议。

（二）居民对衡复风貌区旅游影响感知

体验的概念最早是由经济学家提出的。施密特从情感、感官、行动、关联、思考五个维度认知体验，并强调认为感官带来的刺激最直接。鉴于体验是旅游的基本特征已在学术界得到统一认识，因此选取从旅游感知视角来对衡复风貌区进行考察研究。通过现场问卷调查、访谈等方式开展居民旅游影响感知信息收集，从居民感知视角分析研究衡复风貌区旅游发展中存在的突出问题，并尝试提出衡复风貌区旅游升级发展路径，对协调好旅游可持续发展进程中当地居民与游客的关系，助力上海打造卓越全球城市、世界著名旅游城市等具有较好的典型示范效应和参考借鉴价值。

1. 问卷设计与调查方法

Lankford 和 Howard（1994）提出了旅游影响态度量表（tourism impact attitude scale），其中分为两大类，关注当地旅游业的因子及社区效益因子，共 27 个描述。1996 年以后，我国开始对旅游地居民影响感知量表进行探索性运用。在参考国内外旅游地居民感知研究相关文献的基础上，借鉴黄震方关于旅游地居民对旅游影响的感知量表（相关影响居民感知的内部变量见图 6-9），结合衡复风貌区实地考察走访情况，设计基于居民感知的衡复风貌区旅游发展现状研究调查问卷，包括被调查居民的个人基本信息（表 6-8）、居民对本地区旅游发展影响的感知，以及居民对旅游发展的展望三个部分。同时，将居民对旅游发展的感知影响分成三个维度，分别为经济层面感知（9 个变量）、环境层面感知（6 个变量）及社会文化层面感知（10 个变量），涉及居民旅游感知共 25 项测量指标。

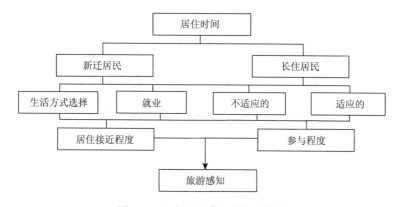

图 6-9　影响居民感知的内部变量

表 6-8　被调查对象人口统计特征

调查项目	选项	人数	比例
性别	男	51	41.13%
	女	73	58.87%
年龄	18 岁以下	12	9.68%
	18～24 岁	14	11.29%
	25～50 岁	44	35.48%
	51～65 岁	24	19.35%
	65 岁以上	30	24.19%
受教育程度	初中及以下	5	4.03%
	高中、职高、中专	41	33.06%
	大专、本科	68	54.84%
	本科以上	10	8.06%

续表

调查项目	选项	人数	比例
职业	行政机关与事业单位	36	29.03%
	企业	24	19.35%
	学生	31	25.00%
	自由职业	5	4.03%
	离退休人员	26	20.97%
	其他	2	1.61%
居住时间	5 年以下	31	25.00%
	5～10 年	19	15.32%
	11～20 年	17	13.71%
	21～30 年	23	18.55%
	30 年以上	34	27.42%

注:"比例"栏目,因为对计算结果数值做了四舍五入处理,所以各部分相加之和可能不完全等于100%

调查问卷采用利克特量表法进行度量,"非常同意""同意""中立""反对""非常反对"分别赋值 5 分、4 分、3 分、2 分、1 分,所得分数越高,表示赞同该项内容的程度越高。考虑到采样地区占地面积大,居住人口数量多,人员构成复杂等,分别于 2017 年 10 月 2 日至 7 日和 10 月 17 日至 22 日,采取以研究区范围内旅游景点为中心向外递减的中心辐射式发放问卷,以期最大程度获得反映居民对该地区旅游发展情况的反馈。在发放问卷的过程中,对文化程度较低或年龄较大的居民通过解释问卷选项,由调查人员协助填写的方式完成。同时,还对居民感兴趣的问题或问卷没有涉及的问题进行访谈交流。调查发放问卷 150 份,回收有效问卷 124 份,回收率 82.7%。样本数据运用 SPSS 19.0 进行信度及效度分析与描述性统计分析等。

2. 样本人口统计特征分析

历史文化风貌区以大量风格迥异、人文气息浓郁、保护完整、环境优美的花园住宅、新式里弄、公寓和公共建筑等,吸引大批游客纷至沓来。在游客量居高不下的情况,必然会给当地居民带来一定的影响。基于游憩已成为城市居民的一种生活常态,因此调研中也设置了与旅游活动相关的问题选项,其中 69%的被调查居民表示在闲暇时间会经常在本地区开展休闲娱乐活动,仅 9%表示很少,这表明该地区居民大多数还同时兼具游客的身份。同时,39.5%被调查居民有从事或曾经从事与旅游相关行业(如酒店、民宿、旅行社、旅游交通运输、旅游公司等),对旅游发展所带来的影响感知相对比较强烈,因此不排除会使调研结果出现离散度较高的现象。

关于居民对衡复风貌区特色的感知(设置为多选题)调查情况(图 6-10),几乎所有被调查居民都认为"历史建筑"最能够体现出地区特色，这也与衡复风貌区最早设定的初衷相吻合。此外，"街道"和"名人事迹"也有较高的支持率。相对而言，居民对于"文化"是本地区特色的支持率仅为40%左右，说明衡复风貌区还没有形成具有明显代表意义的地区文化活动或文化形式。

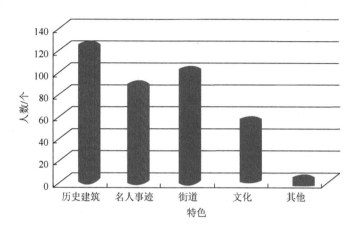

图6-10　居民对衡复风貌区特色感知情况

3. 居民对旅游发展的经济影响感知评价分析

居民对旅游发展带来的正面和负面经济影响均感知强烈（图6-11），且正面感知强于负面感知。感知前三的为"使本地区经济得以快速发展"（均值4.31）、"就

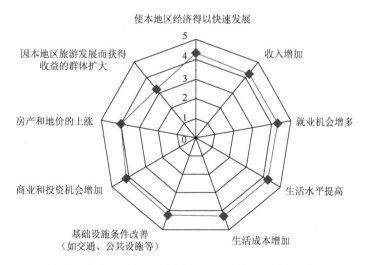

图6-11　居民对衡复风貌区旅游发展的经济影响感知评价

业机会增多"（均值 4.27）、"收入增加"（均值 4.26），说明旅游业已经成为衡复风貌区的重要组成部分，推动着地区经济发展，并带来更多投资和商业机会，地区基础设施得以改善和提高，也为居民提供更多就业机会。在居民生活水平提高的同时，也使得生活成本增加。居民对旅游利益相关者感知差距较大，对"因本地区旅游发展而获得收益的群体扩大"（均值 3.19）感知相对较弱，并且居民的感知离散度较大，在一定程度上体现出感知的个体差异化，以及对旅游利益相关者的认知有出入，说明这部分居民还没有感受到旅游发展给自己带来的益处。

4. 居民对旅游发展的环境影响感知评价分析

居民对"地方形象得以提升""居住环境得以改善""历史建筑等得以保护和保存""增强了居民的环境保护意识"认同度大致相同，感知分值大小基本维持在 3.5～4.5，这说明居民还是普遍认可旅游发展带来的对环境保护和改善方面的有益影响，其中对"历史建筑等得以保护和保存"认可度最高（图 6-12）。同时，居民对旅游发展带来的环境负面影响也表示认同，说明旅游发展，游客增多后，噪声和生活垃圾增加、水和空气受到污染等已对居民日常生活造成负面影响。居民对"休闲游憩设施和场所增多"的感知均值较低，只有 2.90，说明休闲游憩设施和场所相对还是很缺乏的。

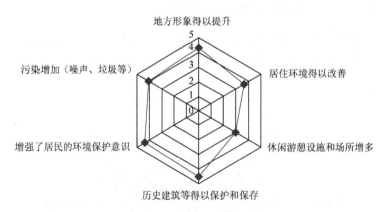

图 6-12　居民对衡复风貌区旅游发展的环境影响感知评价

5. 居民对旅游发展的社会文化影响感知评价分析

居民对"知名度增加"（均值 4.45）、"居住自豪感增加"（均值 4.45）、"居民游憩休闲活动增加，文化生活得以丰富"（均值 4.44）、"增强了居民对历史遗产的保护意识"（均值 4.34）、"加强文化交流和文化学习"（均值 4.23）感知值都比较高，反映居民对于旅游发展带来的正面社会文化影响均表示普遍认同（图 6-13）。

旅游发展吸引大量的"外来务工人员增多"（均值4.19），虽然促进地区经济发展，但在一定程度上也会占据更多原住居民的资源，因此，对于居民来说，往往会将其定义为负面影响。实际调研中也发现，虽然外来务工人员和游客增多，但居民的日常生活并没有受到很大程度的影响，同时居民对于本地区"犯罪和不良现象增加"的感知较为离散，总体持反对态度（均值2.65）。而关于"风貌区的传统样貌被破坏"，居民感知的均值是所有项目中最低的，仅为2.64，这说明大部分居民对风貌区保护成效是非常认可的。

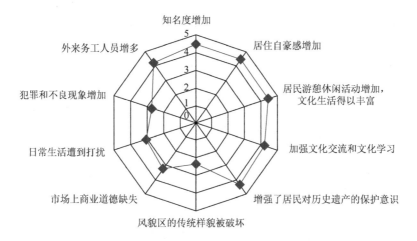

图6-13　居民对衡复风貌区旅游发展的社会文化影响感知评价

（三）衡复风貌区旅游升级发展路径

衡复风貌区的居民对旅游发展所带来的正面影响感知评价高于负面评价，表明旅游发展对当地居民生活影响总体上是较为积极的。基于衡复风貌区现状分析，认为拥有属地责任的街道社区还应主动跨前，勇担重塑街区活力的重任，按照"以人为本""主客共享"等要求，积极探索"宜居—宜业—宜游"（功能复合）的历史文化风貌区保护更新建设，切实做到保护"横向全覆盖""横向连通""纵向均涵盖""纵向拓展"，深入挖掘衡复风貌区丰富的文化内涵，"活化"利用好其特色历史遗存，再现衡复风貌区传统街巷格局（街区空间肌理）和文脉特征，培育打造具有衡复风貌区特色的"海派文化"旅游产品品牌，进而实现衡复风貌区旅游升级发展。特别是通过政策强化引导衡复风貌区（街坊、街巷）空间格局与环境整体保护，促进衡复风貌区的街区功能与业态"活化"再利用，在延续衡复风貌区"集体记忆"，守护并留住"地区文脉"的同时，重视改善提高当地居民的生活品质，也能够进一步增强居民对衡复风貌区乃至对上海城市的自豪度和幸福感。

1. 改善主客关系：拓宽居民参与度

历史文化风貌保护区更新改造应先维护好当地居民的利益。由于多数位于老城（镇）的核心区，历史文化风貌区内一般都有大量的原住居民，而当地居民在街区居住生活所呈现的"城市烟火气"，往往也是维系历史文化风貌区旅游可持续发展的基底。旅游业实践发展中，上海在致力于让风貌区内的历史建筑更加生动的同时，还应通过多种途径充分调动当地居民对于发展旅游的积极性并主动参与，营造和谐、友好的主客氛围，将能够极大增加和丰富风貌区的人文情怀，对于地区旅游发展具有良性的推动作用。通过街道和社区搭建平台，充分利用"居民—社区—街道"的联动机制，在积极做好街区历史文化挖掘留存与交流展示的同时，鼓励并引导当地居民积极主动参与和融入对街区历史文化的保护传承中去。例如，组织部分当地居民作为志愿者，走访街区中的老居民和长者，通过分享故事、口述历史等，可以吸引更多居民从被动到主动地参与社区文化传承。此外，增设历史风貌区阅读点及开展特色主题类文化交流活动等，对提升居民文化素养、感受城市温度、优化街区环境等都将起到积极促进作用。

2. 深化产品内涵：增强文化自豪感

作为城市文化资源的重要组成部分，历史文化风貌区记录着城市发展的历史进程，展示着城市独特的地域特征，凸显了城市特色文化内涵。基于调研结果的分析，目前大多数居民对历史文化风貌区保护更新的重要性表示普遍的认可，风貌区原真性也基本上得到较好的保存（保护），但是仅仅单纯维持现状的"静态保护"无法真正体现历史文化风貌区的价值，甚至还会抑制地方文脉的延续性。因此，在不破坏街区原有历史风貌及文化底蕴的基础之上，即基于风貌区内保护良好的历史建筑和传统街巷风貌而言，如何进一步挖掘提升街区的本土文化底蕴，探索文化引领街区复兴是包括衡复风貌区在内的所有城市历史文化风貌保护区未来旅游升级发展的关键，包括更精准、科学、合理的开发定位，充分整合利用街区及周边公共资源，打造蕴含街区地方文化内涵的旅游产品，传承烙印浓郁地方烟火气的集体记忆，如引入最具风貌区当地民俗特色的休闲文化娱乐活动等，不仅能够增强居民对本地文化的感知力、自豪感，也是实现历史文化风貌区"活化"再利用的最有效途径。

3. 重构游憩空间：提升游客获得感

对于街巷空间肌理及建筑形态独特、居民生活空间密度较高、业态丰富多元的历史文化风貌区来说，不仅是公众社交生活和情感沟通的空间，也要为居民（游客）的休闲娱乐活动提供必要的公共空间。调研中发现，由于衡复风貌区位于寸土寸金的上海中心城区（"黄金地段"），从经济效益角度审视，该街区既有建筑（已建成使用的民用建筑，包括居住建筑和公共建筑）的密度极高，地区绿化空间和户外公共空间被高度压缩，当地居民和游客开展休闲游憩活动缺乏场所问题比较突出。在历史文化风貌区内增设游憩设施和场所，可以参考借鉴福州市三坊七巷历史文化街区体验目标布局设计，根据体验深度可以分为多个层级（图6-14），特别是中度、深度体验均是建立在相关游憩场所基础之上的。其中，表层体验，指利用历史文化风貌区内原有的历史建筑、街巷，通过科学合理地外部修缮修复及完善内涵，以其本身具有的历史沧桑感和事迹来满足此类游憩需求；中度体验，考虑引入具有丰富经验的民宿团队，通过创意设计促使风貌区内花园洋房重获生机，总体上以提供一种闹中取静的遁世情怀吸引消费者；深度体验，应统筹考虑对历史建筑"活化"再利用，增加具有浓郁上海风情的活动，即赋予其"海派文化"特色以提升风貌景观价值等，重塑风貌区文化品牌是关键。

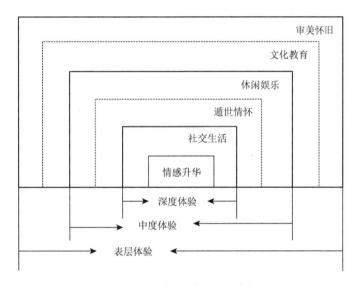

图6-14　历史文化风貌区体验感知层级

近年来，上海加快推进城市有机更新，积极探索石库门"活化"再利用，包括保护与传承石库门街区所代表的上海城市独特建筑肌理和生活文化符号乃至海派文化等。通过整合历史环境体验、创新文化活动体验、融入现代时尚服务体验等设计，实现了历史文化风貌区主题休闲游憩体验功能的升华。将街区游憩功能的提升与城市更新及其内在文化精髓的互动相结合，并植入现代商业、休闲娱乐、文化等功能，赋予传统历史文化风貌区更现代化的空间肌理表现，不仅可以丰厚城市文脉，更有助于形成历史文化风貌区独特的游憩体验空间。按照"保护为先"

"文化为魂""以人为本"等准则，融合海派传统文化与国际流行时尚文化，在不破坏风貌区原有街区景观及完整保护和保留街巷空间格局的前提下，在风貌区的街头巷尾适当新增一些特色雕塑小品，既通过互动体验式设计激发市民（游客）兴趣，也有助于提升居民（游客）艺术修养。此外，随着上海市"一网统管"在城市精细化治理实践中广泛应用，还应积极探索将"实时在线更新"引入风貌区综合治理实践之中，不仅要维护好目前已取得的成果，更要大胆尝试勇于创新，力争形成良性常态化长效管理机制。

第七章 综合实践样本：城市工业遗产"活化"再利用

工业遗产是文化遗产的一种，指工业化发展过程中的物质遗产与非物质遗产的总和，它是城市发展的历史见证，也是城市文明的现实载体。国际工业遗产保护联合会（The International Committee for the Conservation of the Industrial Heritage，TICCIH）于 2003 年 7 月在下塔吉尔通过的《关于工业遗产的下塔吉尔宪章》（The Nizhny Tagil Charter for the Industrial Heritage）明确提出，工业遗产是指工业文明的遗存，它们具有历史的、科技的、社会的、建筑的或科学的价值。2006 年 4 月，中国工业遗产保护论坛《无锡建议——注重经济高速发展时期的工业遗产保护》首次在国内提出工业遗产应包括以下内容："——具有历史学、社会学、建筑学和科技、审美价值的工业文化遗存。包括工厂车间、磨坊、仓库、店铺等工业建筑物，矿山、相关加工冶炼场地、能源生产和传输及使用场所，交通设施，工业生产相关的社会活动场所，相关工业设备，以及工艺流程、数据记录、企业档案等物质和非物质遗产。——鸦片战争以来，中国各阶段的近现代化工业建设都留下了各具特色的工业遗产，构成了中国工业遗产的主体，见证并记录了近现代中国社会的变革与发展。"

城市发展离不开工业的支撑，但当城市社会经济发展到一定阶段和达到一定水平之后，工业生产造成的环境污染等问题又不可避免地困扰阻碍着城市可持续发展。对于城市产业发展而言，工业空间必须及时响应新行业的需求适时变革，若没有响应则或早或晚都会被放弃，或有沦陷为工业废址的风险。与其他文化遗产相比，工业遗产在保护的基础上可以适当"活化"再利用。例如，工业遗产旅游（industrial heritage tourism）、后工业景观改造等均是通过工业遗产"活化"使其成为有价值资产的再利用模式。据不完全统计，截至 2021 年底已有 7.4% 的工业遗产被列入世界遗产名录。从全球城市发展历程来看，自 19 世纪以来，城市更新的主要目标之一就是重新启用废弃（reactivate disused）的城市地区和建筑，与政治、经济、文化、社会、科学、技术和建筑领域都密切相关的工业遗产"活化"再利用一直是各国政府关注的焦点；进入 21 世纪以后，城市旧工业建筑的整体性保护和适应性再利用等，更是受到世界各地区的普遍重视。

第一节　城市工业遗产"活化"实践研究

一、国外工业遗产"活化"实践研究

追根溯源，工业遗产的概念最早是从 20 世纪中期的英格兰引入的。"工业遗产保护运动"起源于 19 世纪末期英国的工业考古（industrial archaeology）——强调对近 250 年来的工业革命与工业大发展时期物质性的工业遗迹和遗物的记录与保护。以英国、美国等为代表的西方发达国家在经历了成熟的工业化时代，进入后工业时代之后，如何对待和处理大量已经废弃的见证着城市工业辉煌历史的工矿、旧设备和工业置空建筑等成为必须尽快解决的重要问题。而工业遗产保护意识的产生也正是源于这些近代工业地区。对于工业衰退地区，英国、德国等欧洲国家率先提出并在实践中实施工业遗产"活化"再开发。因此，从某种角度来说，工业遗产"活化"再利用是城市更新最重要的组成部分之一，对工业遗产的"活化"再利用也是一种尊重历史的经济性开发方式和对工业遗产的一种比较有效的保护。国外工业遗产保护历程大致可以分为三个阶段。

（1）20 世纪中期是萌芽阶段，主要表现为民间团体自发地开始对早期工业革命的工业遗产进行研究。

（2）20 世纪 60~80 年代是第二阶段，研究重点关注工业遗产地的要素组成部分，如工业厂房建筑、工业景观等。这一阶段对工业遗产的关注从民间组织过渡到官方团体和专业机构，很多国家都建立自己的委员会并且促进立法，如 1968 年澳大利亚成立工业考古委员会（Industrial Archaeology Committee，IAC），1971 年美国的工业考古学会（Society for Industrial Archaeology，SIA）在史密森尼博物馆成立，1979 年法国成立法国国家工业遗产考古学会，并出版专业杂志《法国工业考古》。TICCIH 1978 年宣告成立，使得工业遗产的重要性在世界范围内得到更加广泛的认同，它在成为世界上第一个致力于促进工业遗产保护的国际性组织的同时，也是国际古迹遗址理事会工业遗产问题的专门咨询机构。

（3）1990 年至今是第三阶段，欧洲发达国家自 20 世纪 90 年代已开始从可持续发展角度去关注工业遗产，欧洲共同体委员会（Commission of the European Communities，CEC）的《城市环境绿皮书》第一个主题就是"废弃工业区"问题，强调提高现有城市内部土地的空间使用价值，试图通过改造城市内部空间来遏制大城市的盲目发展。在 20~21 世纪之交，国际社会关于工业遗产保护已经形成广泛共识，随后"工业遗产保护运动"迅速席卷了所有经历过工业化的国家。UNESCO（United Nations Educational Scientific and Cultural Organization，联合国教育、科学及文化组织）、世界遗产委员会也对世界遗产种类的均衡性、代表性及可信性进行了全面的关注。

国外工业遗产"活化"再利用的经验与启示主要体现在以下几个方面。

（1）与城市建设相融合。国外城市工业遗产"活化"（保护更新）不局限于具体的空间重塑和设计手法创新，而是从城市社会、经济、生态等多重角度深入探讨，统筹协调工业遗产与整体城市空间形态。

（2）法律体系完备。在工业遗产"活化"再利用过程中，发达国家已经拥有较完善的相关法律体系作为保障支撑，并十分注重通过法律法规进行引导与控制，每个具体事项都有明确的法律依据和标准规范，几乎涵盖了工业遗产保护的各个环节。例如，英国政府早在 1980 年就通过《地方政府、规划和土地法案》，引导以建筑遗产再利用的旧城复兴；德国在第二次世界大战后相继出台《联邦建设法》《城市建设促进法》《建筑遗产的欧洲宪章》及各州制定的文物保护法等，明确历史建筑（包含工业建筑）保护要求。

（3）建立完善的评价体系和数据目录。欧美国家或地区大多已经建立与国际标准具有相容性且适用于本国（地区）工业遗产的等级评估标准，并对本国（地区）工业遗产数量、空间分布和发展现状进行普查，形成了比较完整而翔实的数据库。

（4）保护程序完整。国外有明确的工业遗产认定办法，并建立专门的工业遗产保护程序，根据工业遗产特征和现存状况，进行分级分类保护。例如，英国建立了工业遗迹四步评价法，具体包括专家和工业管理部门的评价、公众的评价、现场调查、为保护而进行记录等步骤；将工业遗产认定分为一类和二类，其中，拆除一类的建（构）筑物需要得到中央政府或管理机构同意，拆除二类的建（构）筑物需要得到地方政府许可。

（5）强有力的资金支持。国外很多发达国家（地区）通过设立各种基金，为工业遗产保护提供可持续的资金支持。例如，英国设立遗产彩票基金，其在 10 年内已经为 700 多个工业遗产保护项目提供 6.3 亿欧元的资金，其中包括投入 7 万欧元制定工业遗产保护目录；设立国家信托，拥有约 340 万会员，为英国最大的遗产保护慈善组织和投资工业遗产保护的重要基金组织。德国的"德国文物保护基金会"致力于保护受到威胁的文物建筑，该基金会已为 2300 个文物的修缮提供资金。

工业遗产引起学者的关注，是在欧美等西方经济发达国家或地区步入成熟工业化时代之后，也可以说进入后工业时代学术界才开启工业遗产保护与利用问题研究。国外关于工业遗产研究内容，主要涉及以下几个方面：一是工业遗产地的管理与再利用问题。二是工业遗产地保护问题。三是各国工业遗产案例相关研究。四是工业遗产、博物馆研究。五是工业遗产地自身研究。综合来看，国外研究涉及的学科种类比较丰富，虽然以建筑学占据相对主导的地位，但是人文、环境、绿色可持续科学技术等学科的相关研究也比较多，涵盖领域十分广泛，多学科融合发展共同推进工业遗产研究成为主流学术研究。

对国外工业遗产"活化"再利用的研究文献进行可视化分析，利用 CiteSpace 5.8 R1 文献分析软件，选取 Web of Science 核心数据库，以"industrial heritage"（工业遗产）和"reuse"（再次使用）为主题进行检索，检索时间跨度自定义为 2010～2020 年，共检索到文献 93 篇，再经人工筛选，得到有效文献 85 篇。利用数据样本绘制基于关键词共现网络的工业遗产"活化"再利用研究知识图谱，包含 223 个关键词节点，744 条连接，网络密度为 0.0301。再结合关键词共现图谱中的中心度排序（表 7-1），除去"industrial heritage""adaptive reuse"两个中心关键词，发现国外对工业遗产"活化"再利用主要以城市为研究区域，并与景观保护、可持续发展及循环经济相结合，着重探讨后工业化背景下城市工业景观再生策略、建筑遗产的适应性再利用、城市工业建筑适应性再利用中的可持续发展因素等。

表 7-1　国外工业遗产"活化"再利用研究热点关键词共现网络中心度排序

关键词	中心度	共现频次	年份
industrial heritage（工业遗产）	0.45	32	2010
adaptive reuse（改造性再利用）	0.27	25	2014
city（城市）	0.26	10	2013
reuse（再次使用）	0.24	12	2010
heritage（遗产）	0.1	8	2014
conservation（保护）	0.09	5	2015
circular economy（循环经济）	0.07	3	2013
sustainability（可持续性）	0.06	6	2019
cultural heritage（文化遗产）	0.04	7	2018
regeneration（再生）	0.01	4	2019
policy（政策）	0.01	2	2018

在关键词共现图谱的基础上依据关键词的相似度对其进行聚类，通过对数似然算法（log likelihood ratio，LLR）从关键词中提取名词性术语对聚类进行命名，得到国外工业遗产"活化"再利用研究主题聚类图谱，除去"industrial heritage""adaptive reuse"主题核心词，可以看到国外对于工业遗产的研究多集中于西班牙古老的工业城市，工业遗产"活化"再利用开始研究"绅士化"，以循环经济为大背景探讨应用策略的可持续等。

二、中国工业遗产"活化"实践研究

目前，我国很多城市仍处于转型发展时期（以产业结构大调整和社会经济发展并行为主要特征），尤其是东部沿海经济发达地区的特大城市、大城市，工业大发展后遗症充分暴露出来，面对后工业时代产业转型升级后遗留的大量工业遗存，如旧厂房、旧办公楼、旧街区等早已丧失了以往活力与功能的建筑与空间，其中被废弃或闲置的多数工厂及工业建筑（厂房、仓库等），等待着被直接拆除给新的城市建设腾出空地，或是通过更新改造、"活化"再利用重现光彩并产生更大的价值。而在工业遗产"活化"再利用中，如何兼顾后工业/消费时代和城市有机更新带来的影响，即在城市更新大背景下通过何种方式重获新生等，已经成为时代发展的新课题及学术界的研究热点。

以我国很多大城市的中心城区发展为例，在全球经济一体化进程所带来的技术革新与城市产业结构调整等多重作用力之下，老城区建设大多处于"退二进三"过程中，老工厂（企业）面临"关、停、并、转"的局面，中心城区留下大量工业时代的文明遗存——城市工业遗存（industrial remains）[①]该何去何从？在如火如荼的旧城更新中，大量工业遗存亟待被"记录"→"评估"→"处理"，其中由于绝大多数工业遗存自身年代不够久远，因此无法被列入受文物法保护的范围之内，尤其是位于中心城区内，因被遗弃或闲置而变得荒废，同时由于其建造年代不长、历史价值不突出等，还没有被认定为历史文物的近现代工业建筑的拆除或不拆、保护还是开发及采用何种改造更新模式等，使之成为棘手的问题。

伴随着城市化进程加快及城市更新深化，我国工业遗产和工业文化由于种种原因正受到不同程度侵蚀。由于保护意识缺乏、保护管理体制尚未健全等，虽然自 20 世纪 90 年代以来，我国已开始重视工业遗产保护，但与自然文化遗产相比，工业遗产的历史文化价值仍然长期被忽略，在大规模城市建设和推倒重建式旧城改造浪潮之中，很多工业遗产正受到严重的毁灭性威胁（被毁坏、废弃、迁移、消失等），可以说工业遗产目前时刻处于"危险期"。但换一个角度来看，正是基于城市经济大发展后，在产业结构调整及转型升级的大背景下，国内很多城市都是通过对工业遗产"活化"再利用，推动了城市文化创意产业发展。例如，上海八号桥，不仅成为上海首批创意产业区，也是全国首个以"创意产业"为特色的

---

① 由于在价值判断、保护方式等方面的差异，工业遗产和工业遗存在学术上是两个不同的概念。目前，世界范围内对工业遗产的评判标准和法律法规仍处于完善中，我国关于工业遗产概念的界定仍然较为泛化、模糊，工业遗产保护管理体系虽然也在逐步健全之中，但在具体实践中很多工业遗存项目以工业遗产之名盘活。

工业旅游示范点，较好实现工业遗产本身的建筑价值和美学价值，也实现了工业遗产再利用的经济价值和社会价值。

2006 年 4 月，"第一届中国工业遗产保护论坛"在无锡召开，通过了《无锡建议》——我国第一个关于工业遗产保护的文件，这标志着我国工业遗产保护、管理与研究进入新的发展阶段。2007 年 4 月，我国开展第三次全国文物普查，正式提出将工业遗产作为重点普查对象，充分体现了对工业遗产的重视。2020 年 6 月，国家发展改革委、工业和信息化部等五部委联合制定《推动老工业城市工业遗产保护利用实施方案》。工业遗产"活化"再利用的实践典型案例，如北京 798 艺术区、中山岐江公园等，均以其被植入独特的后现代工业元素和艺术氛围等，受到社会公众的广泛赞誉。

与国外工业遗产学术研究相比，我国工业遗产相关研究起步较晚，且国外研究水平整体高于国内。我国工业遗产保护及相关研究于 20 世纪 90 年代中期开始受到重视。例如，李蕾蕾（2002）以德国鲁尔区为例，阐述了逆工业化城市发展背景下所引发的工业遗产旅游开发现象，引入工业遗产旅游的新概念，并探讨了工业遗产旅游的实践与开发模式等。其后，我国工业遗产研究取得了一定的成果，主要集中在以下几个方面。

（1）工业遗产旅游研究，包括工业遗产旅游的价值评价、旅游开发、旅游形象塑造及开展工业遗产作为旅游目的地的游客感知调查等，大多以具体的案例地系统研究工业遗产旅游的诸多问题。

（2）工业遗产保护研究，自我国工业遗产研究兴起的初始阶段开始，最先关注的就是工业遗产保护现状与旅游利用及具体保护更新途径，即学术研究关注的重点是探讨工业遗产保护与再利用（再生）研究等。

（3）工业遗产的空间问题研究，开展工业遗产的时空分布特征、产业分布特征、价值特征等方面的研究，以及游客对工业遗产旅游地空间感知与体验研究。

（4）工业遗产的城市个案研究，主要是对城市工业历史地段和建筑的个案研究，关注工业遗产相关建筑景观改造、文化内涵挖掘及城市建设、工业遗产保护与再利用机制等问题。

对国内工业遗产"活化"再利用的研究文献进行可视化分析，主要数据来源选择中国知网期刊文献，以工业遗产、活化、利用为主题词进行检索，检索类型限定为学术期刊，检索时间范围为 2010～2020 年，共检索到相关文献 42 篇，经人工筛选后，得到有效文献 37 篇。将检索到的样本数据导入 CiteSpace 软件，绘制出国内工业遗产"活化"再利用关键词共现图谱，包含 91 个关键节点，162 条连接，密度为 0.0396。其中，最大的关键词节点为"工业遗产"，其次为"活化利用"，工业遗产"活化"利用研究总体上呈现为多元化跨学科交叉模式。

　　进一步分析国内工业遗产"活化"再利用研究主题热点的演化路径，按照中心度对关键词共现图谱中的重要关键词进行筛选（表7-2），除了"工业遗产""活化利用"两个核心关键词，"城市更新""松山文创园区"成为关注点，反映学者更倾向于从城市更新的视角来探讨工业遗产"活化"再利用策略。此外，由于工业社区转型"活化"利用做得比较好，松山文创园区也成为典型研究案例。

表7-2　国内工业遗产"活化"再利用研究热点关键词共现网络中心度排序

关键词	中心度	共现频次	年份
工业遗产	0.61	20	2015
活化利用	0.39	12	2015
城市更新	0.13	2	2015
松山文创园区	0.08	2	2017
资源型城市	0.05	2	2017
活化再生	0.05	2	2016
信息技术	0.03	2	2015
工业遗产保护	0.01	2	2013

　　综合来看，我国工业遗产的相关研究已逐渐成为学术热点，其研究内容、研究方法均有重大突破，工业遗产研究主题也日渐丰富多样。然而，我国的快速城市化发展使得对工业遗产更新改造（"活化"再利用）的理论研究并未呈现出循序渐进的发展态势，特别是早期的研究曾经局限于借鉴西方发达国家（地区）成功的工业遗产案例的经验总结和理论分析，没有系统梳理与专门研究相关的理论发展历程与方法，缺乏深层探析其成功经验背后的内因与发展规律，我国工业遗产理论研究的自主性、突破性相对比较少，且理论研究相对关注局部而忽视整体。在很多工业遗产"活化"案例研究中，由于基础研究缺乏，我国工业遗产"活化"再利用具体实践案例带有很大程度的盲动性。同时，由于工业遗产"活化"再利用的方式多样且多为跨学科，我国工业遗产相关研究成果是以具体的业界成功实践模式和已取得经验总结为主，系统的工业遗产保护与"活化"再利用研究理论体系框架仍然没有形成。

三、上海工业遗产保护与再利用实践

　　上海是我国现代工业的发源地之一，存在数量庞大的工业遗产。上海1843年开埠通商后，凭借其独特的区位优势，迅速发展成为中国最大的经济城市、远东的商贸和金融中心、中国乃至远东地区重要的工业基地，是中国与国际对话的重要窗口。新中国成立以后，上海更多地关注与国内城市的联系和对国内经济社会发展的服务，其间编制的历版城市总体规划，都将上海由外向型商贸城市定位转变为面向国内的生产型城市①。自 1978 年改革开放以后，特别是以浦东开发开放为标志，上海进入国际化发展的新阶段，上海城市第三产业占比迅速提升，2019 年的第三产业占比与 1978 的第三产业占比相比增加 54.1 个百分点，每年递增约 1.3 个百分点；同时 2019 年的第二产业占比与 1978 年的第二产业占比相比减少 50.4 个百分点，每年递减约 1.2 个百分点（图 7-1）。

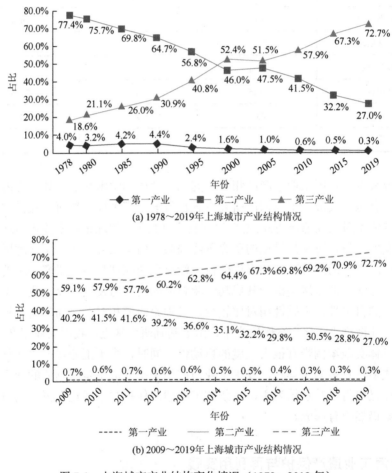

(a) 1978～2019年上海城市产业结构情况

(b) 2009～2019年上海城市产业结构情况

图 7-1　上海城市产业结构变化情况（1978～2019 年）

---

① 《上海市城市总体规划（2017—2035 年）》，上海市人民政府，2018 年 1 月发布。

20 世纪 90 年代以后，随着科学技术进步及上海城市规模扩张、生态环境要求、产业结构调整、工业（企业）转型升级发展，特别是由于经营成本、污染控制、产业淘汰等，大量工业厂房、仓库等因为关、停、迁建等而被废弃，中心城区出现工厂空化现象等困境，并对城市发展造成一定社会和经济的负面影响。《上海市土地利用总体规划（2006—2020 年）》《上海市城市总体规划（2017—2035 年）》等文件发布，明确了推动城市更新，注重存量优化。上海城市更新的重点主要是中心城区约 66 平方千米的工业地块置换；中心城区内保留和发展 1/3 无污染的城市型工业与高新技术产业，1/3 的工厂原地转换为第三产业用地，另外 1/3 的工厂通过功能变换向近郊或远郊转移。到 2035 年，上海将保留 480 平方千米的工业用地，并按照产业基地、产业社区、零星工业地块的体系，在各个层次的规划中进行布局引导和深化。因此，在当代城市的可持续发展需求下，工业遗产及地块的置换再利用等已成为上海城市更新的主题。

上海城市建设与工业发展息息相关。作为中国第一大城市，上海是中国近代工业的发源地、现代工业的集聚地、先进制造业的抢滩地，发达的城市工业体系给上海城市遗留下丰富的工业遗存。大量具有代表性、突出价值的工业遗产，见证着上海从 19 世纪开埠以来的城市建设史和工业文明发展史。2018 年 1 月 27 日、2019 年 4 月 12 日，由中国科学技术协会、中国城市规划学会等先后发布的两批共 200 处"中国工业遗产保护名录"，上海有 23 处工业遗产上榜（表 7-3），约占全国总量的 11.5%。根据上海第三次全国文物普查，全市共有工业遗产 290 处，涵盖重工业、轻工业、军事工业、造船业、交通运输等多种行业类型，沿用至今保留原功能的有 48 处工业遗产。例如，杨树浦水厂，已有 140 年的历史，是上海乃至全国历史最悠久的现代化水厂，中华人民共和国成立后经过数次改造，日供水能力达 148 万立方米，为上海供水规模最大的水厂之一，同时也是全国重点文物保护单位。

表 7-3　上海入选"中国工业遗产保护名录"的工业遗产名单

公布批次	公布序号	工业遗产	始建年份
第一批	2	江南机器制造总局（含求新机器造船厂）	1865
	38	上海外白渡桥	1907
	74	阜丰面粉厂	1898
	75	福新第三面粉厂	1926
	82	上海杨树浦水厂（上海自来水科技馆）	1881
	85	上海东区污水处理厂	1923

公布批次	公布序号	工业遗产	始建年份
第二批	1	董家渡船坞	1853
	2	上海船厂	1862
	5	轮船招商局	1872
	10	上海浚浦局	1905
	19	外滩信号台	1907
	32	大北电报公司	1871
	34	上海中央造币厂（国营 614 厂）	1922
	65	工部局电气处（杨树浦电厂）	1911
	73	钱塘海塘工程	1876
	78	英商上海煤气股份有限公司杨树浦工场	1932
	82	英美烟公司	1919
	83	南洋兄弟烟草公司	1916
	86	上海啤酒公司	1911
	87	工部局宰牲场	1933
	91	商务印书馆	1897
	92	中国酒精厂	1933
	94	天利氮气制品厂	1935

　　上海作为我国率先着手开展工业遗产调查及提出工业遗产保护的城市，最早可追溯至 1989 年。1991 年，上海市政府发布《上海市优秀近代建筑保护管理办法》，对 1840～1949 年建造的重要建筑提出了明确的保护措施。2002 年，《上海市历史文化风貌区和优秀历史建筑保护条例》颁布，工业建筑被第一次列为重点保护对象；黄浦江两岸综合开发整治，也提出了对工业建筑的保护与再利用。2005 年，上海第四批优秀历史建筑发布之际，上海已形成由政府主导，积极调动各方（市场—资本）参与工业遗产保护，即工业遗产保护、再利用演变成为社会自觉行动。2007 年，上海在进行第三次文物普查中，首次把工业遗产作为一个专类进行调查、发掘和整理。2015 年，上海历史文化风貌区扩区普查，明确提出工业风貌街坊概念；2017 年，上海《关于深化城市有机更新促进历史风貌保护工作的若干意见》发布。

　　如何深入挖掘工业遗产丰富内涵及更好地推进工业遗产保护与再利用？上海工业遗产保护成效，主要体现在纳入保护体系的工业遗产数量逐步增加，无论是被纳入优秀历史建筑和风貌保护街坊的工业遗产，还是被纳入文物保护范围的工业遗产数量均有所增加，且有保护级别的工业遗产占比逐渐提升。例如，2009 年，有保护级别的工业遗产仅 89 处，占登记在册工业遗产总量的 30.7%；到 2017 年，有保护级别的工业遗产增至 191 处，占到总数的 65.9%。借鉴欧美等西方经济发达国家或地区工业遗产保护与再利用的经验，上海创新采用了多种模式的工业遗产"活化"再利用，如探索政府引导、市场运作、中介服务的运作机制，创造性地提出三不变原则：即房屋产权不变、建筑结构不变、土地性质不变，尝试以行政划拨、公开出让、功能更新等方式对工业遗产进行开发再利用，在拍卖、转产、转制、置换等过程，鼓励企业自我更新，进一步拓宽了运作主体范围。

鉴于上海对渐进式工业化道路的选择，在上海城市产业结构调整、工业向服务业转型发展背景之下，2011 年之后上海密集出台一系列工业转型政策文件，2014 年《关于本市盘活存量工业用地的实施办法（试行）》，2015 年《上海市城市更新实施办法》，2016 年《上海市工业区转型升级"十三五"规划》等，政府对于"存量工业用地"盘活的政策趋向弹性变化且更加灵活，明确采取区域整体转型、土地收储后出让和有条件零星开发等三类实施路径，按照共建共享的城市更新理念，确定了存量盘活的利益平衡机制，通过明确存量补地价、物业持有率、公益性责任和低效闲置违法用地处置等管理事项，为不同转型路径制定了详细开发机制和管理要求。

上海工业遗产"活化"再利用已被认为是城市空间肌理改造更新的重要组成部分，具有"混乱"的去工业化和商业化等特征。虽然上海相关部门出台了多项有关工业遗产保护的条例，然而对工业遗产价值的社会认知度整体仍然较低，上海工业遗产保护面临诸多问题和挑战，如场地破碎化及工业遗产的片段保护，没有多元视角评判工业遗产内涵价值等，特别是缺少工业遗产价值评估和"活化"再利用认可的社会基础，对于保护什么、如何保护没有达成共识，更没有把工业遗产保护与"活化"再利用明确联系起来。例如，由于我国近现代工业发展的特殊性，上海大量现存的老厂房（工业建筑）普遍存在低龄化特征，就整体艺术价值而言并不是很高，在上海城市更新进程中如果不能认识到其"活化"再利用的价值，它们将很难得到合理有效的保护。

第二节 城市工业遗产保护与再利用

一、工业遗产保护与再利用动力

自 20 世纪 90 年代以来，我国城市经济的快速增长、市场的自由化、宽松的城市规划、高效的政策制定体系等，推动工业遗产倾向于保留、改造和"活化"再利用。毫无疑问，工业遗产"活化"再利用的实质是为经济或政治决策服务的，有时工业遗产的重要性并不像其表现得那样高，虽然工业遗产的建筑特征、情感记忆和历史认同等价值点在某种程度上很容易被忽略，但它们往往也是工业遗产之所以能够存在，或再生为城市文化新景观，是重新焕发生机与活力的决定因素。工业遗产的保护与再利用，真正的目标应是促进其整体价值的提升，或通过更新改造后开设博物馆或遗址公园，以展示城市工业原来的生产方式、功能或生产设备；或只保留其重要历史片段进行适度改造后植入新功能，以创意产业园、办公商业等方式成为社会功能的延续。

工业遗产"活化"再利用过程中，要积极将商业发展与文化特征相融合，注重城市回馈机制、文化聚落的建构。工业建筑无论如何商业化以获取利润/经济产出，都应将其自身作为文化和历史价值的主导而发展，并创造公共领域充满活力的氛围，解决城市再生（复兴）、历史文化价值、公众参与、政治影响和经济价值等热点问题，建立城市重建的原创性和可重复使用性，土地保护、社区行动和居民参与权是城市工业遗产"活化"再利用的关键。综合比较考量，基于城市环境状况、经济发展水平及工业化程度等背景因素，选择适当的工业遗产保护与再利用模式和适度的再开发方式是城市更新的必然选择，工业遗产保护与再利用将为城市更新带来新亮点。

（一）后工业社会产业迭代升级

进入 21 世纪以后，人类社会发展已从工业化时代走向（迈进）信息时代，从工业社会走向后工业社会，从城市化走向城市世纪。在城市经济社会转型升级发展过程中，城市作为工业化、现代化发展的主要地理承载空间，其功能及空间结构不断发生了巨变。早在 20 世纪 70～80 年代，当全球经济发展从福特制向后福特制转变，探索盘活存量工业用地再利用的动力、发展现状、共性及特性与存在的问题及未来发展趋势等就已经被提上议事日程。旧的工业地段与建筑如何进行空间再生产？在工业遗产"活化"再利用更新改造进程之中，大量工业用地转型、植入城市公共服务功能、多元产业集聚融合协同发展，有效弥补了城市增长空间不足，加速促进了产城融合联动共生格局的形成。城区内很多废弃的工业遗存，被赋予艺术村、创意工坊、展览区或商业空间等新生命，去工业化既给城市可持续发展带来挑战，也为实现城市后工业基地的"活化"再利用提供了宝贵的机遇，同时也有助于加快集约高效的城市更新路径形成。

（二）城市更新多方利益博弈

城市遗产往往被视为最有竞争力的城市软性优势，工业遗产及其所蕴含的价值在城市变迁和城市复兴中发挥着极其重要的作用，特别是能够在全球市场中为城市提供独特的竞争力。城市工业遗产保护与"活化"再利用，不仅促进了城市经济的繁荣，更是以城市产业结构转型升级为基础的，是凸显（再现）城市活力和其全球影响力的物质载体。源于对工业遗产保护意识的不足，在相关的资本竞争和利益博弈、破坏性开发和自然损毁等多重压力下，城市工业遗产保护与"活化"再利用，已然成为城市重焕生机、活力，并产生巨大吸引力的重要力量。在我国城镇化进程加速发展及城市更新同步深化中，以工业遗产的经济价值为核心来考量，工业遗产的空间转型、产业调整、功能置换等总体上是一个矛盾综合体的存在，尤其是存在着开发与保护的博弈。为了盘活存量工业遗产，实现城市产业转型升级与城市可持续发展，更加需要对城市功能进行重新布局和定位设计等。

（三）传承建构城市集体记忆

工业遗产是特定历史时期工业文明和城市发展的见证与缩影，是工业文化资源的价值体现及镌刻公众集体记忆的载体，延续着城市历史文脉，蕴含着独具魅力的文化内涵。快速城市化及全球经济一体化，使得工业遗产以其特色鲜明的城市历史文化内涵与城市集体情感记忆和历史认同，充分满足了社会群体的情感体验与怀旧诉求。作为城市文化资本的载体，工业遗产具备向社会资本和经济资本转换的潜力，可以被改建为艺术家和设计师的工作室，以及体育、商业、博物馆、公园、旅馆、住宅等具有设计感和工业感的各类城市空间。赋予工业遗产新功能，不仅促进城市经济复兴、焕发地方生机，也有助于塑造特色城市形象，传承城市历史文化，建构城市集体记忆。在更理性地对城市旧工业建筑"活化"再利用进程中，如何保留延续既有的城市空间肌理和重构景观空间秩序，营造多样化的场所精神，避免城市集体记忆湮灭等，即延续城市工业文化内涵以激发城市创新活力成了当务之急。

二、工业遗产保护与再利用模式

作为文化遗产的一部分，工业遗产既是"拼贴""镶嵌"在新的城市街区中的稀缺资源，同时由于空间适应性强、区位良好等，也具备转型再开发的潜质。通过工业遗产旅游、会议和展览、艺术和创意经济相结合等保护与再利用方式（图 7-2），工业遗产资源可以转化为高价值的文化资产，即通过"理解"（充分挖掘工业遗产所蕴含的文化密码）→"对话"（从时代发展的高度重新解读工业遗产的现代意义）→"复原"（用现代艺术形态展示工业遗产魅力）→"赋能"（以先进科技赋予工业遗产强烈的感染力）形成高效的文化创新链[①]，实现城市文化再生（复兴）。不同类型工业遗产"活化"再利用模式丰富多样，彼此之间不是孤立的，也不是完全相互矛盾的，而应是交叉重叠，或是相互补充、混合利用的，以"办公＋零售＋商业＋文化＋娱乐"为目的，综合性和多途径"活化"再利用已成为建构全球城市背景下城市工业遗产更新改造的未来发展趋势。

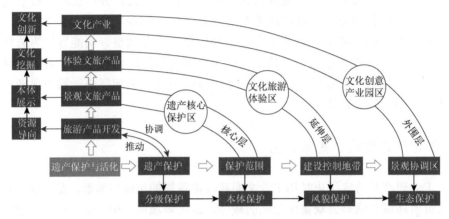

图 7-2　工业遗产保护与"活化"再利用主要模式

（一）工业遗产旅游

工业遗产被视为"怀旧"型游客的生动历史书籍。它是一种特殊的历史记忆与景观，也是城市的一种特殊语言。作为工业遗产保存和城市文化延续的一种形式，工业遗产旅游是指起源于早期工业过程的人造场地、建筑物和景观的旅游活动和产业的发展，在人类社会从"工业化"到"逆工业化"（工业的衰退导致工厂企业破产、倒闭、外迁或转行的过程）的历史进程中形成，特指在废弃的工业旧址上，通过保护性改造原有的工业机器、生产设备、厂房建筑等，能够吸引现代人了解工业文化、工业文明，同时具有独特的观光、休闲和旅游等功能，是一种从工业考古、工业遗产保护而发展起来，可以为游憩者创造独特体验的一种旅游形式。

1996 年，工业遗产旅游的概念首先在美国旅游研究年刊中被正式提出。工业遗产旅游，也被视为重建城市经济的一种有趣的"新组合"，不仅有助于工业遗产保护与再利用，也让人们深刻地理解、回味工业文明，从中获得丰富的知识与乐趣，满足了游客的怀旧情怀。它赋予静态工业遗产以新的生命力，有效实现了工

---

① 《上海文化发展系列蓝皮书》。

业遗产保护与其价值的传承。因此，从基层组织到政府各个层面，工业遗产的重要性和工业遗产旅游的功能都得到高度的关注，工业遗产旅游开发及工业遗产旅游形式得到不断丰富。德国鲁尔工业区、英国铁桥峡谷等转型成功，都是在老工业基地衰退的同时，重新以工业遗产旅游带动了地区复兴。

例如，德国鲁尔工业区，曾是德国乃至世界最重要的老牌工业区，第二次世界大战后，传统的工业部门和工业生产方式已不能适应社会发展而日渐衰败。19世纪60年代，鲁尔工业区开始实施综合整治，将大量废弃的工矿、旧设备和工业空置建筑等工业文化遗产与旅游开发、区域振兴等相结合，历经10年时间，在已废弃的800平方千米工业区内，先后实施120项区域性更新规划。经过整体性开发的鲁尔工业区，已转型成为集工业遗产地、文化旅游、公共活动和艺术活动场所于一体的综合旅游区。其中，鲁尔工业区汉莎炼焦厂（Hansa Coking Plant）被规划为"巨大的可以游览的雕塑"，保留的厂房与设备被环路围绕，与桥梁、通道和楼梯一起组成自然和技术发现之旅（nature and technology adventure trail）的游览线路。在这里，游客可以参观完整保留的生产工序和现场演示的机器运作，场地中的植物也被完全保留并任其生长。

工业遗产旅游是工业遗产"活化"再利用最常见的方式之一，在工业遗产空间分布密集的地区，工业遗产旅游线路的建构有助于形成规模效益。例如，上海杨浦滨江地区的"工业遗存体验之旅"，由"船厂1862"→"杨树浦水厂"→"怡和1915咖啡馆"→"民生粮仓"等组成，丰富的工业遗产文化内涵，吸引游客纷至沓来参观与体验。当络绎不绝的市民（游客、游憩者）给工业遗产地带来丰厚利润的同时，应妥善解决大量游客带给工业遗产地的负面影响，特别是工业遗产旅游发展过程中出现的工业遗产过度商品化问题与现象。虽然工业遗产旅游的发展是由资本的商品化推动，一旦工业遗产开始商品化或过度追求商业利润，那么工业遗产本身的价值可能就会发生改变，并直接导致工业遗产的被破坏。

（二）文化创意产业

1998年，英国政府明确提出创意产业的概念，意指那些从个人创造力、技能和天赋中获取发展动力的产业。以工业遗产（更新改造）转化而成的创意园区最具代表性，即工业遗产被视作发展创意产业的空间载体——废弃的工厂厂房（包括仓库等）嬗变为文化创意产业基地。通过对工业遗产建筑的改造更新、修缮修复，使之成为创意产业的商业办公场所等，并以空间重塑、功能置换等方式不断吸引文化创意企业集聚，且不同类型的创意企业集聚形成了创意产业集聚区或集群。它也是工业遗产"活化"再利用的主流转化模式之一。对于城市建筑和人口均高度密集、公共文化服务设施相对缺乏的中心城区，文化创意产业无疑是工业遗产"活化"再利用最适宜的途径，昔日的一处处工业基地被赋予新的生命力，进而带动工业园区更广泛地发展。

文化创意产业园区，总体上是在原有城市老工业遗存（设施设备）基础上创建的，尊重旧的建筑空间肌理和粗犷朴素的工业风格，遵循结合产业发展、景观环境和人文活动需要等开展空间整合、优化和功能调整（置换）。它是以工业遗产保护性开发及更新改造（转化）为主的再利用方式。由老工业遗存改建的文化创意产业园区（公共文化空间），在保护工业遗产的同时也促进了地区经济发展，且满足了社会公众的文化消费诉求，也可以说是以创新、艺术为核心的工业遗产"活化"再利用。就转型后的文化创意产业园区而言，重新审视工业遗产的价值可以发现，此时的工业遗产被赋予了新的文化含义（功能）产生出高附加值，并通过聚集和辐射效应带动周边地区文化艺术产业发展。例如，美国纽约的 SOHO，成功地将曾经的工业废墟改造转化为替代新美学、自由艺术及社会文明的场所，这使得工业历史记忆在艺术创意活动中得以再现延续，不仅成为纽约"文艺青年聚集地"，还发展为纽约重要的综合商业消费区；北京 798 也是工业遗产转型为国际当代艺术中心的典型案例代表。

就形成机制而言，工业遗产地转化成为文化创意产业园区主要有两种模式。一种是政府（部门、机构）"自上而下"规划引导（推动）形成的创意产业园区，是政府（部门、机构）通过系列鼓励政策与措施有序引导而形成的。另一种是民间自发行为，主要是从一批艺术家租借中心城区废弃的老厂房、仓库为创作作坊开始，其后逐渐发展成为创意产业园区。可以说，工业存量利用吸引了更广泛的资本参与，且随着规模不断发展壮大，不仅得到了政府的政策鼓励，还引起了社会各界的重视，进化演变成为复合型文化创意产业园区。例如，2005～2007 年，上海市经济委员会分 4 批成立 75 个创意园区。其中，以上海 M50 创意园为例，其原是上海春明粗纺厂，后经过设计师的改造后，吸引了包括英国、法国、意大利、瑞士等国家和国内十多个地区的 130 余位艺术家及创意设计机构入驻，涵盖画廊、平面设计、影视制作、环境艺术设计、艺术品（首饰）设计等多种文化创意业态。

（三）后工业景观

后工业景观源自英文直译"post-industrial landscape"，意为工业之后的景观，是对工业废弃地进行景观改造后生成的城市景观。它是后工业时代背景下的产物，指在废弃的工业场地上，通过对自然要素和工业要素的改造、重组和再生，从工业遗存中挖掘美感，进而形成具有全新功能和含义的城市环境景观，总体上保留了原场地的工业元素和工业特质，并加以重新设计建构为新兴的城市公共空间，也是传承工业精神和延续工业文脉的有机（物质）载体。将工业遗产再利用作为后工业景观是实现更新改造的一种手段，适用于工业遗产空间分布相对零散，生态环境良好，且周围有大量居住用地的区域，尤其适合绿化空间和滨水空间为主要改造目标的城市更新及区域生态环境整治，即工业遗产"活化"再利用（改建）为城市景观公园、城市公共游憩场所等。

当可持续发展思想深度融入城市更新进程之中，人们开始从生态学角度思考工业遗产的"活化"再利用。随着城郊（如矿区）的生态恢复、城区工业地段的景观更新，逐渐产生后工业景观设计，即以景观更新的方式对城市旧工业地进行改造，不仅为解决由城市发展引发的社会与环境问题（如工业建筑废弃后形成工业棕地、破坏城市环境等）找寻到新的出路，也是"逆工业化"的一项重要对策，是工业遗产"活化"与城市发展战略有效整合的结果。例如，广东中山的岐江公园，改造之前是已经废弃的始建于 1953 年的粤中造船厂，通过适度保留工业旧址上的原厂房和机器，经景观设计及改造更新后，已建成为市民提供良好休憩、娱乐场所的公共景观。再如，上海的老白渡滨江绿地，由曾经的上海港煤炭装卸公司的老白渡码头及上海第二十七棉纺厂的滨江地区综合改建而成，总面积8.9 万平方米，更新改建时保留和重塑码头遗迹及一些工业文化元素，如保留了系缆桩、高架运煤廊道、煤仓及烟囱等工业时代的实物，利用废旧材料再造了座凳、花箱等公共服务设施，种植香樟、乌桕等植物 100 多种，现已转型成为一处环境优美舒适的公园绿地。

博物馆类型的再利用方式是最受欢迎的。在保留原有工业遗产建筑及空间场地的基础上，改建博物馆、美术馆、纪念馆等，即工业建筑"适应性再利用"作为工业遗存保留的途径，通过功能置换，以相关的主题重点展示（凸显、诠释）工业遗产的历史、文化和艺术等审美价值，也是目前在国际上应用最为广泛、最普遍、最有效实施的工业遗产"活化"再利用方式，适用于具有历史价值的工业建筑、厂房等工业遗产保护与再利用。例如，1968 年，废弃的巧克力厂，被再利用改造为美国旧金山吉拉德利（Chirardelli）广场商店、餐厅、画廊和办公楼，新旧建筑围合 2 个休闲广场，设置喷泉、树池和花盆等。德国洪堡变电站，改建为维特拉设计博物馆柏林分部；鲁尔工业区中有工业纪念碑之称的"奥伯豪森煤气罐"（Oberhausen Gasometer）被改造为另类艺术展览中心。英国伦敦泰特现代艺术博物馆前身是废旧电厂，改造后成为集休闲观光与科普教育于一体的文化新地标；利物浦阿尔伯特码头工业区，被改造成为博物馆群。位于上海徐汇滨江地区的余德耀美术馆（原上海飞机制造厂修理车间旧址改建）、龙美术馆（原北漂码头旧址改建）、上海当代艺术博物馆（原南市发电厂改建）等都是极具代表性的实践案例。

综合比较，欧美发达国家或地区的工业遗产开发模式以场所体验式的开发利用为主，强调对工业遗产整体环境的保护，甚至将其作为一种可增值的文化因子，与其他产业因子叠加来创造新的活力。例如，美国巴尔的摩市将废弃的货运码头改造成可游玩、可消费的商业休闲区，改观了衰败滨水区的萧条景象，并在一定程度上实现了城市经济复苏。对于大型或特大型工业遗产的保护，一般还通过设立工业遗址公园，将旧工业建筑群保留（保护）于新环境中达到整体保护目的。此外，还有利用原有的工业遗产空间进行功能置换，再结合区域优势和工业遗产特色，打造工业文化特色小镇，通过新兴产业的集聚，加快了城镇产业转型升级和工业文明传承。

（四）工业遗产廊道

遗产廊道（heritage corridor）是指拥有特殊文化资源集合的线性景观，通常带有明显的经济中心、蓬勃发展的旅游、老建筑的适应性再利用、娱乐及环境改善。它起源于 20 世纪 60 年代的美国，是基于绿道运动、风景道建设和区域遗产保护理念共同发展与相互作用的产物。遗产廊道集聚多种形式和内容的遗产资源，是一种"线"形遗产区域，可以是运河、河流、峡谷、道路及铁路沿线，也可以是串联多个独立遗产点的具有文化、历史意义的"带"状或"线"形廊道景观，其空间范围尺度可大可小，大到几个城市或者一条水域，小到也可以是水域中的某一小段。遗产廊道构建注重整体性，即从整体空间入手保护遗产廊道范围内所有自然生态和历史文化资源，对遗产廊道多采用综合保护开发方式，在将其历史文化内涵提升到首位的同时，更加强调对自然生态平衡、旅游价值和经济价值等综合效益的考量。

工业遗产廊道是遗产廊道中的一种特殊类型，它是将工业遗产作为核心资源的"线"形遗产区域或文化景观，注重保留（延续）并挖掘空间（场所）原有的工业文脉和工业特征风貌，充分利用闲置废弃的工业场地和建筑物，以艺术处理手法将其转化为公共景观设施，或结合城市绿道建设，对工业棕地进行污染治理和生态修复之后，通过合理配置相关游憩公共服务设施，构建低碳化游憩线路，以形成具有特殊场所体验的后工业景观环境，总体上呈现为具有鲜明工业文明特色的生态绿色廊道。

近年来，我国关于遗产廊道的研究，主要包括遗产廊道的构建、遗产廊道价值的评价、遗产廊道的构成体系、遗产廊道与旅游的互动等。遗产廊道的构建过程包括遗产廊道区域的选择与界定、明确主题、资源调查摸底、分析与评价、空间格局的构建及遗产廊道的实施和管理。从构成元素上分析，遗产廊道主要由绿色廊道、游步道、遗产和解说系统组成。从遗产廊道价值评价来看，既有定性分析，也有运用最小阻力模型结合 GIS 工具、层次分析法、因子分析法等，对遗产廊道进行量化评价。从空间上分析，遗产廊道体系由"面""线""点"三个空间尺度构成，从宏观到微观包括区域、城镇、聚集区、相关企业及单位、建构筑物。构建遗产廊道，可以现实存在的"线"形资源，如以河流峡谷、文化线路、古道、铁路路线等为基础，或是运用规划设计手段将具有某种联系（无形、概念性）的遗产资源联系在一起。

三、工业遗产保护与再利用策略

虽然对工业遗产已采取多种保护措施，并通过艺术家、设计师、开发商和企业（资本方）的参与，促使工业遗产保护与再利用策略的革新，但在我国城市工业遗产保护与再利用实践研究中仍然出现了很多问题：相关工业遗产"活化"再利用实践自发性较大，在实践中普遍存在着不考虑自身情况盲目片段引入复制西方发达国家成功经验的现象，工业遗产"活化"再利用的社会意识不足，政府支持的"活化"再利用更多聚焦于经济与文化模式，而开发商、企业（资本方）相对忽视工业遗产改造后的社会属性，建设性破坏现象时有发生。无论工业遗产"活化"再利用的实施主体是谁、保护等级如何、置于何种规划体系和制度环境之下，都需要在既有框架下建立与遗产价值匹配的灵活有效的管控机制。随着我国城市化进程加快，创意产业、旅游业等快速发展，在对部分工业遗产进行功能置换的过程中往往会忽视其序列完整性。为了加速推进工业遗产保护与再利用走向可持续，应借鉴国外发达国家和地区已成熟的理论及成功经验与失败教训，深层次挖掘工业遗产文化内涵，在全球坐标系中重新认识工业遗产的价值，多视角理性审视、甄选工业遗产"活化"再利用模式，即积极采用多种策略创新工业遗产"活化"再利用。

（一）工业遗产"活化"与城市更新同步发展

工业遗产是人类工业文明的载体，见证、记录着工业化和城市化进程。在我国城市经济转型发展和产业结构调整升级的当下，如何引导工业遗产保护和再利用实践与城市更新有机融合，找寻工业遗产保护与"活化"再利用之间的最佳平衡点，形成工业遗产"活化"与城市"有机"更新的双赢，始终是城市可持续、韧性发展无法回避和必须解决的问题。伴随城市更新蓬勃发展，工业遗产"活化"也是城市空间肌理改造的重要组成部分，探索后工业时代城市更新和工业遗产保护与再利用同步融合发展路径，寻求政府政策的规划引导与突破，尝试在产业功能、用地强度、土地权属与产权关系处理、环境建设等方面加以控制，构建多种工业遗产保护与再利用模式的协同良性互动发展，促使工业遗产在得到妥善保护和合理利用的同时，确保工业遗存与周边环境相契合，也有助于城市"软实力"的提升，可以形成其他城市难以复制的竞争优势，不仅在一定程度上拓展对工业遗产的资源观、业态观、治理观的综合认识，还能够唤起社会公众对工业遗产整体保护与再利用的广泛关注度，通过保护工业文化促进工业文明的传承，推动城市复兴。

（二）深层次多角度挖掘工业遗产的文化价值

工业是城市发展的最核心要素之一，工业遗产不仅是文化遗产，也彰显着文化积淀，是城市文化的重要基因，是城市内涵、品质、特色的重要标志。如何赋予工业遗产全新的时代内涵和功能，促使工业遗产"活化"再利用植入当代城市生活，并成为社会公众日常生活的重要组成部分，真正做到基因传承、融入地方记忆乃至民族认同的一部分，是一个历史性难题。工业遗产也记录着城市居民生活方式变迁轨迹，承载着市民对城市的归属感和认同感，是市民对城市发展与城市情怀的集体记忆，特别是能够唤醒或引发社会公众的情感共鸣。由于工业遗产所承载的历史文化内涵，在探索工业遗产"活化"再利用过程中，应重视整体性、系统性思维，从城市不同地段特色风貌入手，深层次挖掘工业遗产中所蕴含的历史、社会、科技、经济和审美等价值，采用与经济发展、城市功能及生态环境相适应的工业遗产保护与再利用模式，科学理性地保护与利用好存量的工业遗产，如引导工业遗产保护与再利用实践创造特色城市地标景观，以建构起城市历史文化的集体记忆，真正传承和延续城市文脉。

（三）建构工业遗产保护与再利用整体性策略

我国关于工业遗产的保护与再利用实践有一个误区，即往往过分强调对工业遗产建筑的保护，忽视城市作为工业遗产再生的母体作用。一方面，各级政府在批准和公开工业遗产保护名录时，大多仅明确保留相关建筑，相对忽视建筑周边环境对于工业文化的渲染。另一方面，为了追求经济价值，开发商（企业）一般采取全部拆除用作商业开发，其结果也助推了工业遗产的建筑化——仅围绕工业遗产建筑本身进行规划，虽然建筑是工业遗产中最直观的代表，但直接用工业建筑遗产取代工业遗产也是对工业遗产的一种片面理解，从而会导致工业遗产保护实践缺失其历史和文化内涵的现象广泛存在。综合比较，我国大多数工业遗产保护并未真正实现德国鲁尔工业区保护"考虑生态修复和人文关怀""充分利用工业遗产发展文化旅游"的精神实质。因此，鉴于工业遗产周边环境的重要性，对工业遗产保护与再利用应基于系统性与整体性的考察视角，不仅围绕单体厂房遗迹或是其他工业建筑，更应关注工业遗产周边环境氛围渲染和工业文化传承，即对工业遗产及周边环境实施规模化整体性保护。

（四）激发社会各方积极参与遗产保护再利用

工业遗产构筑的不仅是城市文化的建筑空间，也是一个充分彰显人文价值的社会生态空间。与其他已经比较完善的遗产对象相比，工业遗产还是一个相对比较新的领域，承认工业空间并将之作为遗产地的社会共识尚未达成，事实上大多数工业遗产正处于重塑、拆迁和重建的压力之下。比较而言，社会公众更喜欢选择具有创新性、知识性的游憩活动场所，工业遗产廊道设置不仅增加本地居民的游憩选择，还有助于激发当地社会公众积极参与保护工业遗产的兴趣。由于很多工业建筑属于企业所有，工业遗产的保护与再利用必然要求重点关注企业（业主）的财务问题。对已经过时的工业空间进行"活化"再利用，只有当其经济上的可行性能够确保之时，才能真正吸引到开发商（投资者）的参与。当然，对已废弃工业遗迹的保护与再利用，平衡政府、企业、投资方等各利益相关方的权益，特别是在平衡具有投资目标的开发商和关注日常生活的当地居民需求等之间存在潜在的冲突时，政府通过对市场干预、监督规划和整合实施措施等，协调各利益相关方开展协同综合治理，营造社会各方共同参与监督工业遗产保护再利用是关键。

（五）重塑功能"复合"的工业遗产保护体系

应制订工业遗产保护与再利用专项规划，并将之纳入城市总体规划。科学合理的工业遗产保护体系的建构，主要包括对工业遗产廊道串联建筑、街坊、景观、遗存、空间的多种对象实施整体保护，即对具有不同历史文化价值、美学价值、环境价值的物质遗产与非物质遗产进行整体保护等。工业遗产保护与再利用的目标应是获得过时工业空间的文化价值和经济可行性，即通过创造新的文化价值观，将过时的工业空间变成具有价值的文化遗产。工业遗产保护不仅局限于建筑环境的物理状态，还应强调其对社区和文化的认同，以及改变城市衰退地区负面形象、重塑地方特征的重要性，要求具有"复合"功能。以上海工业遗产保护与再利用实践为例，经过多年探索与实践，上海工业遗产保护成效显著，诸如保护杨树浦水厂、苏州河水果仓库等单体建筑，重视 1933 老场坊等使用价值的保护，以及莫干山路 M50、泰康路田子坊、红坊艺术园等工业建筑群空间保护与再利用等。上海应在城市历史文化风貌保护体系（由"文物、优秀历史建筑—风貌保护道路—历史文化风貌区"共同构成空间上"点—线—面"互动）基础上，积极探索建构由"工业风貌建筑—工业风貌街坊—工业风貌道路—工业风貌区"构成的科学合理的工业遗产保护体系。

第三节　上海黄浦江两岸工业遗产廊道建构

上海因水而生，依水而兴，潺潺流水孕育着上海城市精神品格。全长114千米的黄浦江，自西南向东北呈"S"形蜿蜒盘桓斜穿上海中心城区，串联起上海城市经济重地和人口密集地带，黄浦江两岸堪称是上海城市发展的"主动脉"。作为上海近代金融、贸易和工业的发源地，黄浦江两岸地区是工业革命在中国传播的前哨阵地，曾以其丰富的水源和便利的航运条件，承载棉纺、制造、航运、仓储等诸多城市工业职能，集聚分布着大量的工业厂区，以杨树浦、江南造船厂、徐汇滨江等所在地区最具代表性，具有浓郁的近现代民族工业韵味。20世纪90年代以后，随着上海中心城区产业结构调整，传统工厂企业陷入"转、迁、并、关"困境，黄浦江两岸也成了"工业锈带"。

2002年，黄浦江两岸综合开发正式启动。在经历了码头、仓库、工厂腾退和改造后，黄浦江两岸凝结工业历史记忆、见证社会变迁、积淀百年的工业文明遗存，被"活化"再利用为公园绿地、文博场馆、创意空间而焕发出新的生机、活力和魅力，如杨浦区的永安栈房、浦东新区的民生筒仓、徐汇区的上粮六库、航空储油罐等一大批蕴含独特历史价值的建筑及地标性老厂房，在城市更新中迎来蝶变——被逐步修缮、功能植入，经"高级定制"变身更迭为闪亮的城市新地标并向社会公众开放，黄浦江两岸地区更新改造处处体现公共性、公益性……黄浦江岸线已由承载单一的"生产型岸线"转换为多元、复合、开放的"生活型岸线"，黄浦江两岸工业遗产的保护与再利用已取得显著的成效。

一、黄浦江两岸工业遗产保护现状分析

（一）黄浦江两岸工业遗产"活化"阶段划分

为推动黄浦江两岸综合开发，上海市成立专门的黄浦江两岸开发工作领导小组，同时成立上海市申江两岸开发建设投资（集团）有限公司负责两岸的市级项目开发，滨江各区也都成立开发机构，引入社会资本对滨江两岸进行改造性开发，很多企业与公共管理部门主动"腾地"，陆续完成功能置换实现产业转型。黄浦江两岸综合开发强化现代服务业引导，对工业遗产"活化"重视公共利益与商业利益的体现。由于黄浦江两岸土地空间权属复杂，在具体保护和再利用过程中采取了不同模式，有着多种不同类型的工业遗产保护与再利用工程项目。回溯黄浦江两岸工业遗产保护与再利用发展历程，黄浦江两岸工业遗产"活化"始终与上海城市更新同步推进，特别是后世博时代以来的"一江（黄浦江）一河（苏州河）"滨水公共空间建设。

（1）博物馆开发与自救阶段。1989 年，上海市批准了第一批 59 处优秀近代建筑，其中上海邮政总局、杨树浦水厂均位于黄浦江两岸。根据国家《中华人民共和国文物保护法》要求，这两处工业遗产采用博物馆的冻结式保护措施。而同一时期黄浦江两岸的很多厂房开始空置，大批衰落的工厂企业，充分利用闲置的厂房、仓库、码头等场地资源，自发地进行集资自救，如对厂房进行改造开发——工业建筑内部空间分割出租开办饮食娱乐场所，由于当时没有重视对工业建筑的保护，部分工业建筑风格遭到严重破坏。

（2）艺术家工作室入驻。以苏州河畔"艺术仓库"群形成标志，艺术家通过建立工作室的方式，对闲置的工业建筑进行再利用。由于工业建筑的体积往往比较大，而大跨度空间内部易于划分，且厂房的租金相对便宜等，因而受到艺术家们的青睐。1998 年，设计师最先开始对苏州河旁的仓库进行改建。随后一批艺术家先后在西苏州河路 1131 号、1133 号仓库等地开辟自己的工作室，这也使得这些工业历史建筑重新焕发生机。

（3）创意产业园区兴起。以黄浦江两岸随处可见对工业遗存的创意产业园式改造集聚发展为标志。在艺术家对工业建筑改建实践的基础上，工业遗产的保护与再利用方式开始受到各方重视，在政策指导和推动下（例如，2008 年《上海市创意产业集聚区认定管理办法（试行）》颁布，指导创意园区建设），再加上市场化运作，黄浦江两岸一大批老建筑被植入新功能，经更新改造后成为创意产业园区，并重新开放。

（4）开发利用形式多样化。工业遗存保护性开发与再利用不再局限于博物馆、创意产业园区等形式，以上海世博园区和杨浦工业遗产规划与开发、黄浦江两岸贯通和苏州河一河两岸城市设计等政府主导的水岸再开发为标志，工业遗产保护已经形成"政府主导、各方积极参与"的发展态势，"一江（黄浦江）一河（苏州河）"沿岸工业历史遗产被不断激活。随着投资主体的多元化及相关政策的调整，工业遗存被逐步改造成为商业、文化、休闲及展示博览的公共空间，社会各界致力于将黄浦江两岸打造成为世界级"城市会客厅"，越来越多的品牌方、艺术机构、科技机构等落户于黄浦江畔，助推黄浦江两岸地区实现复兴。

（二）黄浦江两岸工业遗产保护与再利用类型

以上海市第三次全国文物普查数据为基础，结合现场实地考察，对黄浦江两岸地区的工业遗产单体资源进行系统梳理后发现，黄浦江两岸工业遗产资源几乎囊括了上海近代工业所有产业类型，总体上类型丰富，数量众多，时代特征明显。基于对《上海工业遗产实录》中工业遗产位置信息的筛选，结合实地考察，张乐（2020）梳理出黄浦江两岸工业遗产约 129 处，其中被列为市优秀历史建筑 42 处，多为具有时代特征的原工业厂房和不同风格的建筑大楼，大多集中分布在黄浦区、杨浦区。

根据现在的用途类型划分，其中近七成的工业遗产被做以商用（图7-3），分别是"工业旅游（企业）""创意产业用地""商业用地""旅游相关场所""仓库工厂"等。

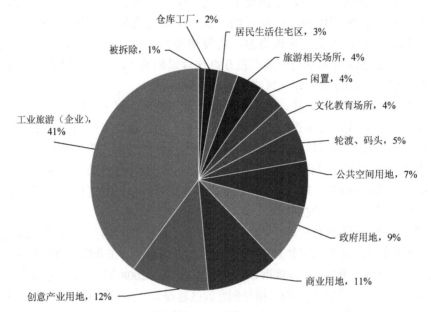

图 7-3　　上海黄浦江两岸工业遗产用地类型划分

因为对计算结果数值做四舍五入处理，所以各部分占比相加之和不完全等于100%

资料来源：《上海工业遗产实录》

（三）黄浦江两岸工业遗产空间分布特征

1. 判别工业遗产"点"空间分布类型

为了明确黄浦江两岸工业遗产资源的空间分布特征和集聚规律，借助 ArcGIS 软件对黄浦江两岸工业遗产进行可视化处理，得到黄浦江两岸工业遗产空间分布图，再将黄浦江两岸工业遗产抽象为工业遗产"点"，进行最邻近分析。最邻近指数计算公式为

$$R = \frac{\overline{d_1}}{\overline{d_E}}，其中 \overline{d_E} = \frac{1}{2\sqrt{n/A}}$$

其中，R 为最邻近指数；$\overline{d_1}$ 为实测点与其最邻近质心距离的平均值；$\overline{d_E}$ 为点随机分布的平均距离；n 为点数；A 为研究区域面积。若最邻近指数小于1，则为聚类分布；若最邻近指数等于1，则为均匀分布；若最邻近指数大于1，则为随机分布。

利用 ArcGIS 软件中的平均最邻近距离（Average Nearest Neighbor）工具，测算得出黄浦江两岸工业遗产的最邻近指数及其显著性检验成果：最邻近指数

$R=0.466<1$，Z 值得分为 -12.4，置信水平 p 值 <0.01，说明黄浦江两岸工业遗产"点"空间分布总体呈现集聚特征。

2. 验证工业遗产的"线"性关系

借助 ArcGIS 软件对所有的工业遗产"点"至黄浦江的间隔进行距离分析。首先，利用缓冲区（buffer）分析工具，尝试以 200 米为间隔建立黄浦江岸两侧缓冲带。其次，利用构建的缓冲带，提取缓冲带内的工业遗产"点"个数，分别统计汇总。最后，建立每条缓冲带与缓冲带内的工业遗产"点"个数的一一对应关系，进而形成工业遗产点到黄浦江的距离分布图（图 7-4）。

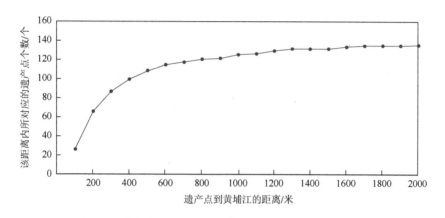

图 7-4　上海黄浦江两岸工业遗产点到黄浦江的距离分布

在距离黄浦江 100~200 米范围内，工业遗产点分布较为密集，至 200 米处共有 66 个，约占总数 51.16%；在距离黄浦江 200~2000 米范围内，工业遗产点的数量平稳增加，至 2000 米处共 126 个，占总数 97.67%，这说明黄浦江工业遗产整体空间分布类型为集聚型，具有明显的线性分布特征，黄浦江两岸地区的工业遗产整体沿着黄浦江呈现纵向带状分布。

3. 考察工业遗产"面"上分布特征

借用地理集中指数 G 值进行描述，其中，G 为地理集中指数；n 为所包含的市辖区数目，$n=6$；x_i 为第 i 个市辖区工业遗产的数目；T 为所有的工业遗产总数，$T=129$。其中，G 的取值与工业遗产的分布集中程度成正比。通过统计黄浦江两岸各行政辖区工业遗产的数量，得出区域分布情况及其比率（表 7-4）。

$$G=100\sqrt{\sum_{i=1}^{n}\left(\frac{x_i}{T}\right)^2}$$

表 7-4　黄浦江流经各区的工业遗产分布情况统计

行政区	数量/个	占比	累计占比
杨浦区	41	0.317 829 457	0.317 829 457
黄浦区	38	0.294 573 643	0.612 403 101
浦东新区	22	0.170 542 636	0.782 945 736
虹口区	16	0.124 031 008	0.906 976 744
徐汇区	7	0.054 263 566	0.961 240 31
宝山区	5	0.038 759 69	1
合计	129	1	

注：此表为经过四舍五入的数据，数据合计可能存在误差

　　黄浦江沿岸各区工业遗产资源分布不均匀。其中，杨浦区、黄浦区最多，两区共有 79 处，超过总数一半（占总量61.2%）。假设 129 个工业遗产点均匀地分布在各个区辖区之中，此时地理集中指数为 129/6 = 21.5。计算得出实际 G 值为 48.81＞21.5，表明黄浦江两岸工业遗产资源"点"空间分布较为集中，且集中程度很高。

　　运用 ArcGIS 软件中的核密度分析工具进行测算。分别以 200 米和 2000 米为缓冲半径，对黄浦江两岸工业遗产廊道进行缓冲区分析，得到缓冲区影响域。结果显示，黄浦江两岸工业遗产分布不均衡，呈现"大聚集，小分散"的特征，其中杨浦滨江南部、虹口滨江和黄浦滨江工业遗产分布密度最大，呈现局部集聚分布态势，杨浦滨江北部和徐汇滨江次之，宝山滨江和闵行滨江有零星分布。

二、黄浦江两岸工业遗产游憩感知测评

（一）调研方法选择及数据处理

　　由于黄浦江两岸核心段 45 千米岸线地区在规划中有着明确的定位，因此在问卷设计和发放的过程中尽量做到相对分散发放，力争兼顾到滨江不同区段，并重点选择工业遗产聚集分布密度高且该处工业遗产保护与再利用有特色的作为现场调研与访谈地点。2019 年 6 月 22 日至 23 日（周末），在选定区域采取定点邀请游客填写调研问卷，共计发放问卷 150 份，回收 150 份，有效问卷 144 份，有效率 96%。根据问卷发放采集地区划分，其中杨浦滨江段 52 份、浦东滨江民生码头段 34 份、徐汇滨江段 28 份、浦东滨江世博段 19 份、黄浦滨江段 11 份（回收问卷数量少，源于该区段游客量较大，考虑到安全问题，现场不宜多开展访谈与调

研）。为确保调查问卷的有效性，采用 SPSS 25.0 对数据进行信度分析①。经测算得到此次问卷信度系数 0.815，说明此次调查具有较高的可靠性。在开始处理数据之前，采用 KMO（kaiser-meyer-olkin，取样适切性量数/判断样本充足性的检验系数）检验统计、球形（bartlett）测试来验证结构有效性。测得 KMO 值达到 0.846，sig 值为 0.00，说明适合做因子分析。

此次接受调查有效问卷共 144 人，其中，女性 59 人，男性 85 人，男性所占比例比女性高 18%；以 25～55 岁年龄段的人群最多，占 61.81%；在职的人数最多，占 56.94%；已婚人数占 63.89%；本专科学历的人数占 47.92%，硕士及以上学历的占比 25.69%。此次调研中约 85% 的人居住在上海，其中 57.6% 的受访者居住在上海已经超过 7 年。按照受访人群对黄浦江工业遗产不同评价因子态度的打分，分为"5、4、3、2、1"五个分数标准，并对综合打分结果进行五分制输出处理（图 7-5）。

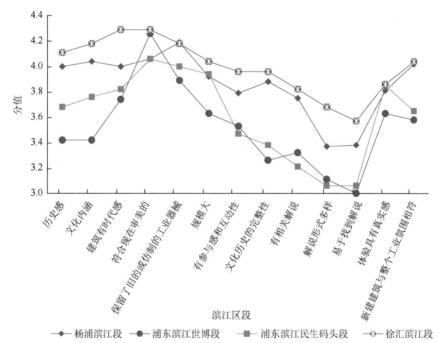

图 7-5 游憩者对黄浦江两岸不同滨江区段总体感知情况

由于黄浦滨江段游客量较大，考虑安全问题，现场不宜多开展访谈与调研，回收问卷数量较少，相关数据不再做具体细化比较

---

① 信度，用于分析一种评估方法所得结果的前后一致性水平，并以这种一致性程度为指标来评估量表与评估方法的可靠性。通常情况下，信度是用信度系数来衡量的。信度系数是评价问卷信度的指标，最常用的信度系数是 Cronbach's α 系数。根据多数学者的观点，任何测评量表的信度系数达到 0.9 以上，则该测评的信度甚佳；如果信度系数≥0.7，则测评的信度是可以接受的；信度系数≥0.6，则该量表仍有一定价值，但应该进行修订；信度系数低于 0.6，那么应重新设计测评量表。

（二）游憩空间感知满意度测评

1. 杨浦滨江段：工业旅游

自 19 世纪 80 年代开始，杨浦滨江段迅速成为上海滩兴办实业（开厂生产）的首选之地，大量资本（外国资本、民族资本）竞相投入修船坞、建厂房（水厂、电厂、棉纺织厂、煤气厂等）。有着"世界仅存的最大滨江工业遗存"美誉的杨浦滨江段工业遗产"活化"再利用方式以工业旅游、创意产业园，以及工业遗产修复和文化展示等为主。

在杨浦滨江段，曾经衰败的老厂房被注入时尚文化变身"发展秀场"，原上海船厂旧址地区（包括船坞和毛麻仓库）还成为 2019 年上海城市空间艺术季的主展场馆，20 件装置类艺术作品保留，成为嵌入 5.5 千米杨浦滨江岸线上的"彩蛋"，见证着其公共空间艺术气质的进阶；原"祥泰木行"，已变身杨浦滨江人民城市建设规划展示馆；原"明华糖厂"经修缮后，已承接举办了宝格丽与安布西特别联名手袋及配饰系列全球发布派对；棉纺厂变身上海国际时尚中心；制皂厂变身皂梦空间展示体验馆；上海港机修造厂的旧址，已成为音乐艺术秀场……实地调查时发现，杨浦滨江段是唯一遇到旅游团及有导游讲解的滨江区段，也是游客第一印象中对"工业遗产"和"历史性"感知最强烈的滨江区段（图 7-6）。此外，由于杨浦滨江段地处上海东北角，交通区位不佳，通过公共交通由杨浦大桥进入杨浦滨江岸线时，人车混杂，交通流线不畅。

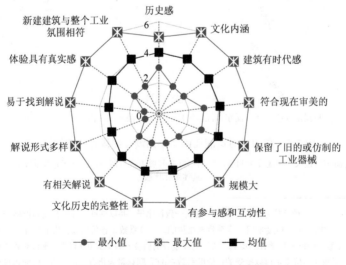

图 7-6 游憩者对杨浦滨江段感知情况

2. 浦东滨江段：后工业景观

1）浦东滨江世博段：公园绿地

该区段曾是 2010 年上海世博会的重要组成部分，以世博公园、后滩公园等为代表。世博公园的开发改造，不仅为后世博时代延续展览功能，同时兼顾公园配套服务等需求，将"世博记忆"与生态文化有机融合起来。后滩公园，原为浦东钢铁集团和后滩船舶修理厂用地，改造前曾是水土污染严重的工业棕地。公园改造时提出了湿地净化系统与生态景观基底的设计策略，即利用大自然的自我调节和净化能力来治愈工业时代造成的水土污染问题，保留了湿地和植被以供鸟类栖息，并利用黄浦江实现了河水自净和防止洪水侵蚀的功能。由于浦东滨江世博段经整体更新改造后，几乎没有留存工业遗迹，因此，游客对该区段的工业遗产感知度较低（图 7-7）。

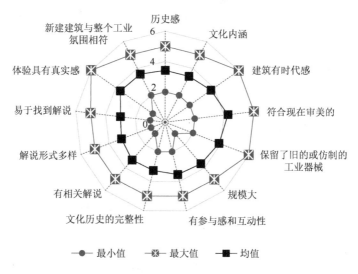

图 7-7　游憩者对浦东滨江世博段感知情况

2）浦东滨江民生码头段：生态景观码头

码头是工业遗产中比较特别的存在。民生码头及其所在的原上海船厂区域保留大量的工业遗存。始建于 1862 年的上海船厂，于 2005 年整体搬迁至崇明区，现在"船厂 1862"已被再利用转型为时尚艺术中心、艺术商业空间。民生码头曾经是上海港装卸粮食、糖的专业码头，现存排架厂房、8 万吨筒仓等，建筑群规模宏大、类型多样，有历史建筑 12 处，建筑总面积达到 9 万平方米。滨江民生码头段更新改造目标是将其打造为民生艺术港，通过建设生态景观码头，消除码

"边缘化"困境。民生码头工业遗存"活化"再利用，自设计开始就采用"新旧景观共生"策略，在保留原产业遗存空间特质的前提下，重视植入多种新的活动空间，惬意宜人的滨水公共景观仍在不断上新。该区段被调查人群感知印象以"艺术"最多，而与工业遗产相关的感知度普遍较低（图 7-8）。

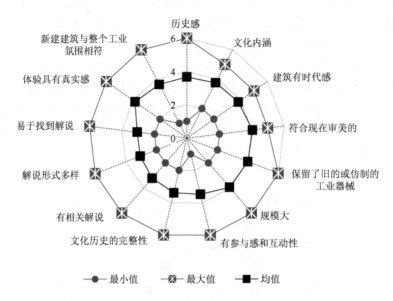

图 7-8　游憩者对浦东滨江民生码头段感知情况

3. 徐汇滨江段：创意产业园

徐汇滨江段分布着大量的工业遗存，包括曾经的南浦火车站、日晖港、北票码头、龙华机场和上海飞机制造厂、上海水泥厂等，原为上海民族工业资本集聚地。作为老工业区改造的成功案例，徐汇滨江段保留了大量被视为废墟的工业遗存，原铁路南浦站、北票煤码头、龙华机场等物流仓储、工业厂房及龙门吊、储油罐、煤漏斗等，被改造成为公共开放空间中兼具文化性、艺术性、趣味性的互动体验空间，历史遗迹与现代空间相融合。徐汇滨江段的创意产业园还在建设过程中，除"东方梦工厂"外，还积极引入 TVB、英皇影业、TMAX 等机构。龙美术馆、余德耀美术馆、西岸艺术中心和油罐艺术中心等大型艺术展览馆相继建成开放后，已举办过很多艺术展。实地考察发现人们对于艺术场馆的了解仍然流于表面，往往仅在场馆外留影，对场馆内举办或已成功举办过的展览了解不多。在被调查者对徐汇滨江段的感知印象中，"运动"大于"艺术"，且该区段的跑道和走道的感知得分也高于整体平均值（图 7-9）。

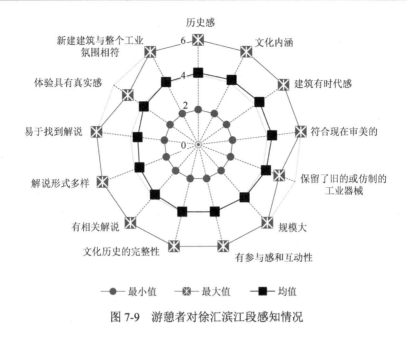

图 7-9　游憩者对徐汇滨江段感知情况

4. 工业遗产整体环境

1）文化氛围营造

黄浦江两岸地区的工业遗产承载着城市历史与文脉，对游憩者感知的"历史感"与"文化内涵"相关性分析发现，被调查人群以"文化"为第一印象的，通常也认同该地区的工业遗产具有较长的历史。从游憩者对黄浦江两岸不同滨江区段工业遗产整体环境感知情况来看（表 7-5），"新建筑与整个工业氛围相符"赞同率最低，对"景观（雕塑、园艺等）"满意度最高。实地考察发现，造成该差异现象的原因可能主要来自大量的工业棕地已被更新改造为公共绿地、亲水平台、艺术场馆等，如徐汇滨江段的原龙华飞机维修厂被改建为余德耀美术馆，虽然仍保留部分厂房的结构和外观，但如果不知道其历史沿革，人们很难会把它与工业遗产、工业文化相联系。此外，徐汇滨江段保留着塔吊、铁路轨道等工业遗存，但其空间分布零散，相互之间缺少联系、互动，很难形成整体性的感知意象。

表 7-5　游憩者对黄浦江两岸不同滨江区段工业遗产整体环境满意（赞同）情况

项目	黄浦滨江段	杨浦滨江段	浦东滨江世博段	浦东滨江民生码头段	徐汇滨江段	总体	拒绝回答/不适用
符合现在审美的	81.8%	57.7%	73.7%	79.4%	82.2%	71.5%	6.3%
保留了旧的或仿制的工业器械	63.6%	80.8%	63.2%	53%	82.2%	70.9%	5.6%

项目	黄浦滨江段	杨浦滨江段	浦东滨江世博段	浦东滨江民生码头段	徐汇滨江段	总体	拒绝回答/不适用
新建建筑与整个工业氛围相符	72.8%	61.5%	57.9%	64.7%	67.9%	63.9%	5.6%
景观（雕塑、园艺等）	90.9%	69.2%	94.7%	85.3%	85.7%	81.2%	0%
照明	81.8%	67.3%	84.2%	52.9%	82.1%	70.2%	10.4%
支持设施（厕所、座椅等）	72.7%	69.3%	100%	79.4%	71.5%	76.4%	2.8%

虽然游憩者对杨浦滨江段环境感知的相关得分并不是最高，但在实地考察中发现，杨浦滨江段的工业感景观小品极具特色，厚重沧桑的工业遗产——老码头特有的钢质拴船桩、混凝土系缆墩，以及老工厂结构框架等，被精心设计并巧妙地融入游憩公共空间之中。首先，杨浦滨江段公共服务设施采用了大量的工业元素，如座椅、路灯、垃圾桶等，往往使用原水厂保留的工业水管、气阀等，颜值高且透着"工业风"。其次，杨浦滨江段中的雕塑小品，无论色调还是结构都与公共服务设施相协调，反映着旧时工人劳作的场景，与该区段的文化定位十分相符。最后，解说牌不仅与整体环境氛围相协调，对工业遗产保护与再利用也起到辅助（补充）作用。

2）公共服务体系建构感知

随着上海城市推进"一江（黄浦江）一河（苏州河）"高品质滨水空间建设，滨江岸线旁新增很多服务驿站、口袋公园、步道设施等，从细节处设置来看，既符合现代审美和服务功能需求，同时还叠加文化艺术元素，营造出温馨、便捷、舒适惬意的氛围……相关研究也表明，游憩者对黄浦江的游憩意象空间的积极情感占80.68%，这表明黄浦江两岸的游憩空间环境能够给游憩者带来休闲放松的体验。从游憩者对不同滨江区段可进入性相关服务的满意情况来看（表7-6），游客对黄浦江公共服务综合满意度比较高（图7-10），如步行道与跑步道获得的分数最好，但局部还是有一些不足之处的（其中停车场或停车位、游客服务中心信息咨询方面的评价不高）。实地考察也发现，黄浦江两岸旅游服务设施还不是很完善，在一些危险路段仍未设立警示牌，或是警示牌的设计简单粗糙、随意设置；或是没有明确约束游客环保行为等，导致重要区域被随意涂画破坏。

表7-6 游憩者对黄浦江两岸不同滨江区段可进入性相关服务的满意（赞同）情况

项目	黄浦滨江段	杨浦滨江段	浦东滨江世博段	浦东滨江民生码头段	徐汇滨江段	总体	拒绝回答/不适用
有参与感和互动性	63.6%	57.7%	57.9%	47.1%	57.2%	55.6%	5.6%
有相关解说	63.7%	40.4%	42.1%	17.6%	53.6%	39.6%	6.9%
解说形式多样	63.7%	25%	26.4%	11.8%	28.6%	25.7%	9.7%

续表

项目	黄浦滨江段	杨浦滨江段	浦东滨江世博段	浦东滨江民生码头段	徐汇滨江段	总体	拒绝回答/不适用
易于找到解说	63.6%	25%	31.6%	20.6%	25%	27.8%	10.4%
停车场	54.6%	52%	63.1%	44.1%	50%	51.4%	20.8%
游客服务中心（信息咨询）	72.8%	44.2%	78.9%	47.1%	60.7%	54.9%	12.5%

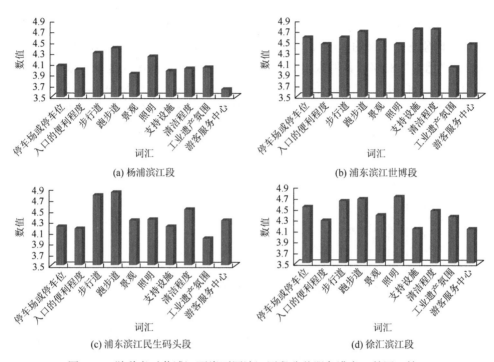

图 7-10 游憩者对黄浦江两岸不同滨江区段公共服务满意（赞同）情况

从游憩者对滨江公共服务满意率来看，黄浦江两岸地区的入口的便利程度、照明、支持设施和工业遗产氛围等均有待加强。例如，醒目的安全提示不足、洗手间和垃圾桶的配置较少、休憩设施不够等，黄浦江两岸滨江游憩公共空间有很多细节仍亟待完善、提升。从游憩者对不同滨江区段可进入性相关服务感知情况来看，"解说形式多样""易于找到解说"两项指标的综合评分较低，究其原因主要在于黄浦江两岸工业遗产解说功能的缺失和不完善。因此，黄浦江两岸地区在重塑（更新改造）工业遗产景观的同时，要先完善相关解说功能，同步推进工业遗产解说系统建设，使游客能够深切感知到黄浦江两岸工业遗产的历史痕迹，进一步增强黄浦江两岸地区工业遗产的游客感知度。

3）工业遗产与城市形象感知

不同的城市景观，能够塑造出迥异的城市文化氛围，进而赋予城市独特的个性魅力。通过对工业遗产进行适当的景观重塑，赋予其新的功能，不仅能够改变工业遗产及其周边环境原有的衰败形象，也可以为城市景观增添新的元素与文化内涵，进而塑造出新的城市景观（乃至新的城市地标），进一步提升城市（区域）形象的影响力和城市软实力。截取各类媒体中关于黄浦江两岸报道的形容词（词汇），调查询问游憩者对黄浦江两岸地区的第一印象（通过游憩者感知水平高低的反馈，在一定程度上可以验证黄浦江两岸规划实现的程度）。

　　统计归纳游憩者选择的词汇（图7-11），经梳理分析后发现，在游憩者对黄浦江第一印象感知最高的20个词汇中，排名前三位的分别是"休闲"10.3%，"运动"9.2%，"艺术"8.8%，说明大多数游憩者已经将黄浦江两岸地区视为城市公共游憩空间；"工业遗产"7.9%，位列所有印象感知的第四位，也反映出游憩者对黄浦江两岸地区的工业遗产已经有了比较直观的感受。此外，比例高于5%的词汇，还包括"环境优美""文化""商业""历史的""亲水""自然"，反映出黄浦江两岸的区域形象总体上丰富多样。

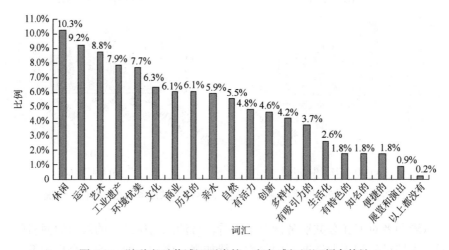

图 7-11　游憩者对黄浦江两岸第一印象感知词汇频率统计

三、黄浦江两岸工业遗产廊道构成单元

　　为了进一步提升黄浦江两岸地区工业遗产的整体价值及国际影响力，上海在建设"卓越全球城市"的愿景推动下，应积极探索以穿城而过的黄浦江为轴线的工业遗产"活化"再利用，着力建构黄浦江两岸工业遗产廊道/"工业遗存博览带"：由"绿色廊道系统"＋"游步道系统"＋"遗产系统"＋"解说系统"构成，即依托"游步道"，将在"绿色廊道"保护范围内的各个工业遗产点（"遗产系统"）串联起来，"解说系统"则是对整个黄浦江工业遗产廊道的综合解说，诠释工业遗

产所蕴含的丰富的历史、文化价值内涵，向社会公众宣传工业遗产廊道理念主题，进一步倡导社会公众关注及支持工业遗产廊道保护等。黄浦江两岸工业遗产廊道的建构，不仅可以整体性保护工业遗产，同时还承担休闲游憩、通行、连接、生态环境保护等功能。其中，公园绿地、游步道、旅游解说是黄浦江两岸工业遗产廊道重要构成单元及环境载体。

（一）公园绿地

作为串联及承载工业遗产资源的重要纽带，公园绿地是构成工业遗产廊道的基底和精髓，承载着城市生态保护和社会服务功能，不仅有利于城市小气候的调节和物种保护，还可以软化大都市建筑物的僵硬的轮廓等。新增以工业遗产为主题的公园绿地景观小品，在丰富景观内涵的同时，也有助于工业遗产文化氛围的渲染。自2003年起，上海积极推进黄浦江两岸综合整治，建设城市绿道慢行系统，商业服务区、主要居民区与黄浦江岸线呈现块状城市公园和带状滨江绿地的绿色景观休闲区紧密联系的布局已基本形成。

"绿色廊道"建设应充分尊重黄浦江河道两岸的自然肌理，在修复生态环境保持水网生态完整性的同时，注重对周边工业遗产历史文化内涵的挖掘、提炼、整合和展示，尽可能运用情景再现、沉浸等景观设计手法。例如，增加仿古建筑或景观小品，特别是遵循历史建筑真实性和完整性，修复修缮（恢复）工业遗产的历史风貌，形成连续的工业遗产与自然生态相融合的遗产景观带。黄浦江两岸的绿地植被遵循"保育""放任""更替"等原则，尽可能选择乡土树种，"保育"具有重要历史生态价值的古树古木、特色植物；"放任"自然生态群落自由演替，遵循其自然生长规律；"更替"那些对整体植被结构造成破坏的植物群落。

黄浦江两岸不同滨江区段的绿道应有自己的特色。例如，黄浦滨江段的绿道，其主题定位为"时空花园"，特色是分别将"空间""时间""季相"三类元素复合叠加，"空间"追求绿化形式多种多样，"时间"强化对城市历史文化的传承，"季相"凸显各类植物的不同表现方式。杨浦滨江段的绿道，在贯彻"海绵城市"理念下进行生态修复，选择原生植物品种并尽可能保留原有的乔灌木，并依据地形设置雨水花园、雨水湿地等；浦东滨江世博段的绿道，从北到南依次串起6座已建成的公园：白莲泾公园→世博公园→后滩公园→前滩友城公园→前滩休闲公园→前滩体育公园。

（二）游步道

游步道本身就是工业遗产廊道的构成主体，其线性空间布局模式，有助于加强对遗产廊道形态的认知。工业遗产廊道的慢行通道应综合考虑景观、周边设施、地形条件等，科学合理地安排步行道、跑步道和骑行道串联工业遗产点、公园绿地和基础配套服务设施等。为了激发游客对遗产廊道的认同感，游步道构建应遵循"浦江环、遗产源、游步径"，其中，"浦江环"指以黄浦江为纽带联系两岸的景观公园、道路交通及工业遗产；"遗产源"指黄浦江两岸分布的各类工业遗产，包括码头、建筑办公楼、工业老厂房等；"游步径"指引导居民（游客）到达参观工业遗产、绿地公园、文化场馆及浦江两岸滨水区的步道。

为了避免游步道设置的单调性，可以根据不同区段的工业遗产主题和环境特点等统筹设置，通过设立绿道慢行段、高架骑行段及步行段等，对"线"形游步道进行空间变换处理，使游步道与多种景观相契合，如游步道与亲水平台、休憩场地衔接，打造水上步道、观景走廊、景观浮桥、游憩服务区（如浦东滨江岸线上每隔1千米设置1幢可以直接眺望黄浦江、承载不同文化功能的玻璃木屋——"望江驿"，一座座造型不完全一致的小木屋，通常仅200平方米，集合了公共厕所、公共休息室、自动售卖机、雨伞架等便民设施；徐汇滨江的"水岸汇"为公众打造有品质、有特色、有温度的"艺术＋生态＋服务"融合的滨水公共服务新体验）等。在保证连续性的基础上，根据黄浦江两岸生态敏感度高低的实际情况，按照可达性分别设置不同的架空步道、地面步道、临水栈道等，既增加黄浦江两岸不同滨江区段的主题特色，游览的趣味性也大幅增加。

（三）旅游解说

旅游解说是工业遗产保护和管理的重要策略，也是黄浦江两岸工业遗产廊道整体性保护的重要抓手。黄浦江两岸工业遗产旅游解说系统由旅游解说客体（resources）、旅游解说主体（provisions）、旅游解说媒介（media）及旅游解说受众（receivers）组成，即 RPMR 结构模式。解说对象不仅是工业遗产资源本身，还包括工业遗产周围整体环境。黄浦江两岸滨江地区的工业建筑、码头景观、滨江绿地、配套设施等相互依存，承载着辉煌的工业文化及历史情感，也使得解说内容更加丰富多彩。根据工业遗产资源类型（属性），结合不同滨江区段功能发展定位和游憩者需求特点等，黄浦江工业遗产廊道可划分为多个解说主题板块（表7-7）。

表 7-7　黄浦江两岸工业遗产廊道不同板块解说主题

板块	所属区位及长度	解说主题
宝山滨江段	吴淞口—军工路与闸殷路交叉口，7.55 千米	航运旅游　魅力滨江
杨浦滨江段	军工路与闸殷路交叉口—秦皇岛路码头，14.6 千米	工业文明　科技创新
虹口滨江段	秦皇岛路码头—外白渡桥，2.5 千米	城市森林　炫彩演绎

续表

板块	所属区位及长度	解说主题
黄浦滨江段	苏州河—日晖港，8.3 千米	海派传承　创意博览
徐汇滨江段	日晖港—徐浦大桥，8.4 千米	文化体验　乐学交融
浦东滨江段	杨浦大桥—浦东南路，4.2 千米	文化长廊
	浦东南路—东昌路，2.5 千米	多彩画卷
	东昌路—白莲泾河，4.3 千米	艺术生活
	白莲泾河—川杨河，5.9 千米	创意博览
	川杨河—徐浦大桥，4.6 千米	生态休闲

黄浦江两岸工业遗产旅游解说系统的构建，应注重对解说信息的筛选，深度挖掘滨江不同区段工业遗产的历史文化内涵，在力争最大程度展现黄浦江两岸工业遗产独特价值特色的同时，讲解内容要寓教于乐。为满足不同年龄段游憩者游览遗产廊道时的合理诉求，各滨江区段可以选择不同的解说模式，包括采用综合式解说（如游客中心提供信息咨询、导览路线等多种解说服务）、向导式解说（如导游、专业讲解员、志愿者等与游客互动讲解）和自导式解说（如提供全景导览图、标识标牌引导，多媒体系统展示解说）等。而在博物馆、遗址展示厅、游客中心、考古工作站等地方，还可以利用数字多媒体手段，为游憩者提供现场沉浸式体验。

四、黄浦江两岸工业遗产廊道保护对策

黄浦江两岸工业遗产保护与再利用不断深化，奠定了黄浦江沿线以近代工业为主要元素的景观风貌特征，已初步发展成为上海中心城区可漫步、可阅读、"有温度"的美丽水岸空间。建构黄浦江两岸工业遗产廊道，首先，应确定工业遗产廊道的发展定位，明确主题；其次，确定工业遗产廊道的层次（边界），规划工业遗产廊道总体格局。鉴于黄浦江两岸工业遗产廊道是串联滨江各区段工业遗产、绿地公园及周边基础设施而形成的"线"形遗产区域，黄浦江两岸工业遗产"点"总体上与黄浦江呈"线"性空间关系，可以将工业遗产廊道划分为两个级别，即主要遗产廊道范围为 200 米，次要遗产廊道范围为 2000 米。

黄浦江两岸工业遗产廊道（表 7-8）整体上由"区域""遗产集聚区""工业遗产点"三个层次构成，其中，"区域"层次，主要是从"面"上考虑，强调从黄浦江两岸各滨江区段整体保护视角通盘筹划，工业遗产"活化"意义在于综合打造廊道遗产文化景观。"遗产集聚区"层次，主要从"线"上考虑，重点是

对工业遗产集聚区,如杨浦滨江段工业遗产保护性开发、再利用。"工业遗产点"层次,主要从"点"上考虑,在强调工业遗产资源的原真性基础上,对工业遗产保护、振兴。

表 7-8　黄浦江两岸工业遗产廊道构建层次

视角	构建层次	保护范围	构建策略
宏观	区域	整体区域,包括黄浦江两岸工业遗产廊道沿线 6 个区级行政辖区	根据工业遗产、公园绿地、游步道、旅游解说现状,确定遗产廊道的空间范围;以空间为视角,对各区工业遗产资源进行全面梳理,调查工业遗产的现状,包括级别、类型、特色、价值、空间分布特征等,确定不同节点主题,进行差异化发展;确定遗产廊道的整体格局,提出构建对策
中观	遗产集聚区	2 个工业遗产集聚区	确定工业遗产集聚区,进行重点保护,复兴展示其历史风貌,协调工业遗产资源与其周边环境,实施相应的保护开发策略
微观	工业遗产点	129 处工业遗产资源	对工业遗产进行详细调研,明确保护现状,针对不同保护级别及不同类型的遗产资源,采取与之相适应的保护策略

(一)工业遗产资源实施分级保护管理

黄浦江两岸不同类型和级别的工业遗产,应灵活采取不同的保护与再利用策略,即对工业遗产实施分级保护管理。在对黄浦江两岸工业遗产资源进行普查(登录)与等级评定的基础上,对已经明确保护级别的,严格执行相关保护条例要求;目前仍未明确保护级别的,应提前采取一些预保护措施,尽快推进其评定等级,并同步制定具体的保护开发对策。根据黄浦江两岸工业遗产资源的空间分布情况,可以划分为三个级别,即"核心保护区""控制保护区""外围发展区"。其中,"核心保护区"(距离黄浦江 200 米范围以内),严格保护工业遗产及其周边环境的原真性与完整性,保持工业遗产空间格局与历史风貌。"控制保护区"(距离黄浦江 2000 米范围以内),整合相对零散的工业遗产资源与周边自然环境烘托遗产廊道的氛围,可适当发展工业旅游、户外游憩等。"外围发展区",适度开发与工业遗产相关的文化、体育赛事、节庆等主题休闲活动,促使工业遗产"活化"再利用向腹地和两侧延伸拓展。

(二)制定完善工业遗产保护规划体系

黄浦江两岸工业遗产廊道实施整体性保护与再利用策略,首先是对黄浦江两岸工业遗产廊道进行整体和全面保护。工业遗产廊道应制订一套完善的保护规划体系，按照保护对象与功能的不同，可分为总体规划、专项规划和区域规划。不同的保护规划主要是层次规模不同，但各层次相互之间是密切联系的。总体规划，针对黄浦江两岸工业廊道生态环境、资源赋存、历史文化及现状特点，统筹兼顾确定遗产廊道的发展目标和整体保护准则。专项规划，针对工业遗产的薄弱环节和重点保护领域编制规划，根据工业遗产的不同类型制定相关保护开发利用策略，是总体规划在核心领域的深化补充。区域规划，包括核心区段详细规划和遗产廊道内工业遗产节点的详细规划，核心区段的详细规划是对遗产资源集聚区域的保护和开发措施；工业遗产节点的详细规划设计主要针对特定的工业遗产点的保护、开发和利用。

（三）建立健全工业遗产保护政策法规

政策法规具有明示和预防作用。充分发挥政府作用，健全政策法规，是合理合法保护黄浦江两岸工业遗产廊道的重要保障。针对工业遗产界定、审批、管理等诸多问题，虽然上海已先后出台《上海市人民政府关于黄浦江两岸综合开发的若干政策意见》《上海市黄浦江两岸开发建设管理办法》《黄浦江两岸地区发展"十三五"规划》《上海市工业旅游创新发展三年行动方案》《上海市优秀近代建筑保护管理办法》等地方性政策，主要是对文物保护单位、优秀历史建筑等遗产单体保护，工业遗产廊道整体性保护方面的政策法规较缺乏。而相关政策法规的建立健全与完善，是保护黄浦江两岸工业遗产资源及其周边环境的法律基础、政策依据，尽快启动诸如《上海市工业遗产保护管理办法》等政策法规文件的制定和实施等工作，能够进一步明确工业遗产的保护地位和具体要求，也确保了黄浦江两岸工业遗产廊道保护能够有法可依。

（四）推进形成多方参与保护管理机制

在推进工业遗产保护管理的实践中，上海已初步形成多方参与的保护管理机制。工业遗产传承着工业文明，理应是一场"全民运动"。黄浦江两岸工业遗产廊道保护离不开政府、企业、专家、社会公众等多方力量的支持，更应得到社会公众的认可，应以丰富多彩的活动，吸引社会公众参与。首先，要增强社会公众对黄浦江工业遗产廊道的认知，提高社会公众对工业遗产廊道的保护意识。其次，在黄浦江工业遗产廊道保护管理过程中，充分发挥社会公众的组织和监督作用，通过多种途径鼓励社会公众积极参与工业遗产廊道的保护，如加大工业遗产保护政策的资金扶持力度，探索采取政府和社会资本合作（public-private partnership，

PPP）模式等。最后，建立社会公众与政府互动交流平台，政府积极主动公开黄浦江两岸工业遗产廊道相关信息，双方建立良好的合作关系。例如，在编制黄浦江工业遗产廊道总体与专项规划及遗产保护实施方案时，应广泛征求社会公众的意见和建议，让社会公众不仅仅是工业遗产的观光者，更成为工业遗产保护的践行者。

（五）策划推广工业遗产旅游品牌知名度

黄浦江两岸工业遗产等级不同、类型多样、特色不一、价值多元，堪称是上海近代工业文化"活化石"。工业遗产旅游可以说是黄浦江两岸工业遗产最有效的"活化"再利用途径之一。有研究数据显示，黄浦江两岸（核心段）45 千米滨江公共岸线（空间）贯通以后，游客到访数量增长显著（同比增长近 50%）。结合黄浦江两岸不同滨江区段工业遗产廊道主题及游憩空间特色与游憩资源优势，通过对工业遗产点及游憩公共空间的旅游吸引体系和旅游服务要素整合，可以策划并定期组织游客开展多种类型的工业遗产旅游活动，将工业遗存与文化创意、城市记忆、休闲氛围深度融合，将工业遗产景观与智慧城市建设、物联网、云计算等创新应用深度融合。例如，选择市场反应良好的"1933 老场坊""上海国际时尚中心"等进行深度开发，建设若干主题旅游线路，打造具有鲜明地域特色的工业遗产旅游品牌。

此外，可以利用每年举办的中国国际工业博览会、中国国内旅游交易会等大型展会平台，重点推介黄浦江两岸工业遗产旅游。世界人工智能大会、世界技能大赛、城市空间艺术季及健身公益跑等赛事活动先后集聚黄浦江两岸滨水空间举办，可借助微信公众号、微博、电视、广播、网站、短视频等传统和新兴媒体渠道，在广泛宣传报道各类赛事活动的同时，加大对黄浦江两岸工业遗产规模、形象、区位宣传，进一步推广、提升黄浦江两岸工业遗产廊道知名度。例如，上海城市空间艺术季（2019 年），在杨浦滨江地区举办（展示）后，有 21 件公共艺术作品被永久留存当地，吸引了众多时尚潮人前往打卡、观赏。

黄浦江两岸工业遗产"活化"再利用是一个动态发展的过程，应统筹协调工业遗产保护与周边滨水地区的生态景观环境融合共生，在对杨浦滨江段、徐汇滨江段和浦东滨江世博段等滨江区域工业遗产进行综合开发/再利用时，注重对滨江地区整体空间肌理和风貌的保护，面向消费和体验，力求现代功能与工业遗迹和自然环境相融合，同步实现生态修复和景观再生，即它以跨界的方式嵌入市民日常生活，让承载着城市历史记忆的工业遗产得以延续、复活。尽管工业遗产更新进程中的"新"与"旧"、传统与现代构成了无法回避的复杂矛盾，但在黄浦江两岸工业遗产廊道构建过程中，还是要积极推动工业遗产保护与新技术、新业态的融合，持续不断创新科技手段应用，探索智慧化管理。例如，杨浦滨江段推出"无线感应阅读"功能，只需戴上耳机，当游客走近工业遗存建筑之时，就能够听到相关讲解（中文/英文），游客能够深度感知工业遗产，也使得杨浦滨江段有"露天的近代工业建筑博物馆"美誉。

第八章 结 论

城市化进程的提升与城市更新的深化，不断加速着城市空间环境与人类行为方式的变革。在经济全球化浪潮席卷之下，不同规模、类型的城市都在加速融入全球城市体系和全球化景观的建构之中，尤其是特大城市、超大城市人口和经济高度集聚，市民闲暇时间增多、游憩需求日益增大的背景下，作为市民（游客）主要活动场所和开展游憩活动重要载体，城市游憩公共空间以其自内向外的凝聚力和辐射力，不断集聚周边游憩资源形成产业集群发展，进而有效推动城市与产业、文化、生态等多业态融合协同增长。城市游憩公共空间以其良好的空间可达性及产业集聚化、功能多元化、服务全域化、公益性等特征，不仅是城市游憩资源整合与配置、游憩活动在城市空间上的组织形式，也是市民游客开展游憩活动时最易接近、高频使用的空间场所，堪称"家门口"的"诗和远方"。

城市游憩公共空间是城市发展到较高阶段的产物，是城市产业转型升级、城市空间扩张、城市更新与功能提升、城市居民游憩方式变化等合力作用的结果。无论城市规模能级大小，人们追求"诗意栖居"的初衷始终没变，特别是当城市步入后工业消费型社会发展阶段，为了满足市民（游客）常态化的游憩活动需求，重塑"宜居—宜业—宜游—宜商—宜乐—宜文"的新型游憩公共空间已成为城市更新大背景下全域旅游建设的重点。鉴于城市更新背景下城市游憩公共空间演化有其特有的逻辑，谋求创新城市游憩公共空间提供机制与方式的科学问题解决之道，以实现城市游憩公共空间公平与高效供给，加强城市游憩公共空间演化研究具有重要学术价值与应用价值。

一、研究结论

在当代消费逻辑驱动下，城市公共空间发展趋向游憩化引发了社会各界对城市游憩公共空间领域广泛的关注和反思：城市更新进程中怎样实现游憩公共空间与城市产业、形态、功能的有机耦合？如何加快促进高品质城市游憩公共空间可持续发展？如何精准测评游憩公共空间供给能力和市民（游客）游憩需求的匹配程度等，已成为考量城市可持续与"韧性"发展的重要指标和关键节点。因此，研判城市游憩公共空间业态变化、城市游憩公共空间的主要提供机制和方式、城市游憩公共空间更新动力及演进规律等尤为迫切。在对城市游憩公共空间主要提供机制与方式理论分析的基础之上，以上海市域范围内典型游憩公共空间为实证对象，通过选取多个案例地现场考察，分析游憩公共空间发展现状，研究其存在的"痛点"/瓶颈问题，探索游憩公共空间更新驱动力及主要更新模式，并尝试提出城市游憩公共空间更新策略等，得出以下主要结论。

（一）诠释界定城市游憩公共空间概念内涵

综合文献材料分析，我国城市游憩公共空间相关研究已经取得长足进步，关于城市游憩公共空间概念虽然学术界仍未达成统一认识（看法），但学者基于不同研究目的深入讨论已形成了对相关概念的基本认识。本书将"城市游憩公共空间"界定为：在城市范围内，依托一定的商业、文化、休闲、旅游等现代服务产业集聚发展特征形成的城市地标性开放空间，以其较为富集且等级较高的游憩资源、吸引物，能够为市民（游客）提供游憩活动所需的设施、服务及环境。简而言之，就是在城市化发展和城市更新进程中具有游憩功能的城市公共空间，它是在城市着力创建全域旅游及游憩空间供给不足、市民闲暇时间增多和游憩需求增大的背景下产生的，具有公益性特征和多功能属性的公共开放区域，以满足市民（游客）不同的日常游憩活动需求为主要功能，能够极大提升市民（游客）对所在城市的获得感、满足感、幸福感。

（二）构建城市游憩公共空间多维分类框架

城市游憩公共空间尺度差异悬殊、构成形态类型复杂多样。随着城市社会经济的发展及科学技术进步，为满足市民（游客）多样化的日常游憩活动需求，新类型、新模式的游憩公共空间（基本单元）不断涌现，游憩公共空间类型分布的主题性、叠加性，游憩空间功能的复合多元化演进特征愈加显著，且更加注重对游憩公共空间品质的追求。城市游憩公共空间分类框架构建如下：在横向维度上，依据城市游憩公共空间需求层次、政府服务职能范畴，分为保障型、发展型；在纵向维度上，依据城市游憩公共空间自身公共物品属性，分为公共池塘类、俱乐部类、公共池塘类-俱乐部类；再结合城市游憩公共空间建成（新建或改造）后的使用功能属性，从"生态、生产、生活"三个层面，将城市游憩公共空间划分为政府供给/（生态）基础型、市场供给/（生产）消费型、多元供给/（生活）服务型。此种分类从游憩公共空间提供主体、需求主体及空间本身的公共物品属性、游憩公共空间建成后的使用等角度出发，突破了传统按照功能属性进行静态划分方式。

（三）以上海为样本开展游憩公共空间选划

借助 GIS 空间分析技术、地图区划等方法，对上海城市游憩公共空间开展选划，研究结果表明，上海城市游憩公共空间区际差异显著，主要集中分布在中心城区，黄浦区、虹口区、静安区、徐汇区、长宁区、杨浦区、普陀区等区域的分布最密集。考虑到游憩公共空间各构成基本单元（公园绿地、商业/购物中心、城市广场、特色街区、滨水空间、活动场馆、旅游景区）集聚与类型的组合情况，选取核密度指数达到 271 以上的为城市游憩公共空间，并参考《上海市旅游业发展改革"十三五"规划》中旅游功能区规划、上海各区"十三五"规划和旅游业发展相关专项规划等，上海城市游憩公共空间共选划出 47 个。

再根据各游憩公共空间得分值大小及城市游憩公共空间中单体类型所占权重等，将上海城市游憩公共空间划分为三个等级（一级 12 个、二级 24 个、三级 11 个）和四种类型（观光型占比 38%、购物型占比 32%、休闲度假型占比 25%、商务型占比 19%）。上海中心城区游憩公共空间的吸附作用比较强，虽然以"外滩—南京东路"为系统重心的上海城市游憩公共空间的聚集分形特征较为显著，具有自组织优化趋势，但是空间整体关联性较低，系统结构不是很紧致，高等级及商务型、购物型游憩公共空间比例较低不利于上海打造国际消费城市及上海"购物品牌"等是必须尽快解决的"痛点""堵点"之所在。

（四）探索城市游憩公共空间更新发展动力

作为衡量城市社会文明和市民生活质量的重要表征，城市游憩公共空间更新是消费（需求）拉动、资本（市场）撬动、生态（文明）带动、（政府）政策推动、文化（变迁）牵动、科技（创新）驱动等多种力量合力驱动的结果。城市游憩公共空间演化源于市民（游客）需求变化、游憩公共空间形式创新及设计理念转变、城市游憩公共空间内容变革等。城市游憩公共空间更新主要有生态景观建设模式、遗产活化再利用模式（又可细分为场馆类模式、游憩商业模式、创意园区模式、娱乐休闲区模式）、城市地标植入模式。

由于在实践中城市游憩公共空间提供受到城市地理位置、排他性技术条件、城市所处发展阶段等影响，呈现出显著的阶段性、地方性等特征。从城市游憩公共空间演化脉络及发展历程来看，大多遵循空间上从平面到立体，范围上由小到大，功能上从单一到多元复合，由盲目发展逐渐演变到系统化、有规划、有设计的理性、有序发展。基于城市更新背景下，不同规模等级城市游憩公共空间更新迭代呈现出不同的演化规律，总体上趋向："推倒式重建"→"小规模渐进式更新"；

"功能单一型"→"复合多功能综合型";"政府主导型"→"多主体合作型";"提供方规划建设"→"引导社会公众参与"等。

（五）模拟推演城市游憩公共空间提供机制

城市游憩公共空间提供机制的研究就是对各提供主体及相互之间的合作方式、提供模式等一揽子研究的过程。随着城市经济的非均衡、跨越式增长及中心城区人口密度攀升、郊区化蔓延和城市用地功能置换、现代城市游憩生活的多元化、差异化等，城市游憩公共空间需求结构、供给模式及更新机制与游憩功能定位日益复杂化。城市游憩公共空间的提供主体主要有政府、市场（企业）、社会第三方组织（包括社区、居民）等，不同提供主体在具体的游憩公共空间提供过程中的作用边界、方式等复杂多元。随着市场竞争机制被引入到游憩公共空间供给领域之中，由政府、市场（企业）、社会第三方组织（社区）共同参与提供的多元化主体提供格局得到进一步深化。

目前，我国城市游憩公共空间提供主体主要是政府、市场，主要提供模式有多种，包括政府独立提供模式（G-G），政府主导、市场参与提供模式（G-G，G-M），市场主导、政府参与提供模式（M-M，M-G）和社会第三方组织提供模式（S-S、G-S）。在城市游憩公共空间具体提供方式上有合同外包、租赁、特许经营、补贴、竞标、委托代理、监督等多种类型。通过合理的机制安排，即建构城市游憩公共空间多元复合供给机制，确保城市游憩公共空间在制度框架内有效供给，城市游憩公共空间的提供必须是政府统筹及干预下的不同提供主体之间的协作关系，即形成游憩公共空间"增长联盟"。

（六）强化游憩感知维度提升游憩空间品质

城市游憩公共空间的数量多少、分布均衡与否及内部空间设计利用合理与否，都会直接影响到游憩公共空间的使用效率和实现城市游憩公共空间结构与城市形态、功能、定位、结构等有机更新的耦合。保持城市游憩公共空间自身特色和全面提升城市游憩公共空间品质是城市可持续"韧性"发展的关键所在。由于市民（游客）是城市游憩公共空间的最终消费使用者，同时也是城市游憩公共空间的建设管理者，因此，强调从游憩者感知的视角发现问题、解决问题，即游憩感知体验应作为游憩空间品质测评手段和依据。某种程度上可以说，游憩者感知水平的高低也是游憩公共空间品质优劣的最有力证明，特别是在中心城区存量游憩公共空间资源日渐趋紧的当下，从市民（游客）的游憩感知维度，剖析城市游憩空间品质影响因素，评价不同类型游憩空间品质发展水平，根据市民（游客）游憩消费需求变化调整游憩公共空间生产（供给）并实现相对的供需平衡，可以为城市游憩公共空间顺应时代发展变革（更新改造）提供参考量化依据。

（七）验证上海游憩公共空间更新优化策略

上海城市游憩公共空间提供多元化特征显著，已从以政府为单一主体（政府独立提供模式，如公园绿地建设），发展到政府、市场双主体（政府主导、市场参与和市场主导、政府参与两种提供模式，如特色街区的保护开发和商业购物中心的变革），再到城市街道社区（社会第三方组织提供模式，如上海田子坊的更新改造）自发提供的多元主体，具体提供方式已从政府直接提供，转向通过"竞争招标—契约合作—监督管控"等小规模、微尺度、渐进式提供发展。基于相关典型实践案例分析，上海城市游憩公共空间更新优化可采取策略：在中心城区和郊区新城重点培育多个高级别的城市游憩公共空间（如南京路步行街东拓—黄浦江两岸滨江空间贯通打造世界级"城市会客厅"）；基于消费文化塑造特色游憩公共空间（如工业遗产"活化"再利用为文化创意产业园）；城市游憩公共空间结构网络化发展（如城市"绿道"串联"碎片化/斑块状"公园绿地形成"城市游憩绿网"，由"点"到"线"再到"面"建构黄浦江两岸"工业遗产廊道"等）；建成并完善动态城市游憩公共空间提供体系；统筹推进城市游憩公共空间整合发展；加强城市游憩公共空间规范化管理等。

二、研究创新

创新城市游憩公共空间理论研究框架体系，本书研究特色主要体现在下列几个方面。

研究角度——基于系统化、跨学科和多视角剖析城市游憩公共空间演化规律与更新迭代趋势，借助 CiteSpace 文献分析软件、GIS 空间分析技术、地图区划及 SPSS、Excel 分析软件和分形理论（fractal theory）、扎根理论等方法，多维度综合视角诠释游憩公共空间概念内涵、属性特征，开展游憩公共空间研究关键词分析，进行游憩公共空间类型选划，探索游憩公共空间更新驱动力及主要提供机制方式等，具有重要学术价值与应用价值。

研究范围——在城市更新及全域旅游建设大背景下，突破多局限于研究游憩公共空间分类、结构、功能及规划设计、空间布局等，尝试探索对多重约束条件下城市游憩公共空间提供机制与方式的动态选择，遴选城市公园绿地、商业（购物）中心、特色街区（历史文化风貌区）、工业遗产"活化"再利用、滨水公共空间复兴等，专题推演不同类型游憩公共空间更新机理，并在游憩者视角测评分析游憩公共空间品质的基础上，即从供-需视角提出游憩公共空间更新实施路径等。

研究成果——在对已有经验事实的观察分析及游憩公共空间主要提供机制与方式等总结提炼基础上，选取中国最大的经济中心和正在崛起为全球城市的上海市为实践案例研究区域，并重点以上海工业遗产"活化"再利用为综合实践样本，深入探讨城市游憩公共空间演化（更新迭代）路径等，对国内其他城市游憩公共空间建设具有一定的理论指导及实践示范借鉴意义。

三、尚需深入探讨的问题

基于城市更新背景下，本书虽然就城市游憩公共空间演化规律、城市游憩公共空间主要提供机制与方式等问题进行初步的理论探讨和实践验证，并选取上海市（中国经济总量最高的城市）为案例样本区域进行相关实证分析，但由于城市旅游公共空间始终处于动态发展变化状态，且在城市更新实践中可供参考和借鉴的经典案例并不是很多（已有案例多数也处于摸索尝试阶段，仍需要经受住时间考验）。因此，尚有很多问题亟待深入探讨研究。例如，在城市游憩公共空间演化或更新迭代进程中，对于不同游憩公共空间个体建设（新建或改造）而言，首先必须厘清其发展定位是"全球化"还是"地方化"？服务对象是"社会大众"还是"小众群体"？游憩公共空间建设规划是"提供方设计"还是"消费者参与"等游憩公共空间建设（更新）逻辑基本框架。

（一）选取不同规模城市开展游憩公共空间更新对比研究

对于规模能级不同的城市来说，其所需要供给的城市游憩公共空间数量及类型是有所差别的。在某一座超大城市或特大城市获得成功的游憩公共空间提供机制与方式，并不一定适用于另一座小城市、中等城市或大城市。因此，在后续的研究中将考虑选择不同规模能级的城市案例做对比研究。例如，选择北京、天津、重庆、广州、南京、杭州、深圳、苏州、成都、武汉等城市游憩公共空间的典型样本个案（历史文化街区、滨水公共空间、工业遗产"活化"、购物型游憩空间等）进行对比观察和验证，进一步探讨不同城市游憩公共空间动态提供机制的内在约束和创新激励条件变化，以及影响城市游憩公共空间更新进程的各种变量关系等。

（二）建构并持续完善优化城市游憩公共空间数据库系统

城市游憩公共空间主要提供机制及方式的选择受制于多种因素，游憩公共空间更新迭代也是各提供主体之间复杂多元利益博弈的结果。应依托智慧城市建设，建构城市游憩公共空间数据库系统，并及时动态更新维护，以全过程跟踪研究不同类型、不同等级、不同区位的城市游憩公共空间演化变化规律。重点关注引入市场竞争和社会组织参与提供的游憩公共空间领域。例如，探讨有限的财政资源（包括综合公共管理、政策法规及制度安排等）在多样化、差异化甚至相互冲突的游憩消费需求偏好之间如何排序，模拟推演及预测可供选择的游憩公共空间提供机制与方式，并辅以大量的统计调查和样本实时现场测量数据分析为基础，持续矫正和完善相关研究成果。

（三）深入开展城市游憩公共空间更新迭代趋势前瞻研究

当今世界处于大变局之中，尤其是数字化正在不断颠覆着城市经济增长格局、全面重塑城市治理模式、深刻变革人类生活方式，无论是政府职能从重视管理转向强化服务，还是市场（企业、商家）刀刃向内创新产业生态链打造特色消费产业集群，抑或是培育社会第三方组织内生动力自我发展，不变的是游憩公共空间最终使用者（市民、游客）不断求新、求奇、求异的多样化游憩消费需求。如何在纷繁复杂瞬息万变的供—需环境下，找寻到城市游憩公共空间提供方与需求方的平衡点，打造游憩公共空间投资建设"强磁场"？最佳答案之一就是深入开展城市游憩公共空间演化规律及更新迭代趋势的前瞻性研究，谋定而快动，才能确保城市游憩公共空间建设（新建或改造）从"跟跑"向"并跑"乃至引领未来发展迈进。

参 考 文 献

奥斯特罗姆 E，帕克斯，惠特克. 2000. 公共服务的制度建构都市警察服务的制度结构. 宋全喜，任睿译. 上海：上海三联书店.

白晶. 2005. 居住区儿童户外游憩空间研究. 东北林业大学硕士学位论文.

包亚明. 2006. 消费文化与城市空间的生产. 学术月刊，(5)：11-13，16.

鲍德里亚 J. 2008. 消费社会. 刘成富，全志钢译. 南京：南京大学出版社.

蔡青. 2018. 上海工业遗产转型创意产业园区数据分析与发展研究. 遗产与保护研究，3（7）：79-84.

曹瑞，李仁杰，傅学庆，等. 2012. 基于互联网信息的城市商业游憩网点空间竞争域划分研究. 地理与地理信息科学，28（3）：54-58，67.

曹子谦. 2007. 上海市徐汇区肇嘉浜路以北历史文化风貌区保护的研究. 上海交通大学硕士学位论文.

陈畅，陈洪，李司东. 2018. 上海工业遗产保护的难点与对策. 科学发展，(4)：97-107.

陈庚，朱道林，苏亚艺，等. 2015. 大型城市公园绿地对住宅价格的影响——以北京市奥林匹克森林公园为例. 资源科学，(11)：2202-2210.

陈宏. 2003. 上海大型商业空间的发展与购物体验. 上海艺术家，(3)：32-33.

陈健豪. 2014. 上海 K11 购物艺术中心多元体验空间，让创艺与想象开花. 中国广告，(1)：41-43.

陈立群. 2019. 多方共治的商业改进区. 国际城市规划，34（4）：154-158.

陈庆霞. 2011. 复合功能模式下的小型商业空间研究. 南京航空航天大学硕士学位论文.

陈淑莲，舒伊娜，王丽娜. 2015. 绿道休闲服务供给机制研究——以广州市增城区为例. 热带地理，35（6）：934-942.

陈曦. 2005. 历史滨水区更新中的旅游开发与城市设计. 新建筑，(2)：72-75.

陈玺撼. 2020-11-08. 上海绿道已"生长"至 1093 公里，未来 5 年还将增加 1000 公里. 解放日报，02.

陈玺撼. 2021-01-15. 截至 2020 年底上海人均公园绿地面积 8.5 平方米"生态之城"未来五年造"千园". 解放日报，01.

陈霄，陈婉欣. 2018. 欧美游客对中国城市购物中心的地方性感知——以宁波市天一广场为例. 热带地理，38（5）：717-725.

陈小琴，陈贵松. 2015. 森林游憩区志愿供给研究——基于福建省周宁县若干景区的调查. 福建论坛（人文社会科学版），(3)：131-135.

陈欣. 2016. 城市广场休闲游憩空间游憩涉入相关研究. 内蒙古大学硕士学位论文.

陈渝. 2013. 城市游憩空间的发展历程及类型. 中国园林，(2)：69-72.

陈兆倩. 2019. 城市历史街区的"空间消费"研究——以无锡清名桥历史文化街区为例. 中国民族博览，(3)：201-202.

陈振华. 2014. 从生产空间到生活空间——城市职能转变与空间规划策略思考. 城市规划,（4）：28-33.

陈竹, 叶珉. 2009. 什么是真正的公共空间？——西方城市公共空间理论与空间公共性的判定. 国际城市规划, 24（3）：44-49, 53.

丛蕾. 2012. 美国历史住区的自我更新机制研究. 规划师,（11）：117-122.

崔俊涛. 2014. 遗产廊道视野下的汉江乡村旅游开发的适宜性影响因素分析. 农村经济与科技,（5）：84-87.

崔卫华, 余盼. 2010. 近现代化进程中辽宁工业遗产的分布特征. 经济地理, 30（11）：1921-1925.

崔喆, 沈丽珍, 刘子慎. 2020. 南京市新街口 CBD 服务业空间集聚及演变特征——基于微观企业数据. 地理科学进展, 39（11）：1832-1844.

戴志中. 2006. 国外步行商业街区. 南京：东南大学出版社.

邓丽华. 2015. 基于 AHP 的茶马古道云南段文化遗产廊道构建研究. 云南师范大学硕士学位论文.

蒂耶斯德尔 S, 希思 T, 厄奇 T. 2006. 城市历史街区的复兴. 张玫英, 董卫译. 北京：中国建筑工业出版社.

丁凡. 伍江. 2017. 城市更新相关概念的演进及在当今的现实意义. 城市规划学刊,（6）：87-95.

丁亮, 钮心毅, 宋小冬. 2017. 上海中心城区商业中心空间特征研究. 城市规划学刊,（1）：63-70.

丁新军, 阙维民, 孙怡. 2014. "地方性"与城市工业遗产适应性再利用研究——以英国曼彻斯特瑟菲尔德城市遗产公园为例. 城市发展研究,（11）：67-72.

董超. 2020. 顺应消费升级趋势 促进首店经济发展. 先锋,（2）：48-50.

董楠楠, 陈奕璇, 张圣红. 2015. 上海市中心区公园儿童游憩的代际演变. 中国园林, 31（9）：38-42.

杜忠潮, 柳银花. 2011. 基于信息熵的线性遗产廊道旅游价值综合性评价——以西北地区丝绸之路为例. 干旱区地理,（3）：519-524.

厄里 J. 2009. 全球复杂性. 李冠福译. 北京：北京师范大学出版社.

范立群. 2018. 融入上海城市气质 打造购物新地标——关于传统百货购物中心化的思考. 上海商业,（5）：16-17.

范晓君, 徐红罡. 2020. 旅游驱动的再地方化：地方视角下工业遗产保护与利用的创新路径. 旅游论坛, 13（2）：17-27.

方庆, 卜菁华. 2003. 城市滨水区游憩空间设计研究. 规划师,（9）：46-49.

方田红, 高鹏. 2006. 上海公共游憩场所空间布局分析——以公共绿地为例. 太原大学学报,（2）：41-43.

冯维波. 2006. 我国城市游憩空间研究现状与重点发展领域. 地理科学进展,（6）：585-592.

冯维波. 2009. 城市游憩空间分析与整合. 北京：科学出版社.

冯维波. 2010. 城市游憩空间系统的结构模式. 建筑学报,（S2）：150-153.

冯维波. 2011. 浅谈城市游憩空间整合的文化机制//中国城市规划学会. 转型与重构——2011 中国城市规划年会论文集. 南京：东南大学出版社：8035-8041.

冯维波, 龙彬, 张述林. 2009. 基于游憩者感知的重庆都市区游憩空间品质评价. 人文地理, 24（6）：91-96.

冯霞. 2007. 城市户外游憩地空间配置研究：以武汉市公园绿地为例. 湖北大学硕士学位论文.

高聪颖, 侯德贤. 2019. 城市公共空间合作治理的发展机制研究. 湘潭大学学报（哲学社会科学版），43（2）：28-33.

高梦雨. 2018. 胶济铁路济南段工业遗产廊道格局构建研究. 山东建筑大学硕士学位论文.

高婷. 2017. 城市游憩公共空间服务质量评价. 上海师范大学硕士学位论文.

高相铎，陈天，胡志良，等. 2015. 复合功能视角下天津市郊野公园游憩空间规划策略. 规划师，31（11）：
    63-66.

管驰明，崔功豪. 2003. 中国城市新商业空间及其形成机制初探. 城市规划汇刊，（6）：33-36，95.

管娟，郭玖玖. 2011. 上海中心城区城市更新机制演进研究——以新天地、8 号桥和田子坊为例.
    上海城市规划，（4）：53-59.

郭淮成. 1999. 浅谈国外城市游憩规划. 当代建设，（4）：11.

郭俊辉. 2016a. 不同类别购物中心顾客体验影响效果对比. 商业研究，（10）：51-57.

郭俊辉. 2016b. 顾客体验的结构、传导机制及其收入的调节效应——对大型休闲购物中心的考
    察. 中国流通经济，30（6）：65-74.

郭顺通，郭风华. 2007. 城乡一体化进程中游憩空间分类编码研究. 安徽农业科学，（28）：
    8983-8985.

郭洋. 2011. 上海创意产业园建成环境的使用后评价研究. 上海交通大学硕士学位论文.

国家统计局上海调查总队. 2015. 文化提升城市生活品质. https://tjj.sh.gov.cn/tjfx/20151227/
    0014-286202.html[2015-12-28].

哈维 D. 2003. 后现代的状况——对文化变迁之缘起的探究. 阎嘉译. 北京：商务印书馆.

哈维 D. 2006. 希望的空间. 胡大平译. 南京：南京大学出版社.

韩福文，佟玉权. 2010. 沈阳工业遗产保护与旅游利用探讨. 国土与自然资源研究，（1）：77-79.

韩福文，佟玉权，王芳. 2011. 德国鲁尔与我国东北工业遗产旅游开发比较分析. 商业研究，（5）：
    196-200.

韩福文，佟玉权，张丽. 2010. 东北地区工业遗产旅游价值评价——以大连市近现代工业遗产为
    例. 城市发展研究，17（5）：114-119.

贺海娇. 2018. 基于分形理论的上海城市游憩公共空间结构优化研究. 上海师范大学硕士学
    位论文.

侯晓丽，武思琦，范亚桢. 2019. 大型购物中心景区化管理模式研究及评价指标体系构建. 商业
    经济研究，（23）：111-114.

胡浩. 2006. 现代奥运会对举办城市公共游憩空间扩展影响的研究述评——兼论对 2008 年北京
    奥运会的借鉴意义. 北京社会科学，（5）：30-33.

胡迎春，赵亮，祁潇潇，等. 2017. 基于无地方性的大型购物中心旅游吸引力研究. 华侨大学学
    报（哲学社会科学版），（4）：70-80.

黄晨楠，张健. 2017. 上海工业遗产再利用为后工业景观浅析. 华中建筑，（8）：78-83.

黄丽琴. 2019. 城市历史文化风貌区游憩空间品质评估研究——以上海中心城区为例. 上海师
    范大学硕士学位论文.

黄慕璇. 2019. 健康导向下的口袋型游憩空间形态设计研究. 大众文艺，（1）：86-87.

黄阳，吕庆华. 2011. 西方城市公共空间发展对我国创意城市营造的启示. 经济地理，31（8）：
    1283-1288.

黄震方，顾秋实，袁林旺. 2008. 旅游目的地居民感知及态度研究进展. 南京师大学报（自然
    科学版），（2）：111-118.

霍华德 H. 2000. 明日的田园城市. 金经元译. 北京：商务印书馆.

吉慧，曾欣慰. 2017. 城市更新中的工业遗产再利用探讨——以上海八号桥为例. 城市发展研究，24（12）：116-120.

季松. 2010. 消费时代城市空间的生产与消费. 城市规划，34（7）：17-22.

季松. 2011. 消费社会时空观视角下的城市空间发展特征. 城市规划，35（7）：36-42.

季学峰. 2020. 城市游憩公共空间提供机制研究——以上海为例. 上海师范大学硕士学位论文.

贾梦婷，张东峰. 2017. 城市复兴机制下工业遗产活化模型探析——以台湾地区松山文创园区为例. 建筑与文化，（11）：40-41.

贾彦. 2015. 1949—1978：上海工业布局调整与城市形态演变. 上海党史与党建，（1）：27-30.

姜洪庆，刘帅，熊安昕，等. 2015. 休闲时代下岭南城市游憩空间设计策略. 规划师，31（8）：32-37.

蒋慧，王慧. 2008. 城市创意产业园的规划建设及运作机制探讨. 城市发展研究，（2）：6-12.

金静. 2010. 嘉定历史文化风貌区景观构成分析. 西北农林科技大学硕士学位论文.

金世胜. 2009. 大都市区公共游憩空间的建构与解构——以上海为例. 华东师范大学博士学位论文.

金卫东. 2012. 智慧旅游与旅游公共服务体系建设. 旅游学刊，27（2）：5-6.

金银日，姚颂平，江宗岳. 2011. 都市休闲体育商圈结构及其形成机制实证研究. 上海体育学院学报，35（6）：37-40.

卡斯特 M. 2000. 网络社会的崛起. 夏铸九，王志弘译. 北京：社会科学文献出版社.

卡莫纳 M. 2005. 城市设计的维度. 冯江，袁粤，万谦译. 南京：江苏科学技术出版社.

李怀. 2013. 城镇化过程中城市广场的生产. 西北师大学报（社会科学版），50（6）：20-25.

李佳. 2014. 北京城市游憩商业区游客价值比较研究. 城市问题，（1）：29-34.

李玏，刘家明，宋涛，等. 2015. 北京市绿带游憩空间分布特征及其成因. 地理研究，34（8）：1507-1521.

李蕾. 2020-11-21. 上海夜市"N星连珠"格局初形成. 解放日报，04.

李蕾蕾. 2002. 逆工业化与工业遗产旅游开发：德国鲁尔区的实践过程与开发模式. 世界地理研究，（3）：57-65.

李凌月，李雯，王兰. 2021. 都市企业主义视角下工业遗产绿色更新路径及其影响——废弃铁路蜕变高线公园. 风景园林，28（1）：87-92.

李璐璐，李敏. 2017. 城市商业步行街儿童游憩空间整合设计研究. 设计，（5）：18-19.

李翔宇，梅洪元. 2010. 消费文化视角下的城市商业空间建构. 华中建筑，（2）：182-185.

李晓璐，张志斌，魏娟，等. 2017. 基于空间分析法的滨水游憩资源分布特征研究——以兰州市黄河风情线为例. 资源开发与市场，33（8）：996-1000，1026.

李雄，张云路. 2018. 新时代城市绿色发展的新命题：公园城市建设的战略与响应. 中国园林，34（5）：38-43.

李一帆. 2016. 城市游憩空间生产过程、机制及效应研究——以武汉市汉口江滩公园为例. 华中师范大学硕士学位论文.

李玉玲，邱德华. 2019. 消费行为转变背景下购物中心空间形态演变研究. 苏州科技大学学报（工程技术版），32（3）：36-42.

梁明珠，申艾青. 2015. 游客体验视角的特色街区游憩功能开发的问题与对策——基于广州市沙面街区的问卷分析. 现代城市研究，（2）：99-103.

梁志超, 罗建河. 2009. 游憩空间与城市交通的整合设计研究: 以珠三角旧城滨水地段为例. 南方建筑, (5): 45-47.

林耿, 宋佩瑾, 李锐文, 等. 2019. 消费社会下商业地理研究的新取向. 人文地理, 34 (1): 80-89.

刘彬, 陈忠暖. 2018. 权力、资本与空间: 历史街区改造背景下的城市消费空间生产——以成都远洋太古里为例. 国际城市规划, 33 (1): 75-80, 118.

刘畅. 2018. 基于消费者行为的购物中心空间活力研究——以大连典型性购物中心为例. 大连理工大学硕士学位论文.

刘琮晓, 何力宇. 2005. 城市更新中历史街区的保护与发展. 中外建筑, (6): 59-62.

刘海平. 2015. 基于环境科学优化城市公园的设计研究. 环境科学与管理, (7): 191-194.

刘集成. 2008. 消费改造空间——以杭州湖滨、宁波老外滩街区改造为例. 昆明理工大学硕士学位论文.

刘加喜. 2013. 工业性历史街区的保护与振兴——以美国的罗维尔小镇为例. 北京城市规划, (3): 52-56.

刘健. 2013. 法国历史街区保护实践—以巴黎市为例. 北京规划建设, (4): 22-28.

刘铭秋. 2016. 论城市文化资源开发中的公共服务供给——以上海石库门建筑群的改造为例. 淮海工学院学报 (人文社会科学版), 14 (6): 93-96.

刘爽. 2015. 基于系统视角下的旅游城市游憩空间整合路径研究. 黑河学刊, (8): 10-11.

刘思敏. 2016. 基于城市意象理论的皖中历史街区风貌特征研究. 合肥工业大学硕士学位论文.

刘晓苏. 2008. 国外公共服务供给模式及其对我国的启示. 长白学刊, (6): 38-41.

刘源, 张凯云, 王浩. 2013. 城市公园绿地整体性发展分析. 南京林业大学学报 (自然科学版), 37 (6): 101-106.

刘月琴, 林选泉. 2008. 后工业滨水带多视角规划设计——以上海世博会园区白莲泾河地区规划实施方案为例. 杭州: 第 11 届中日韩风景园林学术研讨会.

刘震. 2019. 上海购物中心空间演化及区位选择因素研究. 华东师范大学硕士学位论文.

柳红明, 穆野. 2016. 城市近郊游憩空间设计研究. 吉林建筑大学学报, 33 (2): 67-70.

罗晓玲. 2018. 关于城市历史文化区商业消费空间的思考. 山西建筑, 44 (14): 11-13.

吕梁, 陈钟煊, 魏文静, 等. 2019. 基于 GIS 的城市滨海游憩空间分布特征研究. 长春师范大学学报, 38 (6): 102-107, 134.

吕祯婷, 焦华富. 2010. 芜湖市城市游憩商业区的形成及其空间结构分析. 世界地理研究, 19 (3): 151-158.

马导农. 2009. 上海商业巨变亲历记——第一百货的昨天和今天. 上海商业, (5): 13.

马红涛, 楼嘉军, 刘润, 等. 2018. 中国城市居民休闲消费质量的空间差异及其影响因素. 城市问题, (9): 65-73.

马惠娣. 2005. 西方城市游憩空间规划与设计探析. 齐鲁学刊, (6): 149-155.

马璇, 林辰辉. 2012. 消费时代城市商业规划的探索与实践. 城市规划学刊, (S1): 193-197.

马学广, 王爱民, 闫小培. 2009. 基于增长网络的城市空间生产方式变迁研究. 经济地理, 29 (11): 1827-1832.

迈尔斯 S. 2013. 消费空间. 孙民乐译. 南京: 江苏教育出版社.

毛妮娜. 2012. 上海堡镇光明街历史文化风貌区保护规划. 上海城市规划, (3): 87-91.

倪超英. 2012. 直面公园主要矛盾完善公园公共功能——访上海市绿化和市容管理局副局长方

岩//《中国公园》编辑部. 中国公园协会 2012 年论文集：92-93.

派恩 B J, 吉尔摩 J H. 2002. 体验经济. 夏业良, 鲁炜译. 北京：机械工业出版社.

钱尼 D. 2004. 文化转向——当代文化史概览. 戴从容译. 南京：江苏人民出版社.

秦学. 2001. 现代都市游憩空间结构与规划研究——以宁波市为例. 中南林学院硕士学位论文.

秦学. 2003. 城市游憩空间结构系统分析——以宁波市为例. 经济地理, 23（2）：267-271, 288.

裘鸿菲. 2009. 中国综合公园的改造与更新研究. 北京林业大学博士学位论文.

任春香. 2013. 后亚运时期广州城市体育旅游产业开发策略研究. 北京体育大学学报, 36（2）：
　　33-37.

任政. 2019. 消费空间的地方化与商品化生活世界——基于当代城市生存空间变迁的考察.
　　学术界,（3）：107-114, 238.

阮仪三, 蔡晓丰, 杨华文. 2005. 修复肌理 重塑风貌—南浔镇东大街"传统商业街区"风貌整
　　治探析. 城市规划学刊,（4）：53-55.

沙迪, 金晓玲, 胡希军. 2012. 基于层次分析法的遗产廊道适宜性评价——以湖南醴陵市为例.
　　湖北农业科学, 51（7）：1399-1403.

商务部中商智库课题组. 2018. 中国城市消费升级：特征与趋势. 新经济导刊,（12）：69-76.

上海市地方志办公室、上海市绿化管理局. 2007. 上海名园志. 上海：上海画报出版社.

上海市商务发展研究中心. 2017. 上海城市商业综合体发展情况报告（2016—2017）. 上海：上
　　海市商务发展研究中心.

上海市文物管理委员会. 2009. 上海工业遗产实录. 上海：上海交通大学出版社.

尚正永. 2011. 城市空间形态演变的多尺度研究——以江苏省淮安市为例. 南京师范大学博士
　　学位论文.

沈豪. 2011. 游憩发展对城市空间的影响分析. 城市建设（下旬）,（1）：8.

沈欢欢. 2020. 消费文化视角下城市购物游憩空间发展演化研究——以上海为例. 上海师范大
　　学硕士学位论文.

沈欢欢, 吴国清. 2019. 上海黄浦江两岸游憩公共空间意象研究. 旅游纵览（11 下半月刊）,（22）：
　　107-109.

沈文佳. 2013. 上海历史文化风貌区保护管理研究——以外滩历史文化风貌区为例. 上海交通
　　大学硕士学位论文.

施澄. 2014. 基于拼贴城市的历史风貌保护区交通规划研究——以上海山阴路风貌保护区为例.
　　上海城市规划,（6）：151-155.

世界银行. 1997. 变革世界中的政府——1997 年世界发展报告. 北京：中国财政经济出版社.

寿佳音. 2011. 城市中心区滨水游憩空间设计. 现代园林,（6）：14-16.

舒普 S. 2005. 大型购物中心. 王婧译. 沈阳：辽宁科学技术出版社.

斯蒂芬 L J S. 1992. 游憩地理学：理论与方法. 吴必虎译. 北京：高等教育出版社.

宋长海. 2013. 我国休闲街区标准化的内涵及实践. 城市问题, 4（4）：67-71.

宋雪茜, 黄萍. 2010. 城市特色商业街区游憩功能研究——以成都市特色商业街区为例. 江苏商论,
　　（10）：8-9.

孙朝阳. 2008. 工业遗产地城市公共空间重构的模式转型. 华中建筑,（1）：116-119.

孙施文, 周宇. 2015. 上海田子坊地区更新机制研究. 城市规划学刊,（1）：39-45.

覃雪, 王小清. 2013. 基于旅游可持续发展的目的地居民感知量表研究. 知识经济,（10）：7.

唐岳兴. 2017. 全域旅游视角下中东铁路遗产廊道空间格局构建研究. 哈尔滨工业大学博士学位论文.

田逢军. 2010. 基于"游憩意象综合体"的城市游憩空间意象营造. 商业经济与管理,（11）: 91-96.

田洁. 2015. 基于场所精神的公园绿地特性及其设计建议. 宁德师范学院学报（哲学社会科学版）,（2）: 51-54.

田娅玲. 2019. 从废弃矿坑到精致花园——加拿大布查特花园. 园林,（4）: 32-35.

涂晓芳. 2004. 公共物品的多元化供给. 中国行政管理,（2）: 88-93.

万美强. 1990. 风景游憩林应成为城市公共绿地的主要形式. 城市规划,（3）: 64.

汪锦军. 2009. 公共服务中的政府与非营利组织合作: 三种模式分析. 中国行政管理,（10）: 77-80.

汪霞, 魏泽崧. 2006. 水域空间废弃地块的景观改造与再生. 郑州大学学报（工学版）,（4）: 125-128.

王德, 王灿, 谢栋灿, 等. 2015. 基于手机信令数据的上海市不同等级商业中心商圈的比较——以南京东路、五角场、鞍山路为例. 城市规划学刊,（3）: 50-60.

王甫园, 王开泳. 2019. 珠江三角洲城市群区域绿道与生态游憩空间的连接度与分布模式. 地理科学进展, 38（3）: 428-440.

王海龙. 2008. 公共服务的分类框架: 反思与重构. 东南学术,（6）: 48-58.

王建国. 1998. 城市设计. 南京: 东南大学出版社.

王建国, 蒋楠. 2006. 后工业时代中国产业类历史建筑遗产保护性再利用. 建筑学报,（8）: 8-11.

王晶. 2008. 历史文化街区游憩空间结构分析及其优化研究——以昆明市文化巷为例. 云南师范大学学报（哲学社会科学版）,（6）: 130-136.

王晶, 李浩, 王辉. 2012. 城市工业遗产保护更新: 一种构建创意城市的重要途径. 国际城市规划,（3）: 60-64.

王兰, 刘刚. 2011. 上海和芝加哥中心城区的邻里再开发模式及规划: 基于两个案例的比较. 城市规划学刊,（4）: 101-110.

王玓. 2012. 北京河道遗产廊道构建研究. 北京林业大学博士学位论文.

王立新, 文剑钢, 吉银翔. 2012. 历史风貌区审美价值解析及其形象保护与更新策略——以松江仓城历史风貌区为例. 城市,（4）: 38-42.

王梦茜, 刘志强, 尤仪霖. 2015. 新型城镇化背景下的"四位一体"公园绿地运营管理模式研究. 现代城市研究,（11）: 98-104.

王敏, 江冰婷, 朱竑. 2017. 基于视觉研究方法的工业遗产旅游地空间感知探讨: 广州红专厂案例. 旅游学刊, 32（10）: 28-38.

王明友, 李淼焱, 王莹莹. 2014. 工业遗产旅游资源价值评价体系的构建及应用——以辽宁省为例. 经济与管理研究,（3）: 72-75.

王润, 黄凯, 朱鹤. 2015. 国内外城市游憩用地管理与研究动态. 华中农业大学学报（社会科学版）,（3）: 94-101.

王润, 刘家明, 陈田, 等. 2010. 北京市郊区游憩空间分布规律. 地理学报, 65（6）: 745-754.

王淑华. 2011. 线形游憩空间初探. 生态经济,（2）: 192-195.

王益, 吴永发, 刘楠. 2015. 法国工业遗产的特点和保护利用策略. 工业建筑, 45（9）: 191-195.

王昱民. 2018. 上海城市公园游憩空间更新研究. 上海师范大学硕士学位论文.

王志成. 2019-06-07. 美国生态型城市公园发展态势. 中国旅游报, 06.

王志芳，孙鹏. 2001. 遗产廊道——一种较新的遗产保护方法. 中国园林，(5)：86-89.

魏峰群，席岳婷，Cole S T. 2016. 空间正义视角下城市游憩空间发展理念与策略——基于美国经验的启示. 西部人居环境学刊，31 (5)：51-56.

魏云刚. 2010. 城市夜间经济发展问题研究. 泰山学院学报，(4)：117-127.

吴必虎. 1994. 上海城市游憩者流动行为研究. 地理学报，(2)：117-127.

吴必虎，董莉娜，唐子颖. 2003. 公共游憩空间分类与属性研究. 中国园林，(5)：48-50.

吴锋. 2002. 城市游憩空间的组织与规划. 西安建筑科技大学硕士学位论文.

吴人韦. 1998. 国外城市绿地的发展历程. 城市规划，(6)：39-43.

吴细玲. 2011. 西方空间生产理论及我国空间生产的历史抉择. 东南学术，(6)：19-25.

吴瑶. 2017. 从封闭到开放——中山公园创新实践路径. 质量与标准化，(4)：13-14.

吴志军，田逢军. 2012. 基于空间句法的城市游憩空间形态特征分析——以南昌市主城区为例. 经济地理，32 (6)：156-161.

吴志强，李德华. 2011. 城市规划原理. 4版. 北京：中国建筑工业出版社.

吴志强，吴承照. 2005. 城市旅游规划原理. 北京：中国建筑工业出版社.

伍江，王林. 2007. 历史文化风貌区保护规划编制与管理. 上海：同济大学出版社.

奚文沁，周俭. 2006. 强化特色，提升品质，促进保护与更新的协调发展——以上海衡山路-复兴路历史文化风貌区保护规划为例. 上海城市规划，(4)：44-48.

肖贵蓉，宋文丽. 2008. 城市游憩空间结构优化研究——以大连市为例. 中国人口·资源与环境，(2)：86-92.

肖茜. 2014. 基于游憩体验的购物中心公共空间形态设计研究. 中央美术学院硕士学位论文.

肖湘东，熊亦美，余亮. 2018. 上海工业建筑遗产改造复兴研究——以三个典型工业遗产改造项目为例. 中国名城，(6)：71-76.

肖湘东，熊亦美. 2018. 上海工业遗产发展研究. 建筑纪实，(7)：217-219.

谢飞帆. 2015. 新型城镇化下的工业遗产旅游. 旅游学刊，30 (1)：5-6.

熊伟婷，李迎成，朱凯. 2018. 伦敦摄政运河沿岸游憩空间发展模式及启示. 中国园林，(2)：94-99.

徐海韵，徐峰. 2012. 茶马古道雅安段遗产廊道文化景观构建. 中华文化论坛，(6)：100-105.

徐磊青，江文津，陈筝. 2018. 公共空间安全感研究：以上海城市街景感知为例. 风景园林，25 (7)：23-29.

徐潇，徐雷. 2017. 商业综合体的主题类型及其空间表达. 建筑与文化，(7)：99-100.

徐小波，袁蒙蒙，樊志敏. 2008. 城市游憩空间布局驱动系统探析——以扬州市为例. 城市问题，(8)：29-34.

徐艳玲，李迪华，俞孔坚. 2011. 城市公园使用状况评价应用案例研究——以秦皇岛汤河公园为例. 新建筑，(1)：114-117.

薛莹. 2008. 城市游憩空间西方演变之历史考察. 广州大学学报（社会科学版），(8)：29-32.

雅各布斯 J. 1961. 美国大城市的死与生. 金衡山译. 南京：译林出版社.

严若谷，周素红，闫小培. 2011. 城市更新之研究. 地理科学进展，30 (8)：947-955.

杨春侠. 2010. 悬浮在高架铁轨上的仿原生生态公园——纽约高线公园再开发及启示. 上海城市规划，(1)：55-59.

杨海. 2006. 消费主义思潮下上海历史文化风貌区的空间效应演进研究. 同济大学硕士学位

论文.

杨建朝，朱菁菁，丁新军.2018.基于共生理论的城市游憩空间系统开发研究.生态经济，34（3）：137-141.

杨建朝，朱菁菁，谷立霞，等.2019.新兴型城市游憩空间与城市文化融合发展研究——以石家庄为例.衡水学院学报，21（1）：45-52.

杨明明.2017.上海中心城区城市公园绿地服务效率研究.上海师范大学硕士学位论文.

杨如玉，杨文越.2021.美国公园体系规划管理的特点与启示.中国园林，37（6）：82-86.

杨俨，沈敬伟，周廷刚.2016.基于GIS的重庆城市公园绿地空间结构演变研究.福建林业科技，43（2）：95-100.

杨飔.2012.游憩型商业建筑群外部空间设计研究.华南理工大学硕士学位论文.

杨友宝，李琪.2021.基于POI数据的城市公共游憩空间分布格局及其形成机制研究——以长沙市主城区为例.现代城市研究，（3）：91-97.

杨宇振.2010.焦饰的欢颜：全球流动空间中的中国城市美化.国际城市规划，25（1）：33-43.

杨振山，张慧，丁悦，等.2015.城市绿色空间研究内容与展望.地理科学进展，34（1）：18-29.

杨震.2016.城市，权力和资本，个体——标志性建筑的空间政治经济学分析.城市建筑，（25）：40-42.

杨震，徐苗.2008.西方视角的中国城市公共空间研究.国际城市规划，（4）：35-40.

叶超，柴彦威.2011.城市空间的生产方法论探析.城市发展研究，18：86-89.

叶惠珠，李海荣，兰梦敏.2017.城市公共空间游憩适宜性评价分析的必要性研究.绿色科技，（3）：32-34.

叶圣涛，保继刚.2009a.ROP-ENCS：一个城市游憩空间形态研究的类型化框架.热带地理，29（3）：295-300.

叶圣涛，保继刚.2009b.城市游憩空间形态的刻画基础：场模型还是要素模型.地理与地理信息科学，25（3）：99-102.

叶圣涛，叶托，吴雪明.2015.城市游憩空间的政府管理机构整合方案探索.华南理工大学学报（社会科学版），17（3）：43-48，107.

由翌，王如荔，戴明，等.2010.生态型商务休闲区修建性详细规划探讨——以广州从化温泉养生谷商务会议区为例.规划师，26（8）：69-76.

于苗.2011.CBD零售业布局及消费者特征研究——以北京CBD为例.特区经济，（4）：73-75.

于秋阳.2019.都市旅游助推打响"上海购物"品牌的问题与对策.科学发展，（3）：80-86.

于蓉，吴柯.2015.近代中国城市公共游憩环境的构建研究.兰州学刊，（11）：96-100.

余玲，刘家明，李涛，等.2018.中国城市公共游憩空间研究进展.地理学报，73（10）：1923-1941.

俞孔坚，李迪华，潮洛蒙.2001.城市生态基础设施建设的十大景观战略.规划师，（6）：9-13，17.

俞晟，何善波.2003.城市游憩商业区（RBD）布局研究.人文地理，（4）：10-15.

俞曦，汪芳.2008.城市园林游憩活动谱研究——以无锡市为例.中国园林，（4）：84-88.

袁念琪.2012.绿化建设与管理（巨变-上海城市重大工程建设实录，上海文艺出版集团）.上海：中西书局.

袁鹏，李峻峰.2017.互联网时代下商业综合体游憩空间研究.合肥工业大学学报（社会科学版），31（2）：113-118.

曾锐，李早.2019.城市工业遗产转型再生机制探析——以上海市为例.城市发展研究，26（5）：33-39.

曾锐, 李早, 于立. 2017. 以实践为导向的国外工业遗产保护研究综述. 工业建筑, 47 (8): 7-14.

曾添. 2013. 创意产业园区改造过程中的政府职能定位研究—以"武汉 824 汉阳造"改造为例. 理论月刊, (6): 163-166.

詹克斯 M, 伯顿 E, 威廉姆斯. 2004. 紧缩城市——一种可持续发展的城市形态. 周玉鹏, 龙洋, 楚先锋译. 北京: 中国建筑工业出版社.

张海霞. 2010. 社会政策之于公共游憩供给: 兼议政府作为的空间载体. 旅游学刊, 25 (9): 20-26.

张环宙, 吴茂英. 2010. 休闲游憩导向的国外城市历史滨水地段复兴研究. 人文地理, 25 (4): 132-136.

张环宙, 吴茂英, 沈旭炜. 2013. 城市滨水 RBD 开发研究: 让滨水回归生活. 经济地理, 33 (6): 73-78.

张金山, 陈立平. 2016. 工业遗产旅游与美丽中国建设. 旅游学刊, 31 (10): 7-9.

张京祥, 邓化媛. 2009. 解读城市近现代风貌型消费空间的塑造——基于空间生产理论的分析视角. 国际城市规划, 23 (1): 43-47.

张京祥, 殷洁, 罗小龙. 2006. 地方政府企业化主导下的城市空间发展与演化研究. 人文地理, (4): 1-6.

张琳, 刘滨谊. 2013. 上海市历史文化风貌区旅游发展模式研究. 中国园林, 29 (11): 60-63.

张鹏, 吴霄婧. 2016. 转型制度演进与工业建筑遗产保护与再生分析——以上海为例. 城市规划, 40 (9): 75-83.

张书颖, 刘家明, 朱鹤, 等. 2019. 国内外城市生态游憩空间研究进展. 人文地理, 34 (5): 15-25.

张松. 2015. 上海黄浦江两岸再开发地区的工业遗产保护与再生. 城市规划学刊, (2): 102-109.

张庭伟, 于洋. 2010. 经济全球化时代下城市公共空间的开发与管理研究. 城市规划学刊, (5): 1-14.

张伟明. 2011. 广州白云区均禾墟历史文化风貌区保护与发展对策研究. 华南理工大学硕士学位论文.

张文娟. 1996. 上海市城市绿地系统规划 (1994～2010 年). 上海建设科技, (2): 46-47.

张小娟. 2009. 兰州历史文化的保护与继承——以白塔山历史文化风貌区为例. 兰州大学学报 (社会科学版), (S1): 79-81.

张秀, 熊瑶, 胡昕. 2018. 郊野公园游憩空间规划设计研究——以南京星甸湿地公园为例. 大众文艺, (20): 45-46.

张艳, 柴彦威. 2013. 北京现代工业遗产的保护与文化内涵挖掘——基于城市单位大院的思考. 城市发展研究, 20 (2): 23-28.

张怡. 2018. 购物中心的价值再造与提升——源自体验业态视角下. 商业经济研究, (18): 17-20.

张奕, 戚颖璞. 2018-01-01. 黄浦江两岸 45 公里公共空间如期贯通. 解放日报.

张毅杉, 夏健. 2008a. 塑造再生的城市细胞——城市工业遗产的保护与再利用研究. 城市规划, (2): 22-26.

张毅杉, 夏健. 2008b. 融入城市公共游憩空间系统的城市工业遗产的保护与再利用. 工业建筑, (4): 27-30, 49.

张玉鑫. 2002. 上海市中心城公共绿地规划综述. 上海城市规划, (6): 18-25.

赵春雨. 2020. 城市居民购物空间行为特征与类型研究——以合肥市为例. 企业经济, 39 (10): 5-12, 2.

赵丹, 张京祥. 2015. 消费空间与城市发展的耦合互动关系研究——以南京市德基广场为例. 国际城市规划，30（3）：53-58.

赵慧. 2010. 上海现代城市公园变迁研究（1949—1978）. 上海交通大学硕士学位论文.

赵洁. 2017. 空间生产视角下广州南华西历史街区空间变迁研究. 华南理工大学硕士学位论文.

赵书山. 2014. 绿色发展是旧城改造与更新的目标追求——以东莞"三旧"改造为例. 城市建设
理论研究（电子版），（31）：10-12.

赵杨，李雄，赵铁铮. 2016. 城市公园引领社区复兴：以美国达拉斯市克莱德·沃伦公园为例.
建筑与文化，（9）：158-161.

赵玉宗，李东和，黄明丽. 2005. 国外旅游地居民旅游感知和态度研究综述. 旅游学刊，（4）：
85-92.

郑伯红，张宝铮. 2010. 基于空间句法分析的历史文化风貌区研究——以长沙小西门历史文化风
貌区为例. 长沙铁道学院学报（社会科学版），11（2）：47-49.

郑时龄. 2017. 上海的城市更新与历史建筑保护. 中国科学院院刊，32（7）：690-695.

郑晓笛. 2014. 基于"棕色土方"概念的棕地再生风景园林学途径. 清华大学博士学位论文.

郑玉凤. 2015. "多感"视角下江南古镇旅游和景观体验研究——以乌镇为例. 北京林业大学硕
士学位论文.

钟晓华. 2020. 城市更新中的新型伙伴关系：纽约实践及其对中国的启示. 城市发展研究，
27（3）：1-5.

周春山，高军波. 2011. 转型期中国城市公共服务设施供给模式及其形成机制研究. 地理科学，
31（3）：272-279.

周海彬，朱蓉. 2019. 中国城市历史街区的保护复兴与文化旅游研究. 安阳师范学院学报，（5）：
59-62.

周俭，范燕群. 2006. 保护文化遗产与延续历史风貌并重——上海市历史文化风貌区保护规划编
制的特点. 上海城市规划，（2）：10-12.

周进. 2005. 城市公共空间建设的规划控制与引导——塑造高品质城市公共空间的研究. 北京：
中国建筑工业出版社.

周菁，王倚天. 2007. 中小城镇居民游憩空间体系研究——以菏泽市为例. 河南师范大学学报
（哲学社会科学版），（1）：116-118.

周岚，宫浩钦. 2011. 城市工业遗产保护的困境及原因. 城市问题，（7）：49-53.

周雯怡，向博荣 P. 2011. 工业遗产的保护与再生——从国棉十七厂到上海国际时尚中心. 时代建
筑，（4）：122-129.

周向频，陈喆华. 2009. 上海公园设计史略. 上海：同济大学出版社.

周晓霞，金云峰，邹可人. 2020. 存量规划背景下基于城市更新的城市公共开放空间营造研究.
住宅科技，（11）：35-38.

周燕，梁樑. 2006. 国外公共物品多元化供给研究综述. 经济纵横，（2）：74-76.

周一. 2019. 现代城市公园分类研究——以天津市为例. 天津农业科学，25（9）：83-90.

周永广，阮芳施，沈旭炜. 2013. 中外滨水区游憩空间研究比较. 城市问题，（10）：51-57.

朱虹. 2011. 消费空间的转向——基于社会理论的营销战略分析框架. 江苏社会科学，（4）：
83-89.

朱强，俞孔坚，李迪华，等. 2007. 大运河工业遗产廊道的保护层次. 城市环境设计，（5）：16-20.

朱桃杏，陆林. 2005. 近 10 年文化旅游研究进展——《Tourism Management》、《Annals of Tourism

Research》和《旅游学刊》研究评述. 旅游学刊，（6）：82-88.

祝侃，马航，龙江. 2009. 西方城市绿色开放空间的演变. 华中建筑，（9）：96-98.

宗敏，彭利达，孙旻恺，等. 2020. Park-PFI 制度在日本都市公园建设管理中的应用——以南池袋公园为例. 中国园林，36（8）：90-94.

宗晓莲. 2005. 旅游地空间商品化的形式与影响研究——以云南省丽江古城为例. 旅游学刊，20（4）：30-36.

邹晨亮. 2008. 大型购物中心的公共空间设计探究——以上海地区为分析对象. 同济大学硕士学位论文.

Alexander J K，Nank R. 2009. Public-nonprofit partnership：realizing the new public service. Administration and Society，41（3）：364-386.

Bowen T S，Stepan A. 2014. Public-Private Partnerships for Green Space in NYC. New York：Columbia University.

Brenner N. 2013. Open city or the right to the city：demand for a democratisation of urban space. The International Review of Landscape Architecture and Urban Design，85：42-45.

Buchanan J M. 1965. An economic theory of clubs. Economic，32（125）：1-14.

Colquhoun I. 1995. Urban Regeneration：An International Perspective. London：B. T. Batsford Ltd.

Doucet B. 2013. Variations of the entrepreneurial city：goals，roles and visions in Rotterdam's Kop Van Zuid and the Glasgow Harbour Megaprojects. International Journal of Urban and Regional Research，37（6）：2035-2051.

Dutta M，Banerjee S，Husain Z. 2007. Untapped demand for heritage：a contingent valuation study of PrinsepGhat，Calcutta. Tourism Management，28：83-95.

Ellin N. 1996. Postmodern Urbanism. Oxford：Blackwell Publishing Ltd.

Faulkner B，Tiderswell C. 1997. A framework for monitoring community impacts of tourism. Journal of Sustainable Tourism，5：3-28.

Ford D A. 2010. The effect of historic district designation on single-family home prices. Real Estate Economics，17（3）：353-362.

Freestone R. 2004. Realising new leisure opportunities for old urban parks：the internal reserve in Australia. Landscape and Urban Planning，68（1）：109-120.

Frochot I，Hughes H. 2000. HISTOQUAL：the development of a historic house assessment scale. Tourism Management，（2）：157-167.

Gadaud J，Rambonilaza M. 2010.Amenity values and payment schemes for free recreation services from non-industrial private forest properties：A French Case Study.Journal of Forest Economics，16（4）：297-311.

Geoffrey. 2000. Reconsidering the legacy of urban public facility location theory in geography. Progress in Human Geography，24（1）：47-69.

Giles B，Donovan R J. 2002. Socioeconomic status differences in recreational physical activity levels and real and perceived access to a supportive physical environment. Preventive Medicine.（6）：601-611.

Glaser B G，Strauss A L. 1967. The Discovery of Grounded Theory：Strategies for Qualitative Research. Chicago：Aldine Publishing Company.

Golledge R G, Rushton G, Clark W A V. 1966. Some spatial characteristics of Iowa's dispersed farm population and their implications for the grouping of central place functions. Economic Geography, 42 (3): 261-272.

Halle D, Tiso E. 2014. New York's New Edge: Contemporary Art, the High Line, and Urban Megaprojects on the Far West Side. Chicago: University of Chicago Press.

Harrill R, Potts T D. 2003. Tourism planning in historic districts: attitudes toward tourism development in Charleston. Journal of the American Planning Association, 69 (3): 233-244.

Harvey D. 1973. Social Justice and the City. London: Edward Arnold.

Harvey D. 1985. The Urbanization of Capital. Oxford: Basil Blackwell Ltd.

Hickman C. 2013. "To brighten the aspect of our streets and increase the health and enjoyment of our city": the national health society and urban green space in late nineteenth century London. Landscape and Urban Planning, 118: 112-119.

Hodge G A, Greve C. 2007. Public-private partnerships: an international performance review. Public Administration Review, 67 (3): 545-558.

Johnson A J. 2013. "It's more than a shopping trip": leisure and consumption in a farmers' market. Annals of Leisure Research, (4): 315-331.

Lankford S V, Howard D R. 1994. Developing a tourism impact attitude scale. Annals of Tourism Research, 21 (1): 121-139.

Lefebvre H. 1991. The Production of Space. Oxford: Blackwell.

Matsuoka R H, Kaplan R. 2008. People needs in the urban landscape: analysis of landscape and urban planning contributions. Landscape and Urban Planning, 84 (1): 7-19.

Meyer E K. 2007. Uncertain Parks: Disturbed Sites, Citizens and Risk Society. New York: Princeton Architectural Press.

Nadal L M. 2000. Discourses of Urban Public Space, USA 1960-1995: A Historical Critique. New York: Columbia University Pro Quest Dissertations Publishing.

Naoi T, Airey D, Iijima S, et al. 2007. Towards a theory of visitors'evaluation of historical districts as tourism destinations: frameworks and methods. Journal of Business Research, 60: 396-400.

Pearce D. 1996. Analyzing the demand for urban tourism: issues and examples for Paris. Tourism Analysis, (1): 5-18.

Poudyal N C, Hodges D G, Merrett C D. 2009. A hedonic analysis of the demand for and benefits of urban recreation parks. Land Use Policy, 26 (4): 975-983.

Punter J V. 1990. The privatization of public realm. Planning Practice and Research, 5 (3): 9-16.

Ross K Dowling. 2004. Tourism and Recreation. Tourism Management, 25 (5): 642-643.

Rushton G. 1969. Analysis of spatial behavior by revealed space preference. Annals of the Association of American Geographers, 59 (2): 391-400.

Saarinen J. 2010. Local tourism awareness: community views in Katutura and King Nehale Conservancy, Namibia. Development Southern Africa, 27 (5): 713-724.

Samadzadehyazdi S, Ansari M, Mahdavinejad M, et al. 2020. Significance of authenticity: learning from best practice of adaptive reuse in the industrial heritage of Iran. International Journal of Architectural Heritage, 14 (3): 329-344.

Samuelson P A. 1954. The pure theory of public expenditure. The Review of Economics and Statistics, 36 (4): 387-389.

Sassen S. 1990. Zconomic restructuring and the American city. Annual Review of Sociology, 16: 465-490.

Searns R M. 1995. The evolution of greenways as an adaptive urban landscape form. Landscape and Urban Planning, 33 (1-3): 65-80.

Sepe M. 2013. Urban history and cultural resources in urban regeneration: a case of creative waterfront renewal. Planning Perspectives, 28 (4): 595-613.

Thompson C W. 2002. Urban open space in the 21st century. Landscape and Urban Planning, 60 (2): 59-72.

Vardopoulos I. 2019. Critical sustainable development factors in the adaptive reuse of urban industrial buildings. A fuzzy DEMATEL approach. Sustainable Cities and Society, 50: 101684.

Vayona A. 2011. Investigating the preferences of individuals in redeveloping waterfronts: the case of the port of Thessaloniki-Greece. Cities, 28 (5): 424-432.

Williams S. 1995. Outdoor Recreation and the Urban Environment. London: Routledge.

Wu Y. 2019. Protection and reuse of urban waterfront industrial heritage: a case study of industrial heritage along the Shanghai huangpu river. Birmingham: University of Birmingham UK.

Xie P F F. 2015. A life cycle model of industrial heritage development. Annals of Tourism Research, 55: 141-154.

Yang X K, Xu H G, Wall G. 2019. Creative destruction: the commodification of industrial heritage in Nanfeng Kiln District, China. Tourism Geographies, 21: 1-24.

Zacharias J. 2002. New areas in Chinese cities. Urban Design International, 7: 3-17.